Python 机器学习

基础、算法与实战

孙玉林　编著

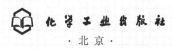

化学工业出版社

·北京·

内容简介

本书基于Python语言，结合实际的数据集，介绍了机器学习算法以及数据分析方法的应用。本书主要包含两部分内容，第一部分为Python机器学习入门知识：主要介绍了Python的基础内容、Numpy与Pandas库数据操作、Matplotlib与Seaborn库数据可视化、Sklearn库机器学习，以及与机器学习相关的基础知识；第二部分为Python机器学习算法应用：主要介绍了数据的回归预测分析、时间序列预测，数据无监督学习中的聚类、降维以及关联规则，数据分类模型的应用以及针对文本数据与网络图数据的机器学习算法应用。

本书适合对机器学习、数据分析感兴趣的初学者学习，也可作为Python机器学习、数据分析、数据可视化的入门及进阶的教材。

图书在版编目（CIP）数据

Python机器学习：基础、算法与实战/孙玉林编著. —北京：化学工业出版社，2023.8（2025.3重印）
ISBN 978-7-122-43534-7

Ⅰ.①P… Ⅱ.①孙… Ⅲ.①软件工具-程序设计 ②机器学习 Ⅳ.①TP311.561②TP181

中国国家版本馆CIP数据核字（2023）第090167号

责任编辑：张　赛　耍利娜　　　　　　　文字编辑：徐　秀　师明远
责任校对：王　静　　　　　　　　　　　装帧设计：王晓宇

出版发行：化学工业出版社（北京市东城区青年湖南街13号　邮政编码100011）
印　　装：涿州市般润文化传播有限公司
710mm×1000mm　1/16　印张20　字数393千字　2025年3月北京第1版第2次印刷

购书咨询：010-64518888　　　　　　　　售后服务：010-64518899
网　　址：http://www.cip.com.cn
凡购买本书，如有缺损质量问题，本社销售中心负责调换。

定　　价：99.00元

机器学习是人工智能的基础与核心，作为一门涉及数学、统计学、计算机科学等多领域的交叉学科，其提供了一种解决复杂问题的新方法，因此广泛应用于人工智能的各个领域。

当前，虽然机器学习的相关资料十分易得，但想要系统全面地入门机器学习，仍不是一件容易的事。对于大部分读者来说，即使学习了相关教程，在面对自己的实际问题时，仍然会感到无从下手、不知所措。另一方面，尽管理解相关算法公式的推导过程很重要，但这一过程却很容易使初学者陷入复杂公式的泥沼，这在打击初学者的自信心的同时也会影响学习效率。针对这些问题，为了满足初学者快速上手机器学习的需求，笔者为初学者编写了这本《Python机器学习：基础、算法与实战》。

本书以"边动手边学习"的方式，用简洁直观、注释细致的代码呈现了机器学习的分析方法与一般流程，尤其针对机器学习相关模型与算法的应用与评估，以一个个基于生活场景的实战案例来进行演示，可以帮助读者更好地理解数据场景，并应用机器学习开展相关工作。本书尽可能避开复杂公式，即使没有Python基础、机器学习基础知识的读者也能看懂本书的内容，对初学者非常友好。此外，本书的代码通过Jupyter Notebook进行演示与分析，可便于读者对程序进行复现、对结果进行分析。

本书共分为10个章节，循序渐进地介绍了Python机器学习的入门基础、算法应用以及实战等内容。各章主要内容如下。

第1章：Python机器学习快速入门。从通过Anaconda安装Python开始，然后介绍Python的基础内容，以及Python中的控制语句与函数等语法的使用，最后简单介绍了与机器学习相关的基础知识，以及机器学习算法的分类与应用场景。

第2章：Python中的常用库。介绍了Python在机器学习应用中非常重要的5个第三方库的使用，分别是：数据操作和处理库（Numpy、Pandas）、数据可视化库（Matplotlib、Seaborn），以及机器学习库Sklearn。

第3章：机器学习流程。以一个种子数据集为例，介绍了不同应用场景下的机器学习过程，分别包括：数据预处理与可视化探索、无监督学习的数据降维与聚类、有监督学习的数据分类与回归，以及半监督学习分类等。

第4章：模型的选择与评估。主要介绍在机器学习过程中，如何判断模型是否过拟合，如何使用交叉验证与参数网格搜索选择合适的模型，以及在分类、回归、聚类应用中的模型效果评价指标的选择。

第5章：回归模型。主要介绍使用Python实现回归模型的建立和应用。例如：建立一元线性回归、多元线性回归、Lasso回归分析等，同时针对时间序列数据介绍了ARIMA模型与SARIMA模型的应用。

第6章：无监督模型。主要介绍数据降维、数据聚类以及关联规则等机器学习算法。与相应的数据集相结合，使用Python实现相关经典算法的应用。

第7章：分类模型。主要介绍几种经典分类算法的应用，使用决策树算法、随机森林、逻辑回归算法进行泰坦尼克号数据分类，使用支持向量机与人工神经网络对手写数字进行识别。

第8章：高级数据回归算法。介绍一些较高级的回归算法应用，例如：随机森林、GBDT、支持向量机、神经网络等算法的回归应用；针对时间序列数据，使用Prophet、VAR、VARMA等算法进行预测。

第9章：非结构数据机器学习。介绍使用Python对文本数据分析与网络图数据进行分析。例如：文本数据特征提取、聚类与分类等，网络图数据可视化与聚类。

第10章：综合实战案例：中药材鉴别。介绍一个真实的数据机器学习应用案例，主要包含无监督学习鉴别药材种类、有监督学习鉴别药材产地、半监督学习鉴别药材种类等内容。

本书在编写时使用相关资源的最新版本，但是由于Python以及相关库的迅速发展，以及作者水平有限，且编写时间仓促，书中难免存在疏漏，敬请读者不吝赐教。也欢迎加入QQ群一起交流，QQ群号：434693903。

编著者

目录
CONTENTS

第3章　机器学习流程　71

第4章　模型的选择与评估　98

第5章　回归模型　109

第9章　非结构数据机器学习　　　　　　　254

第10章　综合实战案例：中药材鉴别　　　　282

参考文献　　　　　　　　　　　　　　　312

Python 机器学习快速入门

第 1 章

Python 是一种简单易学、对初学者友好、功能强大的编程语言，它有高效率的高层数据结构，可简单而有效地实现面向对象编程。这些优点使得 Python 在大多数平台上的许多领域都是一个理想的脚本语言，特别适用于一些需要快速开发的场景。作为较受欢迎的编程语言之一，其在机器学习与人工智能等领域常年位居编程语言排行榜榜首。

此外，Python 是免费的开源软件，任何人都可以使用它，以及编写自己的第三方库来拓展 Python 的功能，因此在机器学习领域，Python 已经有了很多非常通用的第三方拓展库，尤其是 Sklearn 等，其功能丰富、应用简单，备受机器学习研究者的喜爱。此外，还有 Numpy、Pandas、Matplotlib 等第三方库也是机器学习的常用库。

本章主要涵盖 Python 安装、Python 快速入门，以及机器学习的简单介绍，带领读者快速地准备好可用的 Python 环境，并对 Python 机器学习的基础知识有直观的理解和认识。

1.1 Python 安装

在机器学习、数据分析等领域的应用，只安装一个 Python 是远远不够的，还需要安装功能丰富的第三方库来搭建所需要的环境。针对机器学习，通常会使用 Numpy、Pandas、Matplotlib 等第三方库。幸运的是，Anaconda 实现了对 Python 及常用库的封装，对于数据分析、数据可视化以及机器学习等，使用 Anaconda 提供的封装，可以让环境的配置更加方便。

1.1.1 安装 Anaconda

Anaconda 是一个用于科学计算的 Python 发行版（同时也支持 R 语言），用于计算科学（数据科学、机器学习、大数据处理和预测分析），支持 Linux、Mac、

Windows系统，提供了包管理与环境管理的功能，可以很方便地解决多版本Python并存、切换以及各种第三方包安装问题。其利用conda进行库（package）和环境（environment）的管理，并且已经包含了Python和相关的配套工具。本小节会介绍Python的安装与使用（以MacOS平台的Anaconda为例，其它平台安装方法相似），通常安装Anaconda后无须再额外安装Python。

可以从Anaconda官方网站，选择适合自己计算设备的Anaconda版本进行下载安装，截至本书撰写时Anaconda已经更新到Python3.9的版本，下载页面如图1-1所示。

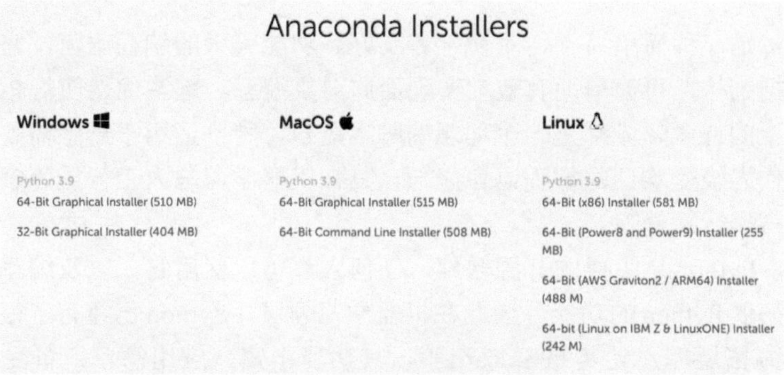

图1-1　Anaconda下载页面

针对下载好的Anaconda，跟随安装向导安装即可，安装后打开Anaconda Navigator（Anaconda中的图形用户界面，用户可以通过Anaconda Navigator启动应用，在不使用命令行的情况下管理软件包、创建虚拟环境和管理路径等），可发现如图1-2所示的应用界面。

图1-2　Anaconda安装后开始界面

该界面的内容会因为计算机所安装Anconda应用的版本不同而有一些小的差异，但是主要应用是相同的，其中经常用来编写Python程序的应用有Spyder、Jupyter Notebook和JupyterLab等。下面将会一一介绍这些应用的基本情况。

（1）Spyder

Spyder是在Anaconda中附带的免费集成开发环境（IDE）。它包括编辑、交互式测试、调试等功能。Spyder的操作界面类似于Matlab，如图1-3所示。

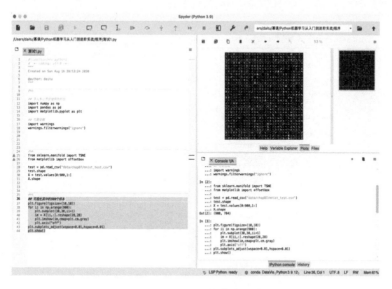

图1-3 Spyder的应用界面

在图1-3中最上方是工具栏区域，左侧是代码编辑区，可以编辑多个Python脚本文件；右上方是变量显示、图像显示等区域；右下方是程序运行和相关结果显示的区域。当运行代码时，在程序编辑区选中要运行的代码，再在工具栏区域上点选Run cell或者按Ctrl+Enter即可。

（2）Jupyter Notebook

Jupyter Notebook不同于Spyder，它是一个"交互式笔记本"，支持运行40多种编程语言，可以使用浏览器打开程序。它的出现是为了方便用户随时可以把自己的代码和文本生成pdf或者网页格式与大家交流。启动Jupyter Notebook后，会在浏览器中打开如图1-4所示的界面。

图1-4 Jupyter Notebook开始界面

在图1-4所示的右上角位置，选择新建Python3文件，可获得一个新的ipynb格式的文件，每个Notebook都由许多cell组成，可以在cell中编写程序。Jupyter Notebook同时支持code模式和Markdown模式，更有利于程序的注释、计算过程、公式等内容的编写，其界面如图1-5所示。

图1-5　Jupyter Notebook界面

（3）JupyterLab

JupyterLab是Jupyter Notebook的升级版，在文件管理、程序查看、程序对比等方面，都比Jupyter Notebook的功能更加强大。而且JupyterLab和Jupyter Notebook的程序文件是通用的，可以不进行任何修改就运行。打开JupyterLab后，其界面如图1-6所示。

图1-6　JupyterLab的使用界面

在图1-6中左侧则是展示了程序文件的目录，可以快速地查看对应位置的程序代码以及说明，更方便程序的传播与交流。本书中大部分的代码程序，都会使用JupyterLab进行编写，方便读者的运行和查阅。

1.1.2　安装Python库

虽然在Anaconda中已经提前安装好了常用的Python库，但是在使用Python进行数据分析、数据挖掘、机器学习时，还是会遇到重新安装其它库的情况，下面就介绍通过conda和pip安装Python库的方式。其中Conda是一个开源、跨平台和语言无关的软件包管理和环境管理系统，通过Conda可安装、升级和升级软件包依赖。Conda为Python而生，但是它可以打包、分发任意语言编写的软件（例如R语言）和包含多语言的项目。Conda已经包含在所有版本的Anaconda中。pip是一个以Python语言写成的软件库管理系统，它可以安装和管理Python库。

① 通过conda命令安装，通常使用如下的命令：

conda install 库的名称

② 通过pip命令安装，通常使用如下的命令：

pip install 库的名称

1.2　Python常用数据类型

本小节将会介绍Python中的基础知识，帮助读者快速入门Python，主要介绍如何使用Python中的列表、元组、字典与集合等数据结构，Python中的条件判断、循环语句以及函数等内容。

1.2.1　列表

列表（list）是Python中最基本的数据类型之一，是一种有序的集合，列表中的每个元素都会有一个数字作为它的索引，第一个索引是0，第二个索引是1，依此类推。列表可以通过索引获取列表中的元素。

Python生成一个列表可以通过list()函数或者中括号"[ ]"来完成，例如：生成包含7个元素的列表A的程序如下所示，同时列表的长度可以使用len()函数进行计算，生成的列表A长度为7。

```
In[1]:## 生成一个列表
       A = [2,4,6,8,10,12,14]
       A
Out[1]:[2,4,6,8,10,12,14]
In[2]:## 计算列表中元素的数量
       len(A)
Out[2]:7
```

生成一个列表后，可以通过索引获取列表中的元素，从前往后的索引是从0开始的，而从后往前的索引是从–1开始。此外，获取列表中的一个范围内的元素，也可以通过切片索引来完成，例如，使用切片 "0:4"，表示要获取索引从0开始，到达索引为4的元素结束，并且不包含索引位置为4的元素。例如下面的程序：

```
In[3]:## 从前往后时，索引从0开始
       A[3]
Out[3]:8
In[4]:## 从后往前时，索引从–1开始
       A[–2]
Out[4]:12
In[5]:## 获取列表中的一段
       print(A[0:4])   # 输出的结果中不包含索引4所表示的元素
       print(A[1:–1])  # 输出的结果中不包含索引–1所表示的元素
Out[5]: [2,4,6,8]
        [4,6,8,10,12]
```

针对一个已经生成的列表，可以通过append()方法在其后面添加新的元素，并且元素的数据形式可以多种多样，数字、字符串，甚至新的列表都是可以的。此外，在指定位置插入新的内容也可以使用insert()方法，该方法的第一个参数为内容插入的位置，第二个参数为要插入的内容。例如：下面的程序在列表A中添加了新的数字和字符串。

```
In[6]:## 在列表的末尾添加新的元素
       A.append(16)    ## 添加一个数值元素
       A.append("A")   ## 再添加一个字符串元素
```

```
            A
Out[6]: [2, 4, 6, 8, 10, 12, 14, 16, 'A']
In[7]:## 在列表的指定位置添加新的元素
        A.insert(5,"B")
        A
Out[7]: [2, 4, 6, 8, 10, 'B', 12, 14, 16, 'A']
```

删除列表中的末尾元素可以通过列表的pop()方法，该方法会每次删除列表中的最后一个元素。此外，还可以通过del删除列表中指定位置的元素。例如，删除列表A的某些元素可以使用下面的程序：

```
In[8]:## 删除列表末尾的元素
        A.pop()    ## 删除最后一个元素
        A.pop()    ## 继续删除最后一个元素
        A
Out[8]: [2, 4, 6, 8, 10, 'B', 12, 14]
In[9]:## 通过del删除指定的元素
        del A[5]
        A
Out[9]: [2, 4, 6, 8, 10, 12, 14]
```

列表中的元素可以使用Python中的任何数据类型，例如：下面生成的列表B中，包含字符串和列表。同时可以通过加号"+"将多个列表进行组合，通过乘号"*"将列表的内容进行重复，生成新的列表。列表的逆序可以通过列表的reverse()方法获取。使用示例如下：

```
In[10]:## 列表中的元素还可以是列表
        B = ["A","B",A,[7,8]]
        print(B)
        print(len(B))
Out[10]: ['A', 'B', [2, 4, 6, 8, 10, 12, 14], [7, 8]]
          4
In[11]:## 获取列表中的第三个元素
        print(B[2])
        ## 获取子列表中元素
        print(B[2][1:4])
```

```
Out[11]: [2, 4, 6, 8, 10, 12, 14]
         [4, 6, 8]
In[12]:## 列表组合
        print([1,2,3] + [4,5,6])
        ## 列表重复
        print([1,2,"A","B"] * 2)
Out[12]: [1, 2, 3, 4, 5, 6]
         [1, 2, 'A', 'B', 1, 2, 'A', 'B']
In[13]:## 列表的逆序
        A = [2,4,6,8,10,12,14]
        A.reverse() # 将A进行逆序排列
        print(A)
Out[13]: [14, 12, 10, 8, 6, 4, 2]
```

1.2.2　元组

元组（tuple）和列表非常类似，也是Python中最常用的序列，但是元组一旦初始化就不能修改。建立元组可以使用小括号"( )"或者tuple()函数。在使用小括号时，只有1个元素的元组在定义时必须在第一个元素后面加一个逗号。针对生成的元组同样可以使用len()进行计算。

```
In[14]:## 只有1个元素的元组定义时必须加一个逗号
        C = (1,)
        print(C)
        ## 初始化一个元组
        D = (1,2,3,4,5,6,7,8)
        print(D)
        ## 输出元组中元素的个数
        print(len(D))
Out[14]: (1,)
         (1, 2, 3, 4, 5, 6, 7, 8)
         8
```

和列表一样，针对元组中的元素，同样可以使用索引进行元素获取，也可以通过加号"+"将多个元组进行拼接，例如：拼接元组C和（"A"，"B"，"C"），获取重复的元组，可以使用乘号"*"来完成。相关的使用示例如下：

```
In[15]:## 通过索引获取元组中的元素
        print(D[1])  # 获取某个元素
        print(D[-1]) # 获取最后一个元素
        print(D[1:5]) # 获取多个元素
Out[15]:2
        8
        (2, 3, 4, 5)
In[16]:## 将元组进行组合获得新的元组
        print(C + ("A","B","C"))
        ## 元组重复
        print((1,2,"A","B") * 2)
Out[16]: (1, 'A', 'B', 'C')
         (1, 2, 'A', 'B', 1, 2, 'A', 'B')
```

1.2.3　字典

字典也是Python的最重要数据类型之一，其中字典的每个元素的键值（key: value）对使用冒号 ":" 分割，键值对之间用逗号 "," 分割，整个字典包括在大括号 {} 中，计算字典中键值对的数量可以使用 len() 函数。例如：初始化字典 D 可使用下面的方式。

```
In[17]:## 初始化一个字典
        D = {"B":2,"C":3,"D":4,"E":5,"F":6}
        print("D:",D)
        ## 计算字典中元素的数量
        print(len(D))
Out[17]:D: {'B': 2, 'C': 3, 'D': 4, 'E': 5, 'F': 6}
        5
```

字典 D 中，可以通过字典的 keys() 方法查看字典的键，通过 values() 方法查看字典的值，并且可以通过字典的键获取对应的值。字典的 pop() 方法可以利用字典中的键，删除对应的键值对。针对字典中的键值对，也可以将相应键赋予新的值。

```
In[18]:## 查看字典中的键key
        print(D.keys())
```

```
            ## 查看字典中的值value
            print(D.values())
Out[18]:dict_keys(['B', 'C', 'D', 'E', 'F'])
            dict_values([2, 3, 4, 5, 6])
In[19]:## 通过字典中的键获取对应的值
            print('D["C"]:',D["C"])
            print('D["E"]:',D["E"])
Out[19]:D["C"]: 3
            D["E"]: 5
In[20]:## 使用pop(key)方法删除对应的键值对
            D.pop("B")
            print(D)
            ## 更新字典中的取值
            D["C"] = 10
            print(D)
            ## 往字典中添加新的内容
            D["A"] = 11
            print(D)
Out[20]:{'C': 3, 'D': 4, 'E': 5, 'F': 6}
            {'C': 10, 'D': 4, 'E': 5, 'F': 6}
            {'C': 10, 'D': 4, 'E': 5, 'F': 6, 'A': 11}
```

1.2.4　集合

集合（set）是一个无序的不重复元素序列。可以使用大括号 { } 或者set()函数创建集合，注意：创建一个空集合必须用set()而不是 { }，因为 { } 是用来创建一个空字典的。

```
In[21]:## 创建一个集合
            A = {"A","B","C","D",4,5,6,7}
            print(A)
            ## 集合元素的数量
            print(len(A))
Out[21]:{4, 5, 6, 7, 'D', 'A', 'C', 'B'}
            8
In[22]:## 判断元素是否在集合内
            print("A" in A)
```

```
          print("E" in A)
          print(5 in A)
Out[22]:True
          False
          True
```

集合之间也可以进行相互运算，例如：集合的差集可以使用"-"或者 difference()方法；集合的并集可以使用"｜"或者union()方法；集合的交集可以使用"&"或者intersection()方法；集合的并集减去交集可以使用"^"或者 symmetric_difference()方法。

```
In[23]:## 集合之间的运算
          A = {"A","B","C",4,5,6,7}
          B = {"B","D","E",2,3,4,5}
          print("A－B:",A－B) # 存在集合A中不存集合B中的元素
          print("A－B:",A.difference(B)) # 存在集合A中不存集合B中的元素
          print("A｜B:",A｜B) # 集合的并集
          print("A｜B:",A.union(B)) # 集合的并集
          print("A & B:",A & B) # 集合的交集
          print("A & B:",A.intersection(B)) # 集合的交集
          print("A ^ B:",A ^ B) # AB集合不同时存在的元素
          print("A ^ B:",A.symmetric_difference(B)) # AB集合不同时存在的元素
Out[23]:A－B: {'A', 'C', 6, 7}
          A－B: {'A', 'C', 6, 7}
          A｜B: {2, 3, 4, 5, 6, 7, 'D', 'A', 'C', 'B', 'E'}
          A｜B: {2, 3, 4, 5, 6, 7, 'D', 'A', 'C', 'B', 'E'}
          A & B: {'B', 4, 5}
          A & B: {'B', 4, 5}
          A ^ B: {2, 3, 6, 7, 'D', 'A', 'C', 'E'}
          A ^ B: {2, 3, 6, 7, 'D', 'A', 'C', 'E'}
```

1.2.5　字符串

字符串也是Python中最常用的数据类型。可以使用引号（'或"）来创建字符串。字符串的基础使用方式和列表很相似，例如：可以通过索引进行字符串内容的提取，通过len()计算字符串的长度，通过"+"号拼接字符串，通过"*"号进行字符串的重复操作等。

```
In[24]:## 创建一个字符串变量A
        A = "Python机器学习从入门到进阶实战"
        print(A)
        print("字符串长度:",len(A))
        ## 通过切片获取字符串中的内容
        print("A[10]:",A[10])
        print("A[1:10]:",A[1:10])
Out[24]:Python机器学习从入门到进阶实战
        字符串长度: 18
        A[10]: 从
        A[1:10]: Python机器学习
```

除了上述的字符串基本操作之外，字符串还可以通过find()方法查找字符串中的子串；通过join()方法拼接字符串；通过split()方法拆分字符串；通过replace()方法将指定内容进行替换。

```
In[25]:## 字符串find方法查找字符串中的子串，
        print("A.find() : ",A.find("学习"))
        ## 字符串split方法拆分字符串
        print(A.split("从"))
        print("A+B+C+D+E".split("+"))
Out[25]:A.find() : 8
        ['Python机器学习', '入门到进阶实战']
        ['A', 'B', 'C', 'D', 'E']
In[26]:## 字符串replace方法将指定的字符串替换为另一个
        print(A.replace("从","+"))
        print("A+B+C+D+E".replace("+","<->"))
Out[26]:Python机器学习+入门到进阶实战
        A<->B<->C<->D<->E
In[27]:## 字符串join方法拼接字符串
        print("+".join("ABCDE"))
        print("+".join(["A","B","C","D","E"]))
Out[27]:A+B+C+D+E
        A+B+C+D+E
```

1.3 Python条件、循环与函数

Python中重要且常用的语法结构，主要有条件判断语句、循环和函数等。本小节将会对相关的常用内容进行简单介绍，帮助读者快速了解Python的语法结构。

1.3.1 条件判断语句

条件判断语句是通过一条或多条语句的执行结果是否为真（True或者False）来决定执行的代码块，是Python中的基础内容之一。常用的判断语句是if语句，例如，判断一个数字A是不是偶数，可以使用下面的程序：

```
In[28]:## if 语句
        A = 20
        if A % 2 = = 0:
            print("A是偶数")
Out[28]:A是偶数
```

针对if else语句，其常用的结构为：

```
if 判断条件：
    执行语句1……
else：
    执行语句2……
```

即如果满足判断条件，则执行语句1，否则执行语句2。如：判断A如果是偶数，就输出"A是偶数"，否则输出"A是奇数"的程序如下所示。

```
In[29]:## if else 语句
        A = 21
        if A % 2 = = 0:
            print("A是偶数")
        else:
            print("A是奇数")
Out[29]:A是奇数
```

Python的条件判断语句中，可以通过elif语句，进行多次条件判断，并输出对应的内容，例如：判断一个数能否同时被2和5整除，可以使用if判断能否被2整除，使用elif判断不能被2整除后能否被5整除，程序如下所示：

```
In[30]:## elif 语句
        A = 7
        if A % 2 = = 0:
            print("A 能被 2 整除 ")
        elif A % 5 = = 0 :
            print("A 能被 5 整除 ")
        else:
            print("A 不能被 2、5 整除 ")
Out[30]:A 不能被 2、5 整除
```

1.3.2　循环语句

循环语句也是Python中最常用的语法之一，下面分别介绍一个利用for循环和while循环的示例。其中for循环是要重复执行语句，while循环则是在给定的判断条件为真时执行循环，否则退出循环。例如使用for循环计算0～100的累加和，可以使用下面的程序，在程序中则会依次从0～100中取出一个数进行相加。

```
In[31]:## 通过 for 循环计算 0 ～ 100 的累加和
        A = range(101)  ## 生成 0 ～ 100 的向量
        Asum = 0
        for ii in A:
            Asum = Asum+ii
        Asum
Out[31]:5050
```

针对计算0～100的累加和的问题，还可以使用while循环来完成，例如：在下面的程序中，从100开始相加，当A的大小不大于0时，则会跳出相加的程序语句。

```
In[32]:## 使用 while 循环计算 1 ～ 100 的累加和
        A = 100
```

```
        Asum = 0
        while A > 0:
                Asum = Asum + A
                A = A−1
        Asum
Out[32]:5050
```

循环语句中，还可以通过break语句提前跳出当前的循环，例如：下面的for循环与while循环语句中，使用了条件判断，如果累加的和大于1000，则会使用break语句，跳出当前的for循环与while循环。

```
In[33]:## 通过break跳出for循环
        A = range(101)  ## 生成0 ～ 100的向量
        Asum = 0
        for ii in A:
            Asum = Asum+ii
            ## 如果和大于1000跳出循环
            if Asum > 1000:
                    break
        print("ii:",ii)
        print("Asum:",Asum)
Out[33]:ii: 45
        Asum: 1035
In[34]:## 通过break跳出while循环
        A = 0
        Asum = 0
        while A <= 100:
            Asum = Asum + A
            ## 如果和大于1000跳出循环
            if Asum > 1000:
                break
            A = A + 1
        print("A:",A)
        print("Asum:",Asum)
Out[34]:A: 45
        Asum: 1035
```

Python中还可以在列表中使用循环和判断等语句，称为列表表达式。例如：下面的程序中，生成列表A后，列表表达式是通过for循环，将A中元素使用int()函数转化为整数后，作为新列表中的元素。

```
In[35]:## 列表表达式
        A = [15,"2",31,"10",12,"9",2]
        A = [int(ii) for ii in A]
        A
Out[35]: [15, 2, 31, 10, 12, 9, 2]
```

1.3.3　函数

函数也是在编程过程中，经常会使用到的内容，函数是已经组织好的、可重复使用的、实现单一功能的代码段。函数能提高应用程序的模块性，增强代码的重复利用率。Python提供了许多内建函数，比如print()、len()等。本小节将会简单介绍如何自定义函数以及lambad函数的使用。

Python中可以自己定义新的函数，其中定义函数的结构如下：

```
def functionname( parameters ):
"函数_文档字符串，对函数进行功能说明"
function_suite       # 函数的内容
return expression     # 函数的输出
```

其中functionname则是表示函数的名称，parameters可以指定函数需要传入的参数。下面自定义一个计算$0 \sim x$的累加和的函数，程序如下所示：

```
In[36]:## 定义一个计算 0 ～ x 的累加和的函数
        def sumx(x):
            ii = 0  ## 生成 0 ～ x 的向量
            xsum = 0
            while ii <= x:
                xsum = xsum + ii
                ii = ii + 1
            return xsum
        print(sumx(100))
        print(sumx(200))
Out[36]:5050
        20100
```

上面定义的函数中sumx是函数名，*x*是使用函数时需要输入的参数，调用函数可使用sumx(*x*)来完成。

Python中的lambda函数也叫匿名函数，即没有具体名称的函数，它可以快速定义单行函数，完成一些简单的计算功能。可以使用下面的方式定义lambda函数：

```
In[37]:## lambda函数，一个参数
        f = lambda x: x**2+2*x+1
        f(5)
Out[37]:36
In[38]:## lambda函数，多个参数
        f = lambda x,y,z: (x+y)*z+x*y*z
        f(5,6,7)
Out[38]:287
```

lambda函数（表达式）中，冒号前面是参数，可以有多个，需要用逗号分隔，冒号右边是函数的计算主体，并会返回其计算结果。

1.4　机器学习简介

机器学习（Machine Learning，ML）是一门多领域交叉学科，涉及数学、统计学、计算机科学等多门学科。它是人工智能的核心，是使计算机形成智能的途径之一，其应用遍及人工智能的各个领域。

简单地说，机器学习是计算机程序随着经验的积累而自动提高性能，使系统自我完善的过程，也就是一个从大量的已知数据中，学习如何对未知的新数据进行预测，并且可以随着学习内容的增加，提高对未来数据预测的准确性的一个过程。

不难发现，数据是决定机器学习能力的一个重要因素，所以数据量的爆发式增长是机器学习算法快速发展的原因之一。数据根据其表现形式可以简单地分为结构化数据和非结构化数据。常见的结构化数据有数据表格，非结构化数据有图片、视频、音频、文本等，这些数据都可以作为机器学习算法的学习对象。影响机器学习性能的另一重要因素就是算法，针对各种形式的数据与不同的分析目标，研究者们提出了各种各样的算法对数据进行挖掘。

面对不同的问题，可以有多种不同的解决方法，如何使用合适的机器学习算法去完美地解决问题，是一个需要经验与技术的过程，而这些都是建立在对机器

学习的各种算法有了充分了解的基础之上。虽然针对某些问题，可能无法找到最好的算法，但总可以找到合适的算法。

机器学习算法中，根据它们学习方式和应用场景的差异，可以简单地归为三类：无监督学习（Unsupervised learning）、半监督学习（Semi-supervised learning）和有监督学习（Supervised learning），机器学习应用场景分类示意图如图1-7所示。

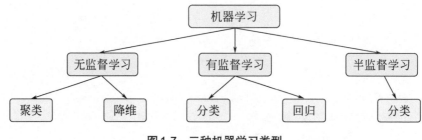

图1-7　三种机器学习类型

1.4.1　无监督学习

无监督学习算法的应用场景主要有两种，即数据聚类和数据降维。由于不需要数据的监督信息，因此不需要提前知道数据集的类别标签。

（1）数据聚类算法：划分数据的簇

聚类分析（Cluster Analysis）是一类将研究对象进行分类的统计方法，它是将若干个个体（每个个体使用一个数据样本表示）按照某种标准分成若干个簇，并且希望簇内的样本尽可能相似，而簇与簇之间的样本要尽可能不相似。由于数据之间的复杂性，所以众多的聚类算法被提出，在相同的数据集上，使用不同的聚类算法，可能会产生不同的聚类结果。因为聚类分析在划分不同的簇时，不需要提前知道每个数据的类别标签，所以整个聚类过程是无监督的。

聚类分析已经在许多领域得到了广泛的应用，包括商务智能、图像模式识别、web搜索等。尤其是在商务领域中，聚类可以把大量的客户划分为不同的组，其各组内的客户具有相似的特性，这对商务策略的调整、产品的推荐、广告投放等是很有利的。

现在已经有很多经典的聚类算法被提出，用于不同场景下的数据聚类，如：K均值聚类、层次聚类、密度聚类等。图1-8展示了在二维空间中，使用密度聚类算法时每个样本的簇归属情况。图中的数据点被分成了两个簇，分别使用圆点与三角形进行表示。

（2）数据降维算法：减少数据维度

在机器学习应用领域，数据降维是无监督学习中的一个经典应用。数据降维是指在某些限定条件下，降低数据集特征的个数，得到一组新特征的过程，同

同心圆数据集

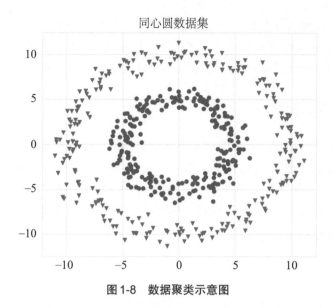

图 1-8　数据聚类示意图

时会尽可能地保留重要信息。在大数据时代，高维的数据非常常见（每一个样例都会有很多特征），高维数据虽然代表具有更多的可用信息，但是同时也带来了一些问题，例如：高维数据往往会带有冗余信息，如果数据维度过高，会大大拖慢算法的运行速度等。因此数据降维的一个重要作用就是去除冗余信息，保留必要的信息，同时提升算法的计算效率。数据降维的算法有很多，如：主成分分析（PCA）是通过正交变换，通过将原来的特征进行线性组合生成新的特征，并且只保留前几个主要特征的方法；核主成分分析（KPCA）则是基于核技巧的非线性降维的方法；而流形学习则是借鉴拓扑结构的数据降维方式。

此外，数据降维对数据的可视化有很大的帮助，高维数据很难发现数据之间的依赖和变化，通过数据降维可以将数据投影到二维或三维空间，能够更加方便地观察数据样本之间的关系。如图1-9展示了手写字体图像数据样本经过降维到

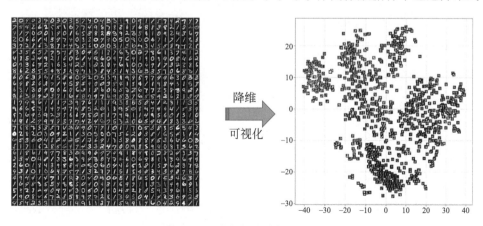

图 1-9　图像数据降维与可视化

二维空间后，通过可视化的方式，观察图像样本在空间中的位置分布，可以发现不同类型的图片在空间中的分布是有规律的。通过降维与可视化，从中发现规律，更容易理解待研究数据集，方便后续对数据的建模与研究。

1.4.2 有监督学习

与无监督学习相比，有监督学习的主要特性是：使用有标签的训练数据来建立模型，用来预测新的未知标签的数据。使用类别数据指导的建模场景称为分类，例如：0～9手写数字的识别、判断是否为垃圾邮件等。使用连续数据指导的建模场景称为回归，例如：预测商品的价格、产品的销量等。

（1）有监督学习分类

如果数据的类别只有两类：是或否（0或1），则这类问题称为二分类问题。常见的情况有是否存在欺诈、邮件是否为垃圾邮件、是否患病等问题。二分类常用的算法有朴素贝叶斯算法、逻辑回归算法等。如果数据的标签多于两类，这类情况常常称为多分类问题，如：人脸识别、手写字体识别等问题。在多分类中常用的方法有神经网络、K近邻、随机森林、深度学习等算法。图1-10展示的是二维空间中6类数据被多个空间曲线分为对应类的示例。如果有新的数据被观测到，可以根据它所在平面中的位置确定它应属的类别。

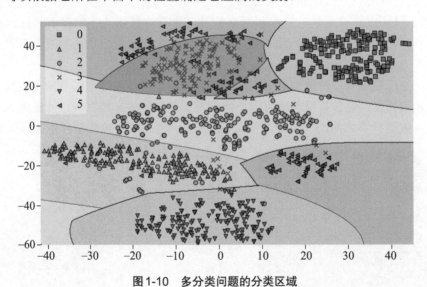

图1-10　多分类问题的分类区域

（2）有监督学习回归

回归模型预测主要是针对连续性标签值的预测，是一种统计学上分析数据的方法，目的在于了解两个或多个变量间是否相关、相关方向与强度，并建立数学

20

模型以便观察特定变量来预测或控制研究者感兴趣的变量，它是一种典型的有监督学习方法。在回归分析中，通常会有多个自变量和一个因变量，回归分析就是通过建立自变量和因变量之间的某种关系，来达到对因变量进行预测的目的。此外还有一些和时间相关的特殊数据回归预测场景，就是时间序列预测，时间序列预测通常会同时预测单个序列或多个序列的未来数据。

图1-11展示了线性回归和时间序列预测两种回归应用场景，其中针对线性回归则是对因变量Y和自变量X建立的回归模型，针对时间序列预测则是预测number变量的未来取值变化情况。

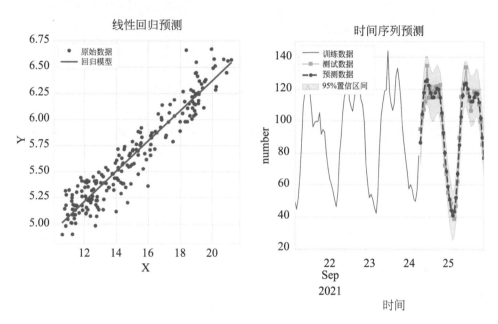

图1-11　回归模型示意图

1.4.3　半监督学习

半监督学习和前面两种机器学习方式的主要区别是：学习器能够不依赖外界交互、自动地利用未标记样本来提升学习的性能。也就是说，使用的数据集有些是有标签的，有些是没有标签的，但是算法不会浪费大量无标签数据集的信息，所以利用没标签的数据集和有标签的数据集来共同训练，以得到可用的模型，用于预测新的无标签数据。半监督学习在现实中的需求是很明显的，因为现在可以容易地收集到大量无标签数据，然而对所有数据打标签是一项很耗时、耗力的工作，所以可以通过部分带标签的数据及大量无标签的数据来建立可用的模型。

1.4.4　常用机器学习算法

　　半监督学习和其它两种机器学习方式相比，其应用并不是很多，因此本书主要关注Python在无监督学习和有监督学习中的应用。本书涉及的机器学习算法，可以总结为图1-12。

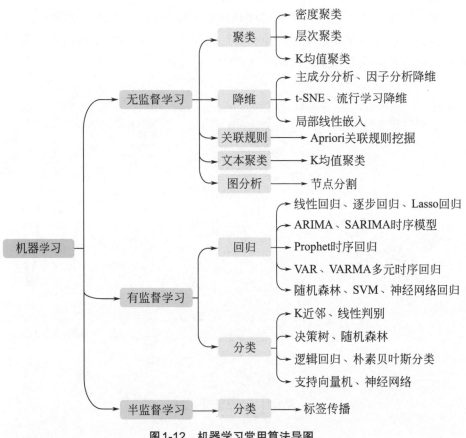

图1-12　机器学习常用算法导图

1.5　本章小结

　　本章针对Python的安装，主要介绍了Anaconda的安装和使用。针对Python快速入门，介绍了Python中的列表、元组和字典等基础数据结构，同时还介绍了Python中的条件判断、循环与函数等基础的语法使用。针对机器学习相关的内容，则是介绍了三种学习模式的差异和应用场景。针对这些机器学习算法，会在后面的章节中使用更详细的数据挖掘实战案例进行介绍。

第2章

Python 中的常用库

对 Python 的基础内容有了一定的认识后,本章将会主要介绍 Python 在机器学习领域中经典的第三方常用库。这些库都是实现了各种计算功能的开源库,它们极大地丰富了 Python 的应用场景和计算能力,主要介绍 Numpy、Pandas、Matplotlib、Seaborn 与 Sklearn(scikit-learn)五个库的基础使用。

Numpy 是 Python 用来做矩阵运算、高纬度数组运算的数学计算库;Pandas 是 Python 用来做数据预处理、数据操作和数据分析的库;Matplotlib 是简单易用的数据可视化库,包含了丰富的数据可视化功能;Seaborn 是基于 Matplotlib 开发的数据统计可视化库,比 Matplotlib 更加容易使用,非常适合用于数据特征的探索可视化分析;Sklearn 库是非常强力的机器学习库,它包含了从数据预处理到训练模型的各个方面。在机器学习实战应用中,使用 Sklearn 可以极大地节省编写代码的时间、减少代码量,使我们有更多的精力去分析数据本质,调整模型和修改超参。接下来会逐个介绍如何使用这些库。

通过 Python 对数据进行分析或者机器学习时,还有其它的第三方库会参与其中,由于篇幅的限制,本章就不再单独介绍如何使用,在后面的机器学习算法实战应用中,会对其它第三方库的使用进行相应的介绍。

2.1 Numpy 库

Numpy 库中最有特点的功能是,通过为 Python 引入 Numpy 高维数组(ndarray),从而极大地方便和丰富了 Python 在数值计算方面的能力。Numpy 数组可以是一维、二维、三维甚至更高的维度,其中每个维度都对应一个轴(axis),方便对数组的操作,数组和轴之间的关系可以通过图 2-1 进行展示。

下面将会从如何生成 Numpy 数组开始,介绍 Numpy 的基本操作,以及在机器学习过程中常用的 Numpy 函数等内容。

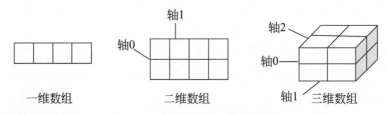

一维数组 二维数组 三维数组

图2-1 Numpy库的高维数组

2.1.1 Numpy数组生成

由于Numpy属于Python的第三方库，所以在使用Numpy库之前需要提前导入，通常可以使用下面的语句导入Numpy库，后面程序中使用np指代该库。

```
In[1]:import numpy as np
```

Numpy中生成数组的方式有很多种，下面将会介绍多种生成数组的方式，例如：使用array()函数生成数组的程序如下：

```
In[2]:## 使用 np.array() 函数生成数组
      A = np.array([1,2,3,4,5]) # 生成一维数组
      print("A:",A)
      # 生成二维数组
      B = np.array([[2,3,4,5],[7,8,9,10]])
      print("B:",B)
Out[2]:A: [1 2 3 4 5]
       B: [[ 2  3  4  5]
          [ 7  8  9 10]]
In[3]:# 生成三维数组
      C = np.array([[[1,2,3,4,5],[6,7,8,9,10]],
                    [[1,2,3,4,5],[6,7,8,9,10]]])
      C
Out[3]:array([[[ 1,2,3,4,5],
               [ 6,7,8,9,10]],
              [[ 1,2,3,4,5],
               [ 6,7,8,9,10]]])
In[4]:## 查看数组的维度
      print("A.shape:",A.shape)
      print("B.shape:",B.shape)
      print("C.shape:",C.shape)
```

```
Out[4]:A.shape: (5,)
        B.shape: (2,4)
        C.shape: (2,2,5)
```

　　上面的程序中，使用 np.array() 函数将列表生成数组 A、B、C，它们分别是一维数组、二维数组与三维数组，并且可以利用数组的 shape 属性查看其形状。使用 np.array() 函数生成数组时，还可以使用 dtype 参数指定数组的数据类型。

　　生成具有特定规律的数组还可以使用 Numpy 中已经定义好的其它函数，例如：使用 np.arange() 函数可以通过指定起始值、终止值（不包含）和步长等，生成特定的数组；使用 np.linspace() 函数可以生成等间距的固定数量的数组。它们的使用示例如下：

```
In[5]:## 使用 np.arange() 函数生成数组
      D = np.arange(0,10,1)
      print("D:",D)
      ## 指定起始值、终止值（不包含）和步长
      ## 使用 np.linspace() 函数生成等间距的固定数量的数组
      E = np.linspace(start=0,stop=10,num = 5)
      print("E:",E)
Out[5]:D: [0 1 2 3 4 5 6 7 8 9]
        E: [ 0.  2.5 5.  7.5 10. ]
```

　　Numpy 中可以使用 np.zeros() 函数生成指定形状的全 0 数组，使用 np.ones() 函数生成指定形状的全 1 数组，np.full() 函数可以使用指定的值生成指定维度的数组，np.eye() 函数生成指定形状的单位矩阵（对角线的元素为 1）。相关使用的示例如下所示：

```
In[6]:## 生成全 0 数组
      A = np.zeros(shape = (2,6))
      print("A:",A)
      ## 生成全 1 数组
      B = np.ones((2,6))
      print("B:",B)
      ## 生成指定值填充的数组
      C = np.full((2,6),fill_value = 2.)
      print("C:",C)
      ## 生成对角线为 1 的单位数组
```

```
        D = np.eye(3,6)
        print("D:",D)
Out[6]:A: [[0. 0. 0. 0. 0. 0.]
          [0. 0. 0. 0. 0. 0.]]
       B: [[1. 1. 1. 1. 1. 1.]
          [1. 1. 1. 1. 1. 1.]]
       C: [[2. 2. 2. 2. 2. 2.]
          [2. 2. 2. 2. 2. 2.]]
       D: [[1. 0. 0. 0. 0. 0.]
          [0. 1. 0. 0. 0. 0.]
          [0. 0. 1. 0. 0. 0.]]
```

此外，Numpy中还有生成随机数组的函数，例如：使用np.random.seed()设置随机数种子，可以保证生成的随机数是可复现的；使用np.random.randn()函数生成正态分布的随机数矩阵；使用np.random.permutation()函数将随机整数进行随机排序；使用np.random.rand()函数生成均匀分布的随机数矩阵；使用np.random.randint()函数在指定范围内生成随机数整数；使用np.random.rand()函数生成均匀分布的随机数等。这些函数的使用示例如下：

```
In[7]:## 设置随机数种子
      np.random.seed(123)
      ## 生成正态分布的随机数矩阵
      np.random.randn(3,3)
Out[7]:array([[-1.0856306 ,  0.99734545,  0.2829785 ],
             [-1.50629471, -0.57860025,  1.65143654],
             [-2.42667924, -0.42891263,  1.26593626]])
In[8]:## 将 0 ~ 10（不包括10）之间的数进行随机排序
      np.random.seed(123)
      A = np.random.permutation(10)
      print("A:",A)
      ## 生成均匀分布的随机数矩阵
      B = np.random.rand(2,3)
      print("B:",B)
      ## 在范围内生成随机数整数
      C = np.random.randint(low = 1, high=5, size=10)
      print("C:",C)
      ## 生成均匀分布的随机数
      D = np.random.rand(2,3)
```

```
      print("D:",D)
      ## 随机抽样函数
      print(np.random.choice([0,1,2,3,4,5],size = 10,replace = True))
      print(np.random.choice([0,1,2,3,4,5],size = 5,replace = False))
Out[8]:A: [4 0 7 5 8 3 1 6 9 2]
      B: [[0.41092437 0.5796943  0.13995076]
        [0.40101756 0.62731701 0.32415089]]
      C: [3 2 1 1 1 1 2 4 4 3]
      D: [[0.08372648 0.71233018 0.42786349]
        [0.2977805  0.49208478 0.74029639]]
      [4 4 1 5 3 2 1 4 0 3]
      [1 4 5 3 0]
```

2.1.2　Numpy数组运算

针对Numpy数组的运算是非常直观的，数组的加减乘除运算示例如下：

```
In[9]:## 加减乘除运算
      A = np.array([2,3,4,5,6,7])
      B = np.array([7,8,9,10,10,11])
      print("A + B:",A + B)
      print("A - B:",A - B)
      print("A * B:",A * B)
      print("A / B:",A / B)
Out[9]:A + B: [ 9 11 13 15 16 18]
      A - B: [-5 -5 -5 -5 -4 -4]
      A * B: [14 24 36 50 60 77]
      A / B: [0.28571429 0.375   0.44444444 0.5   0.6   0.63636364]
```

此外，运算符"**"表示幂运算；"%"表示相除取余运算；"//"表示相除
取整运算；数组的T()方法表示数组的转置运算；计算数组的逆运算可以使用
np.linalg.inv()函数。它们的使用示例如下：

```
In[10]:## 幂次运算
      print("B ** A:",B ** A)
      ## 相除取余运算
      print("A % B:",A % B)
```

```
         ## 相除取整运算
         print("A // B:",A // B)
Out[10]:B ** A: [    49    512    6561   100000  1000000 19487171]
         A % B: [2 3 4 5 6 7]
         A // B: [0 0 0 0 0 0]
In[11]:## 数组转置
         A = np.array([[1,3,4],[7,8,9],[5,6,7]])
         print("转置:",A.T)
         ## 数组的逆
         print("逆:",np.linalg.inv(A))
Out[11]: 转置 : [[1 7 5]
         [3 8 6]
         [4 9 7]]
         逆: [[-1. -1.5  2.5]
          [ 2.   6.5 -9.5]
          [-1.  -4.5  6.5]]
```

2.1.3 Numpy数组操作

Numpy中提供了数组的多种不同操作，方便对数组的使用，下面将会介绍对数组的索引、切片、变形、拼接和分裂等操作。

（1）切片索引操作

针对获取数组中的元素，可以利用切片索引进行获取，其中索引可以是获取一个元素的基本索引，也可以是获取多个元素的切片索引，以及根据布尔值获取元素的布尔索引。使用切片获取数组中元素的相关程序如下所示：

```
In[12]:## 生成用于演示的数组
         A = np.arange(7)
         B = np.arange(10).reshape(2,5)
         C = np.arange(20).reshape(2,2,5)
         print("A:",A)
         print("B:",B)
         print("C:",C)
Out[12]:A: [0 1 2 3 4 5 6]
         B: [[0 1 2 3 4]
          [5 6 7 8 9]]
         C: [[[ 0  1  2  3  4]
```

```
            [ 5  6  7  8  9]]

           [[10 11 12 13 14]

            [15 16 17 18 19]]]
```

In[13]:## 通过指定对应维度的索引获取单个元素（正序索引从0开始）

   print(A[2])　　## 获取指定的元素

   print(B[1,2])　　## 获取指定行与列的元素

   print(C[1,1,2])　## 获取指定层、行与列的元素

Out[13]:2

   7

   17

In[14]:## 倒序索引从-1开始

   print("提取 A[-2]:",A[-2])　#A 中倒数第2个值

   print("提取 B[1,-1]:",B[1,-1])　#A 第1行中倒数第1个值

   ## 通过切片获取数组中的多个元素

   print("提取 A[1:5]:",A[1:5])　## 获取指定位置的多个元素

   print("提取 B[:,1:5]:",B[:,1:5])　## 获取所有行指定列的多个元素

   print("提取 C[0,0:2,:]:",C[0,0:2,:]) ## 获取指定层指定行所有列的多个元素

Out[14]: 提取 A[-2]: 5

   提取 B[1,-1]: 9

   提取 A[1:5]: [1 2 3 4]

   提取 B[:,1:5]: [[1 2 3 4]

       [6 7 8 9]]

   提取 C[0,0:2,:]: [[0 1 2 3 4]

      [5 6 7 8 9]]

In[15]:## 通过np.where找到符合条件的值

   a,b = np.where(B % 2 == 1)

   print("行索引 :",a)

   print("列索引 :",b)

   print("数组中的奇数 :",B[a,b])

   ## A 中如果是奇数就正常输出，否则就输出对应数值+10

   print(np.where(B % 2 == 1, B, 10+B))

Out[15]: 行索引 : [0 0 1 1 1]

   列索引 : [1 3 0 2 4]

   数组中的奇数 : [1 3 5 7 9]

      [[10 1 12 3 14]

      [5 16 7 18 9]]

（2）改变数组形状

  改变数组的形状有多种方式，最常用的方式是使用 *.reshape 方法改变数组的形状，同时还可以使用 *.reval 方法可以将数组展开，使用 *.flatten 方法也可以

将数组展开，使用 *.resize 方法可以改变数组的形状。同时针对数组的轴可使用transpose()函数对数组的轴进行变换，如：将3×4×2的数组转化为2×4×3的数组等。数组的上述方法的使用示例如下：

```
In[16]:## 使用reshape方法改变数组的形状
        A = np.arange(12).reshape(2,6) ## 指定行和列的数量
        B = np.arange(12).reshape(2,-1) ## 只指定行的数量
        C = np.arange(12).reshape(-1,6) ## 只指定列的数量
        print("A:",A)
        print("B:",B)
        print("C:",C)
Out[16]:A: [[ 0  1  2  3  4  5]
          [ 6  7  8  9 10 11]]
         B: [[ 0  1  2  3  4  5]
          [ 6  7  8  9 10 11]]
         C: [[ 0  1  2  3  4  5]
          [ 6  7  8  9 10 11]]
In[17]:## 将数组展开
        print(" 数组展开:",A.ravel())
        ## 将数组展开
        print(" 数组展开:",A.flatten())
        ## 使用resize方法改变数组的形状
        A.resize((3,4))
        print("A.resize:",A)
Out[17]: 数组展开: [ 0  1  2  3  4  5  6  7  8  9 10 11]
         数组展开: [ 0  1  2  3  4  5  6  7  8  9 10 11]
         A.resize: [[ 0  1  2  3]
                    [ 4  5  6  7]
                    [ 8  9 10 11]]
In[18]:## 数组的轴转换
        B = np.arange(24).reshape(3,4,2)
        print("B.shape:",B.shape)
        C = B.transpose((2,1,0))
        print("C.shape",C.shape)
Out[18]:B.shape: (3, 4, 2)
         C.shape (2, 4, 3)
```

（3）数组拼接与分割

针对数组的拼接与分割，Numpy中提供了多种方式。例如：使用np.concatenate()函数可以按照指定的维度（轴），将数组进行拼接，其中axis=0表示行维度上进

行拼接，axis=1表示列维度上进行拼接。除此之外，行维度上进行拼接还可以直接使用np.vstack()函数，列维度上进行拼接还可以直接使用np.hstack()函数或者np.column_stack()函数等。使用这些函数将数组拼接的示例程序如下：

```
In[19]:## 数组拼接,生成数组A和B
        A = np.arange(10).reshape(2,5)
        B = np.arange(0,20,2).reshape(2,5)
        print("A:",A)
        print("B:",B)
Out[19]:A: [[0 1 2 3 4]
          [5 6 7 8 9]]
        B: [[ 0  2  4  6  8]
           [10 12 14 16 18]]
In[20]:## 在行上进行拼接
print(" 按行拼接 1:",np.concatenate((A,B),axis = 0))
print(" 按行拼接 2:",np.vstack((A,B)))
Out[20]: 按行拼接 1: [[ 0  1  2  3  4]
                   [ 5  6  7  8  9]
                   [ 0  2  4  6  8]
                   [10 12 14 16 18]]
        按行拼接 2: [[ 0  1  2  3  4]
                  [ 5  6  7  8  9]
                  [ 0  2  4  6  8]
                  [10 12 14 16 18]]
In[21]: ## 在列上进行拼接
        print(" 按列拼接 1:",np.concatenate((A,B),axis = 1))
        print(" 按列拼接 2:",np.hstack((A,B)))
        print(" 按列拼接 3:",np.column_stack((A,B)))
Out[21]: 按列拼接 1: [[ 0  1  2  3  4  0  2  4  6  8]
                   [ 5  6  7  8  9 10 12 14 16 18]]
        按列拼接 2: [[ 0  1  2  3  4  0  2  4  6  8]
                  [ 5  6  7  8  9 10 12 14 16 18]]
        按列拼接 3: [[ 0  1  2  3  4  0  2  4  6  8]
                  [ 5  6  7  8  9 10 12 14 16 18]]
```

而针对数组的分割（切分、拆分）也有多种方式，使用np.split()函数可以按照指定的维度（轴），将数组进行拆分，其中axis=0表示行维度上进行拆分，axis=1表示列维度上进行拆分。np.hsplit()函数可在列维度上进行数组的拆分，

np.vsplit()函数可在行维度上进行数组的拆分。使用这些函数将数组拆分的示例
程序如下：

```
In[22]:## 将数组进行分割,生成用于演示的数组
        A = np.arange(24).reshape(4,6)
        A
Out[22]:array([[ 0,  1,  2,  3,  4,  5],
               [ 6,  7,  8,  9, 10, 11],
               [12, 13, 14, 15, 16, 17],
               [18, 19, 20, 21, 22, 23]])
In[23]:## 在列维度上将A切分
        print("按列切分1:",np.hsplit(A,2))
        print("按列切分2:",np.split(A,2,axis=1))
Out[23]: 按列切分1: [array([[ 0,  1,  2],
                        [ 6,  7,  8],
                        [12, 13, 14],
                        [18, 19, 20]]),
                array([[ 3,  4,  5],
                       [ 9, 10, 11],
                       [15, 16, 17],
                       [21, 22, 23]])]
         按列切分2: [array([[ 0,  1,  2],
                        [ 6,  7,  8],
                        [12, 13, 14],
                        [18, 19, 20]]),
                array([[ 3,  4,  5],
                       [ 9, 10, 11],
                       [15, 16, 17],
                       [21, 22, 23]])]
In[24]:## 在行维度上将A切分
        print("按行切分1:",np.vsplit(A,2))
        print("按行切分2:",np.split(A,2,axis=0))
Out[24]: 按行切分1: [array([[ 0,  1,  2,  3,  4,  5],
                        [ 6,  7,  8,  9, 10, 11]]), array([[12, 13, 14, 15, 16, 17],
                        [18, 19, 20, 21, 22, 23]])]
         按行切分2: [array([[ 0,  1,  2,  3,  4,  5],
                        [ 6,  7,  8,  9, 10, 11]]), array([[12, 13, 14, 15, 16, 17],
                        [18, 19, 20, 21, 22, 23]])]
```

2.1.4 Numpy常用函数

Numpy中已经准备了很多进行数组运算的函数，针对常用函数，下面将会主要介绍数学函数、统计函数，以及数据导入和保存函数的使用。

（1）数学函数

Numpy还提供了常用的数学函数，方便相关的计算，如：指数运算函数np.exp()、三角正弦函数np.sin()等。对数组进行基础数学运算的程序如下所示：

```
In[25]:## 常用数学函数
        A = np.arange(2,7)
        print("A:",A)
        print("指数运算:",np.exp(A))
        print("开根运算:",np.sqrt(A))
        print("平方运算:",np.square(A))
        print("正弦运算:",np.sin(A))
        print("余弦运算:",np.cos(A))
        print("正切运算:",np.tan(A))
        print("对数运算:",np.log(A))
Out[25]:A: [2 3 4 5 6]
        指数运算: [7.3890  20.08553 54.59815 148.4131  403.42879]
        开根运算: [1.41421356 1.73205081 2.       2.23606798 2.44948974]
        平方运算: [ 4  9 16 25 36]
        正弦运算: [ 0.90929743  0.14112001 -0.7568025  -0.95892427 -0.2794155 ]
        余弦运算: [-0.41614684 -0.9899925  -0.65364362 0.28366219 0.96017029]
        正切运算: [-2.18503986 -0.14254654 1.15782128 -3.38051501 -0.29100619]
        对数运算: [0.69314718 1.09861229 1.38629436 1.60943791 1.79175947]
```

（2）常用统计函数

Numpy中已经准备了很多进行数组统计计算的函数，使用这些已经准备好的函数，可以提升工作效率，例如：计算数组的均值可以使用mean()函数，计算数组的和可以使用sum()函数，计算中位数的np.median()函数，计算标准差的np.std()函数，计算方差的np.var()函数等相关程序如下所示：

```
In[26]:## 常用统计函数
        A = np.arange(18).reshape(3,6)
        A
```

```
Out[26]:array([[ 0,  1,  2,  3,  4,  5],
               [ 6,  7,  8,  9, 10, 11],
               [12, 13, 14, 15, 16, 17]])
In[27]:## 计算和
       print("数组的和 :",A.sum())
       print("数组每列的和 :",A.sum(axis = 0))
       print("数组每行的和 :",A.sum(axis = 1))
Out[27]: 数组的和 : 153
         数组每列的和 : [18 21 24 27 30 33]
         数组每行的和 : [15 51 87]
In[28]:## 计算均值与中位数
       print("数组的均值 :",A.mean())
       print("数组每列的均值 :",A.mean(axis = 0))
       print("数组每行的均值 :",A.mean(axis = 1))
       print("数组的中位数 :",np.median(A))
       print("数组每列的中位数 :",np.median(A,axis = 0))
       print("数组每行的中位数 :",np.median(A,axis = 1))
Out[28]: 数组的均值 : 8.5
         数组每列的均值 : [ 6.  7.  8.  9. 10. 11.]
         数组每行的均值 : [ 2.5  8.5 14.5]
         数组的中位数 : 8.5
         数组每列的中位数 : [ 6.  7.  8.  9. 10. 11.]
         数组每行的中位数 : [ 2.5  8.5 14.5]
In[29]:## 计算标准差和方差
       print("数组的标准差 :",A.std())
       print("数组每列的标准差 :",A.std(axis = 0))
       print("数组每行的标准差 :",A.std(axis = 1))
       print("数组的方差 :",A.var())
       print("数组每列的方差 :",A.var(axis = 0))
       print("数组每行的方差 :",A.var(axis = 1))
Out[29]: 数组的标准差 : 5.188127472091127
         数组每列的标准差 : [4.8989 4.8989 4.8989 4.8989 4.8989 4.8989]
         数组每行的标准差 : [1.70782513 1.70782513 1.70782513]
         数组的方差 : 26.916666666666668
         数组每列的方差 : [24. 24. 24. 24. 24. 24.]
         数组每行的方差 : [2.91666667 2.91666667 2.91666667]
```

　　同时最大值可以使用np.max()函数、最小值可以使用np.min()函数进行计算，最大值所在的位置可以使用np.argmax()函数，最小值所在的位置可以使用np.argmin()函数等。使用示例如下：

```
In[30]:## 计算最大值和最小值
        print("数组的最大值:",A.max())
        print("数组每列的最大值:",A.max(axis = 0))
        print("数组每行的最大值:",A.max(axis = 1))
        print("数组的最小值:",A.min())
        print("数组每列的最小值:",A.min(axis = 0))
        print("数组每行的最小值:",A.min(axis = 1))
Out[30]:数组的最大值: 17
        数组每列的最大值: [12 13 14 15 16 17]
        数组每行的最大值: [ 5 11 17]
        数组的最小值: 0
        数组每列的最小值: [0 1 2 3 4 5]
        数组每行的最小值: [ 0  6 12]
In[31]:## 计算最大值和最小值所在的位置
        print("数组的最大值位置:",A.argmax())
        print("数组每列的最大值位置:",A.argmax(axis = 0))
        print("数组每行的最大值位置:",A.argmax(axis = 1))
        print("数组的最小值位置:",A.argmin())
        print("数组每列的最小值位置:",A.argmin(axis = 0))
        print("数组每行的最小值位置:",A.argmin(axis = 1))
Out[31]:数组的最大值位置: 17
        数组每列的最大值位置: [2 2 2 2 2 2]
        数组每行的最大值位置: [5 5 5]
        数组的最小值位置: 0
        数组每列的最小值位置: [0 0 0 0 0 0]
        数组每行的最小值位置: [0 0 0]
```

（3）数据导入与保存函数

Numpy中还提供了保存和导入数据的函数np.save()和np.load()，其中np.save()通常是将一个数组保存为.npy文件，若要保存多个数组，可以使用np.savez()函数，并且可以为每个数组指定名称，方便导入数组后对数据的获取，相关程序的使用如下所示：

```
In[32]:## 数据导入与保存函数
        A = np.arange(2,20).reshape(2,-1)
        ## 将数组保存为.npy文件
```

```
        np.save("data/chap02/Aarray.npy",A)
        ## 导入已经保存的数据文件 A
        B = np.load("data/chap02/Aarray.npy")
        B
Out[32]:array([[ 2,  3,  4,  5,  6,  7,  8,  9, 10],
               [11, 12, 13, 14, 15, 16, 17, 18, 19]])
In[33]:## 将多个数组保存为一个压缩文件
        np.savez("data/chap02/ABarray.npz",x = A[0], y = A[1])
        ## 导入保存的数据
        data = np.load("data/chap02/ABarray.npz")
        print('data["x"]:',data["x"])
        print('data["y"]:',data["y"])
Out[33]:data["x"]: [ 2  3  4  5  6  7  8  9 10]
        data["y"]: [11 12 13 14 15 16 17 18 19]
```

  针对 Numpy 中的数据，可以使用 np.savetxt() 函数将数据保存为文本数据，而针对文本格式数据集的读取可以使用 np.loadtxt() 函数，相关程序的使用如下所示：

```
In[34]:## 保存 txt
        np.savetxt("data/chap02/Adata.txt",X=A)
        ## 导入 txt
        Atxt = np.loadtxt("data/chap02/Adata.txt")
        Atxt
Out[34]:array([[ 2.,  3.,  4.,  5.,  6.,  7.,  8.,  9., 10.],
               [11., 12., 13., 14., 15., 16., 17., 18., 19.]])
```

2.2 Pandas库

  Pandas 是 Python 中数据分析非常重要的库，它利用数据框（数据表）让数据的处理和操作变得简单、快捷。在数据预处理、缺失值填补、时间序列处理、数据可视化等方面都有应用。接下来将会简单介绍 Pandas 的使用，主要包括：Pandas 数据生成和读取、Pandas 数据操作以及 Pandas 数据可视化等内容。在使用 Pandas 库时通常会先导入库并使用 pd 表示，导入库的程序如下所示：

```
In[1]:import numpy as np
      import pandas as pd
```

2.2.1 Pandas数据生成和读取

Pandas库中的序列（Series）可以看作是一维数组，能够容纳任何类型的数据。可以使用pd.Series（data，index,…）的方式生成序列，其中data指定序列中的数据，通常使用数组或者列表，index通常指定序列中的索引，例如：使用下面的程序可以生成序列s1，并且可以通过s1.values和s1.index获取序列的数值和索引。通过字典也可以生成序列，其中字典的键将会作为序列的索引，字典的值将会作为序列的值，下面的s2就是利用字典生成的序列。

生成Series和DataFrame。

```
In[2]:## 生成一个序列
      s1 = pd.Series(data = [1,2,3,4],index = ["b","c","d","e"],
                     name = "var1")
      print(s1)
      ## 获取序列的数值和索引
      print(" 数值 :",s1.values)
      print(" 索引 :",s1.index)
Out[2]:b    1
       c    2
       d    3
       e    4
       Name: var1, dtype: int64
       数值 : [1 2 3 4]
       索引 : Index(['b', 'c', 'd', 'e'], dtype='object')
In[3]:## 通过字典生成序列
      s2 = pd.Series({"A":100,"B":200,"C":100,"D":200,"E":100})
      print(s2)
      ## 计算序列中每个取值出现的次数
      print(s2.value_counts())
Out[3]:A     100
       B     200
       C     100
```

```
D       200
E       100
dtype: int64
100     3
200     2
dtype: int64
```

数据表是Pandas提供的一种二维数据结构，数据按行和列的表格方式排列，是数据分析经常使用的数据展示方式。数据表的生成通常使用pd.DataFrame（data，index，columns,…）的方式。其中data可以使用字典、数组等内容，index用于指定数据表的索引，columns用于指定数据表的列名。

使用字典生成数据表时，字典的键将会作为数据表格的列名，值将会作为对应列的内容。同时可以使用df1["列名"]的形式为数据表格df1添加新的列，或者获取对应列的内容。df1.columns属性则可以输出数据表格的列名。下面的程序是通过字典和数组生成对应的数据表。

```
In[4]:## 将字典生成数据表
      data = {"name":["Anan","Oliver","Tom","Jara","Jane"],
              "age":[10,15,10,18,25],
              "sex":["F","M","F","F","M"]}
      df1 = pd.DataFrame(data = data)
      ## 为数据表添加新的变量
      df1["high"] = [175,170,165,180,178]
      df1["Weight"] = [75,70,65,80,78]
Out[4]:print(df1)
        name      age     sex     high      Weight
      0 Anan      10      F       175       75
      1 Oliver    15      M       170       70
      2 Tom       10      F       165       65
      3 Jara      18      F       180       80
      4 Jane      25      M       178       78
In[5]:## 通过数组生成数据表
      data = np.arange(32).reshape(4,8)
      df2 = pd.DataFrame(data=data,  # 数据
                          columns=["A","B","C","D","E","F","G","H"],
                          index = ["a","b","c","d"])
      print(df2)
```

Out[5]:	A	B	C	D	E	F	G	H
a	0	1	2	3	4	5	6	7
b	8	9	10	11	12	13	14	15
c	16	17	18	19	20	21	22	23
d	24	25	26	27	28	29	30	31

Pandas 已经提供了读取外部数据的多种方式。例如：可以使用 pd.read_csv() 函数、pd.read_table() 函数读取 CSV 文件，使用 pd.read_excel() 函数读取 Excel 文件，使用 pd.read_json() 函数读取 Json 文件，使用 pd.read_spss 函数读取 SPSS 格式的数据文件等。除此之外，针对 Pandas 数据还可以使用 *.to_xx() 的形式将数据 * 保存为 xx 格式的数据文件，例如使用 df1.to_csv() 表示将数据 df1 保存为 CSV 格式的文件。使用 Pandas 读取和保存各类数据的示例程序如下：

```
In[6]:## 读取 CSV 文件
       iris = pd.read_csv("data/chap02/Iris.csv")
       ## 利用 read_table 函数读取 CSV 文件
       iris = pd.read_table("data/chap02/Iris.csv",delimiter = ",")
       ## 读取 excel
       iris = pd.read_excel("data/chap02/Iris.xlsx")
       ## 读取 json 数据
       iris = pd.read_json("data/chap02/Iris.json")
       ## 读取 spss 数据
       iris = pd.read_spss("data/chap02/Iris_spss.sav")
       print(iris.head(3))
```

Out[6]:	Id	SepalLengthCm	SepalWidthCm	PetalLengthCm	PetalWidthCm	Species
0	1.0	5.1	3.5	1.4	0.2	Iris-setosa
1	2.0	4.9	3.0	1.4	0.2	Iris-setosa
2	3.0	4.7	3.2	1.3	0.2	Iris-setosa

```
In[7]:## pandas 中的数据保存函数
       # iris.to_csv("data/chap02/Iris.csv")
       # iris.to_excel("...")
       # iris.to_json("...")
```

2.2.2 Pandas 数据操作

针对生成或读取的数据表，通常还要对数据进行各种各样的操作，如：获取数据表中的内容、数据表之间的合并、数据表的变换以及数据表的聚合、分组计算等，下面会详细介绍如何使用 Pandas 对数据表完成上述的操作。

（1）数据索引

针对生成的序列和数据表格，可以通过切片和索引获取序列中的对应值，也可以对获得的数值进行重新赋值的操作，还可以通过列名切片获取数据表中对应的列。相关示例如下：

```
In[8]:print(df1)
Out[8]:     name     age     sex     high     Weight
        0   Anan     10      F       175      75
        1   Oliver   15      M       170      70
        2   Tom      10      F       165      65
        3   Jara     18      F       180      80
        4   Jane     25      M       178      78
In[9]:## 通过列名获取数据表中的数据
      print(df1[["age","high","Weight"]])
Out[9]:     age      high     Weight
        0    10       175      75
        1    15       170      70
        2    10       165      65
        3    18       180      80
        4    25       178      78
```

针对数据表格还可以使用*.loc或者*.iloc方法获取指定的数据，其中*.loc是基于位置的索引获取对应的内容，使用方式为*.loc[index_name，col_name]，选择指定位置的数据。*.iloc的使用方式和*.loc相似，不同的是*.iloc必须同时指定行或列的数值索引，并且索引必须为列表或数组的形式，相关使用方法如下所示：

```
In[10]:## 输出多行
       print("指定的行:\n",df1.loc[1:3])
       ## 输出指定的行和列
       print("指定的行与列:\n",df1.loc[1:3,["name","sex","high"]])
Out[10]:指定的行:
            name     age     sex     high     Weight
        1   Oliver   15      M       170      70
        2   Tom      10      F       165      65
        3   Jara     18      F       180      80
        指定的行与列:
```

	name	sex	high
1	Oliver	M	170
2	Tom	F	165
3	Jara	F	180

In[11]:## df.iloc是基于位置的索引，获取指定的行

print(" 指定的行 :\n",df1.iloc[0:2])

获取指定的列

print(" 指定的列 :\n",df1.iloc[:,0:2])

获取指定位置的数据

print(" 指定的行与列 :\n",df1.iloc[0:2,1:4])

Out[11]:指定的行 :

	name	age	sex	high	Weight
0	Anan	10	F	175	75
1	Oliver	15	M	170	70

指定的列 :

	name	age
0	Anan	10
1	Oliver	15
2	Tom	10
3	Jara	18
4	Jane	25

指定的行与列 :

	age	sex	high
0	10	F	175
1	15	M	170

（2）数据聚合与分组计算

Pandas库提供了多种对数据表进行合并的操作，如pd.concat()函数、pd.merge()函数等，其中pd.concat()函数可以快速简便地完成数据表的合并，使用方式和前面介绍的np.concatenate()函数相似。pd.merge()函数则是实现类似于数据库的关系代数的数据连接方式，通过指定的关键列对数据表格进行内连接、外连接、左连接以及右连接等。数据合并的程序示例如下：

In[12]:## 使用pd.concat合并数据表,根据行拼接两个数据表

df1 = iris.iloc[0:2,0:4]

df2 = iris.iloc[20:22,0:4]

print(pd.concat([df1,df2],axis=0,ignore_index=True))

Out[12]:	Id	SepalLengthCm	SepalWidthCm	PetalLengthCm
0	1.0	5.1	3.5	1.4
1	2.0	4.9	3.0	1.4
2	21.0	5.4	3.4	1.7
3	22.0	5.1	3.7	1.5

In[13]:## 根据列拼接两个数据表

```
df1 = iris.iloc[0:2,0:2]
df2 = iris.iloc[20:22,3:5]
print(pd.concat([df1,df2],axis=1))
```

Out[13]:	Id	SepalLengthCm	PetalLengthCm	PetalWidthCm
0	1.0	5.1	NaN	NaN
1	2.0	4.9	NaN	NaN
20	NaN	NaN	1.7	0.2
21	NaN	NaN	1.5	0.4

In[14]:## 使用pd.merge通过关键列连接数据表

```
data = {"name":["Anan","Oliver","Tom","Jane"],
    "age":[10,15,10,25]}
df1 = pd.DataFrame(data = data)
data = {"name":["Anan","Oliver","Jara"],
    "sex":["F","M","F"],
    "high":[175,170,165]}
df2 = pd.DataFrame(data = data)
## 自动通过相同的列名进行数据拼接,默认只保留共有的元素(内连接)
print(pd.merge(df1,df2))
```

Out[14]:	name	age	sex	high
0	Anan	10	F	175
1	Oliver	15	M	170

In[15]:## 指定数据拼接的方式为'outer'(外连接)

```
print(pd.merge(df1,df2,how = "outer"))
```

Out[15]:	name	age	sex	high
0	Anan	10.0	F	175.0
1	Oliver	15.0	M	170.0
2	Tom	10.0	NaN	NaN
3	Jane	25.0	NaN	NaN
4	Jara	NaN	F	165.0

Pandas库还提供了强大的数据聚合和分组运算能力，例如：可以通过apply方法，将指定的函数作用于数据的行或者列，而groupby方法更是可以对数据进行分组统计，这些功能对数据表的变换、分析和计算都非常有用。

下面先导入鸢尾花数据集，介绍如何使用apply方法将函数应用于数据，进行并行计算，使用groupby方法进行分组计算，示例程序如下：

```
In[16]:## 读取用于演示的数据
        Iris = pd.read_csv("data/chap02/Iris.csv")
        Iris = Iris.drop("Id",axis=1) # 删除ID行
        print(Iris.head())
```

Out[16]:	SepalLengthCm	SepalWidthCm	PetalLengthCm	PetalWidthCm	Species
0	5.1	3.5	1.4	0.2	Iris-setosa
1	4.9	3.0	1.4	0.2	Iris-setosa
2	4.7	3.2	1.3	0.2	Iris-setosa
3	4.6	3.1	1.5	0.2	Iris-setosa
4	5.0	3.6	1.4	0.2	Iris-setosa

```
In[17]:## apply方法将函数应用于数据，进行并行计算
        ## 计算每列的最小值和最大值
        min_max = Iris.iloc[:,0:4].apply(func = (np.min,np.max),axis = 0)
        print(min_max)
```

Out[17]:	SepalLengthCm	SepalWidthCm	PetalLengthCm	PetalWidthCm
amin	4.3	2.0	1.0	0.1
amax	7.9	4.4	6.9	2.5

```
In[18]:## 根据行进行计算，只演示前5个样本
        mms = Iris.iloc[0:5,0:4].apply(func = (np.max,np.mean,np.std),axis = 1)
        print(mms)
```

Out[18]:	amax	mean	std
0	5.1	2.550	2.179449
1	4.9	2.375	2.036950
2	4.7	2.350	1.997498
3	4.6	2.350	1.912241
4	5.0	2.550	2.156386

```
In[19]:## 利用groupby进行分组统计，分组计算均值
        res = Iris.iloc[:,2:5].groupby(by = "Species").mean()
        print(res)
```

Out[19]:	PetalLengthCm	PetalWidthCm
Species		
Iris-setosa	1.464	0.244
Iris-versicolor	4.260	1.326
Iris-virginica	5.552	2.026

```
In[20]:## 分组后对数据的相关列进行聚合运算
      res = Iris.groupby(by = "Species").agg(
          {"SepalLengthCm":["min","max"],"SepalWidthCm":["std"],
          "PetalWidthCm":[np.size]})
      print(res)
```

Out[20]:	SepalLengthCm		SepalWidthCm	PetalWidthCm
	min	max	std	size
Species				
Iris-setosa	4.3	5.8	0.381024	50
Iris-versicolor	4.9	7.0	0.313798	50
Iris-virginica	4.9	7.9	0.322497	50

2.2.3　Pandas数据可视化

　　Pandas库提供了针对数据表和序列易用的可视化方式，其可视化是基于Matplotlib库进行的。对Pandas的数据表进行数据可视化时，只需要使用数据表的plot()方法，该方法包含散点图、折线图、箱线图、条形图等数据可视化方式。下面会使用具体的数据集，介绍如何使用Pandas库中的函数对数据进行可视化分析。

　　使用Pandas中的plot()方法对数据表进行可视化时，通常会使用kind参数指定数据可视化图像的类型，使用参数x指定横坐标轴使用的变量，使用参数y指定纵坐标轴使用的变量，还会使用其它的参数来调整数据的可视化结果。例如：针对散点图，可以使用参数s指定点的大小，使用参数c指定点的颜色等，每个点指定了不同大小的散点图，也称为气泡散点图（气泡图）。下面的程序则是使用前面导入的鸢尾花数据集，获得气泡散点图的程序，运行程序后可获得如图2-2所示的图像。

```
In[21]:## 气泡散点图可视化，设置颜色映射
col = Iris.Species.map({"Iris-setosa":"r", "Iris-versicolor":"g",
                        "Iris-virginica":"b"})
Iris.plot(kind = "scatter",figsize = (10,6), ## 可视化图像的类型与大小
    x = "SepalLengthCm", y = "SepalWidthCm", ## X轴与Y轴坐标
    s = Iris.PetalWidthCm*80,c = col,  # 点的颜色和大小
    title = "气泡散点图")
```

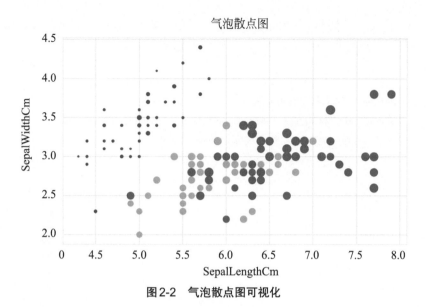

图2-2 气泡散点图可视化

下面的程序则是针对数据表格Iris，使用Iris.plot.hist()方式可视化分组直方图，并且对直方图的排列布局、分箱数量进行设置，运行程序后可获得如图2-3所示的图像。

```
In[22]:## 分组直方图
Iris.plot.hist(stacked=False, bins=50,figsize = (10,6),
            title = "分组直方图")
```

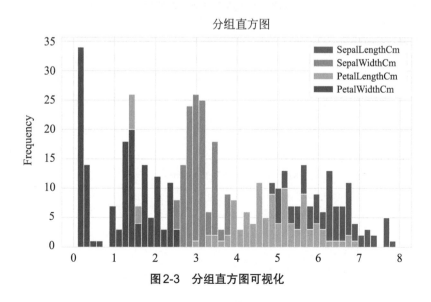

图2-3 分组直方图可视化

下面的程序是使用Iris.plot()方法时，指定参数kind = "hexbin"可以使用六边形热力图，运行程序可获得如图2-4所示的图像。

```
In[23]:## 可视化六边形热力图
Iris.plot(kind = "hexbin",x = "SepalLengthCm",y = "SepalWidthCm",
          gridsize = 20,figsize = (10,7),sharex = False)
```

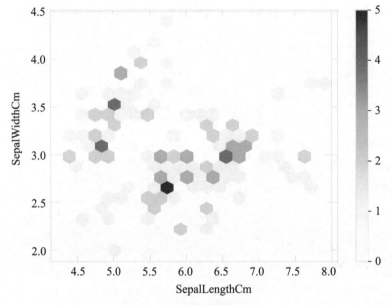

图2-4　六边形热力图可视化

Pandas库还提供了plotting模块，该模块提供了可视化矩阵散点图与平行坐标图的函数，这些函数对高维数据可视化更加方便，下面是使用parallel_coordinates()函数可以可视化平行坐标图，而且为了更好地设置图像，使用Matplotlib库中的函数进行标题的设置等，运行程序可获得如图2-5所示的平行坐标图。

```
In[24]:## 可视化平行坐标图
       from pandas.plotting import parallel_coordinates
       import matplotlib.pyplot as plt
       plt.figure(figsize=(12,6))
       parallel_coordinates(Iris.iloc[:,0:5],class_column = "Species")
       plt.title("平行坐标图")
       plt.show()
```

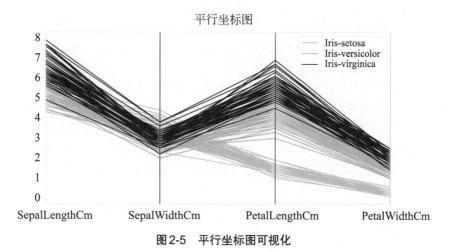

图2-5　平行坐标图可视化

2.3 Matplotlib库

Matplotlib库是Python中最基础的数据可视化库，具有丰富的数据可视化功能，因此本小节会介绍如何使用Matplotlib库对数据进行可视化。

2.3.1 Matplotlib可视化基础

由于Matplotlib最初是用于Matlab用户可视化的替代品，因此许多数据的可视化语法和Matlab很相似。在可视化时主要依靠Matplotlib中的pyplot模块，导入该模块后通常使用plt表示。由于Matplotlib库在设计时并没有充分考虑到中文的使用，因此在默认情况下不能正确显示中文。一种正确显示中文的常用方式是，借助seaborn库的set()方法，该方法不仅可以使用font参数指定可视化使用的字体，还有其他的参数设置可视化的风格。导入Matplotlib库的程序如下所示：

```
In[1]:import numpy as np
      import pandas as pd
      import matplotlib.pyplot as plt
      ## 进行可视化时需要的一些设置
      %config InlineBackend.figure_format = "retina"
      %matplotlib inline
      import seaborn as sns
      sns.set_theme(font= "KaiTi",style="whitegrid",font_scale=1.4)
```

```
import matplotlib
matplotlib.rcParams["axes.unicode_minus"]=False#解决坐标轴的负号显示问题
```

    Matplotlib库中的plot()函数是最常用的可视化函数之一，使用和Matlab软件中的plot()函数很像。下面的程序是使用plt.plot()函数可视化不同的曲线，并设置曲线的可视化形式，设置时使用了字符串的方式，一次设置了线的形状、线的颜色以及点的类型。如：字符串"b-o"，表示线的形状实线(-)、线的颜色是蓝色(b)以及点的类型是圆形(o)。运行程序后可获得如图2-6所示的可视化结果。

```
In[2]:## 生成数据
      x = np.linspace(start = 0,stop = 10,num=50)
      y1 = np.sin(x)
      y2 = np.cos(x)
      y3 = np.sin(x)+np.cos(x)
      y4 = np.sin(x)*np.cos(x)
      ## 使用Matplotlib库对数据进行可视化
      plt.figure(figsize=(12,6))  ## 初始化图像窗口并设置大小
      plt.plot(x,y1,"b-o")  ## 使用蓝色,实线,圆形
      plt.plot(x,y2,"g--v")  ## 使用绿色,虚线,朝下三角
      plt.plot(x,y3,"r-.s")  ## 使用红色,点划线,正方形
      plt.plot(x,y4,"k:*")  ## 使用黑色,点线,星形
      plt.xlabel("X轴")     ## 设置X轴标签
      plt.ylabel("Y轴")     ## 设置Y轴标签
      plt.title("设置不同的参数控制显示效果")  ## 设置图像标题
      plt.show()          ## 输出图像
```

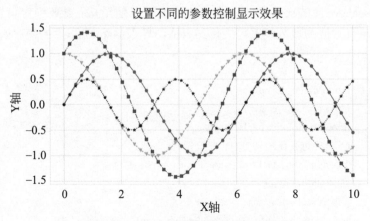

图2-6　plt.plot()函数可视化不同的曲线

　　使用Matplotlib进行数据可视化时，通常还会对图像添加更多的细节设置，来丰富图像所能传达的信息，例如：使用plt.xlim()函数和plt.ylim()函数设置坐标轴范围，使用plt.xticks()函数和plt.yticks()函数分别对X轴和Y轴进行设置，plt.vlines()函数和plt.hlines()函数可以分别添加垂直参考线和水平参考线，使用plt.axvspan()函数和plt.axhspan()函数添加垂直参考区域和水平参考区域，使用plt.annotate()函数为图像添加带箭头注释，并设置了对应的文本和箭头的类型，使用plt.text()函数在指定的位置添加文本，对相应的内容进行说明，最后使用plt.legend()函数为图像在指定的位置添加图例等，而且在设置图像的标题时，使用了Latex公式的表达，在图像中输出数学公式。运行下面的程序后可获得如图2-7所示的图像。

```
In[3]:## 生成数据
      x = np.linspace(start = 0,stop = 10,num=50)
      y = np.sin(x)
      ## 为可视化图像进行更精细的设置
      plt.figure(figsize=(12,7))     ## 初始化图像窗口并设置大小
      plt.plot(x,y,"r-o",linewidth = 2,markersize=8,
          label = " 正弦曲线 $\sin(x)$") # 可视化曲线
      plt.xlim((0,6))             ## 设置X轴的取值范围
      plt.ylim((-1.5,1.5))          ## 设置Y轴的取值范围
      plt.xlabel("X 轴",loc = "center") ## 设置X轴标签及位置
      plt.ylabel("Y 轴",loc = "center") ## 设置Y轴标签及位置
      ## 使用Latex 公式设置图像的标题
      plt.title(r"$ \sin x = x-\frac{x^{3}}{3!} +\frac{x^{5}}{5!}-\dots $" )
      ## 设置X轴刻度值及所对应的标签
      plt.xticks(ticks=[0,2,4,6], labels=["X=0","X=2","X=4","X=6"])
      ## 设置Y轴刻度值及所对应的标签
      plt.yticks(ticks=[-1,0,1], labels=[" 低 "," 中 "," 高 "])
      ## 添加垂直参考线和水平参考线
      plt.vlines(x = 0.8,ymin = -1.5, ymax = 1.5,colors="green",
          linestyles="--",linewidth = 3,label = " 垂直参考线 ")
      plt.hlines(y = 0,xmin = 0, xmax = 6,colors="black",
          linestyles="--",linewidth = 3,label = " 水平参考线 ")
      ## 添加垂直参考区域和水平参考区域,并设置填充方式
      plt.axvspan(xmin = 2.8, xmax = 3.5, facecolor="tomato", alpha=0.5,
          hatch = "/+", label = " 垂直参考区域 ")
      plt.axhspan(ymin=-0.2, ymax=0.25, facecolor="lightblue", alpha=0.5,
          hatch = "\.", label = " 水平参考区域 ")
      ## 添加带箭头注释,并设置对应的文本和箭头
```

```
plt.annotate("最大值", xy=(1.57, 1), xytext=(1.57, 0.7),fontsize=16,
    ## 文本与箭头的水平对齐和垂直对齐
    horizontalalignment="center", verticalalignment="top",
    arrowprops=dict(arrowstyle="<->",edgecolor="black"))
plt.annotate("相交区域", xy=(3.1, -0.05), xytext=(2.2, -0.35),fontsize=16,
    ## 文本与箭头的水平对齐和垂直对齐
    horizontalalignment="center", verticalalignment="top",
    arrowprops=dict(facecolor="blue", shrink=0.1))
## 在图像的指定位置添加文本
plt.text(x = 4.2,y = -1.2, s = "y = sin(x)",fontsize = 20,color = "r")
plt.text(x = 0.82,y = -1, s = "垂直的 \n 参考线",fontsize = 16,
    color = "green")
## 添加图例，自动寻找最佳位置
plt.legend(loc = "best",edgecolor="black",title="图例")
plt.show()
```

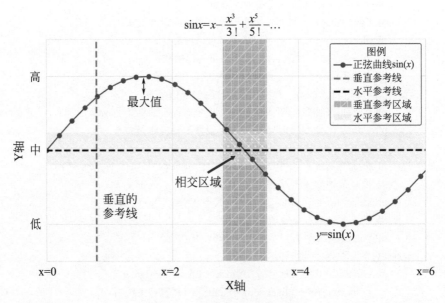

图2-7　丰富图像的可视化细节

从多个角度对数据进行可视化，需要在一幅图像中使用多个小的子窗口进行数据可视化，Matplotlib也提供了可视化子图的功能，而且提供了多种方式的可视化子图，其中最常用的是通过plt.subplot()创建子图窗口，并进行数据的可视化。plt.subplot()可以通过前两个数值指定创建子图的行数与列数，第三个数值指定当前的可视化子图窗口。例如：下面的程序中使用for循环可视化多个子图，其中plt.subplot(2,2,ii+1)表示可视化2行2列的子图中的第ii+1个子图，在for循环之外则是使用plt.subplots_adjust()函数调整子图之间的间隔距离，运行程序后可获得如图2-8所示的可视化图像。

```
In[4]:## 读取用于演示的数据
      Iris = pd.read_csv("data/chap02/Iris.csv")
      Iris = Iris.drop("Id",axis=1) # 删除 ID 行
      ## 使用 plt.subplot 函数可视化行列对齐的网格子图
      plt.figure(figsize=(10,6))
      Featurename = Iris.columns.values[0:4]
      ## 创建网格子图
      for ii,name in enumerate(Featurename):
          ## 创建2行2列中第 ii 个子图
          plt.subplot(2,2,ii+1)
          plt.hist(Iris.iloc[:,ii],bins=20)
          plt.xlabel(name)
          plt.ylabel(" 频数 ")
      ## 调整子图之间的水平高度间隔和宽度间隔
      plt.subplots_adjust(hspace=0.35,wspace = 0.3)
      plt.suptitle("plt.subplot() 可视化子图 ")
      plt.show()
```

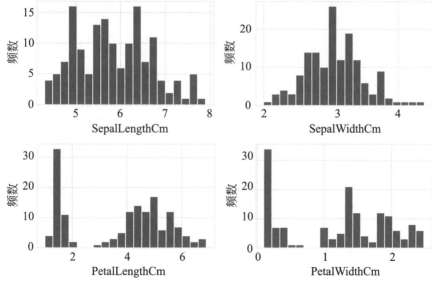

图2-8 plt.subplot()可视化规则的网格子图

此外，还可以利用plt.subplot()函数可视化不规则分布子图的图像。下面的程序中包含3个子图的可视化图像，程序中先使用plt.subplot(1,2,1)将可视化窗口切分为1行2列，并且指定在第1幅子图进行可视化，接着使用plt.subplot(2,2,2)将可视化窗口切分为2行2列，并指定在第2幅子图（右上角的子图）进行可视化，最后则是使用plt.subplot(2,2,4)将可视化窗口切分为2行2列，并指定在第4幅子图（右下角的子图）进行可视化，运行程序后最终只获得如图2-9所示的图像。

```
In[5]:## 可视化不规则的网格子图
      plt.figure(figsize=(14,8))
      ## 创建不规则的网格子图
      plt.subplot(1,2,1)  ＃1行2列第1幅子图(左侧的子图)
      plt.plot(Iris.SepalLengthCm,Iris.SepalWidthCm,"bo")
      plt.xlabel("SepalLengthCm");plt.ylabel("SepalWidthCm")
      plt.subplot(2,2,2)  ＃2行2列第2幅子图(右上角的子图)
      plt.plot(Iris.PetalLengthCm,Iris.PetalWidthCm,"gd")
      plt.xlabel("PetalLengthCm");plt.ylabel("PetalWidthCm")
      plt.subplot(2,2,4)  ＃2行2列第4幅子图(右下角的子图)
      plt.plot(Iris.SepalLengthCm,Iris.PetalLengthCm,"rs")
      plt.xlabel("SepalLengthCm");plt.ylabel("PetalLengthCm")
      plt.tight_layout()
      plt.show()
```

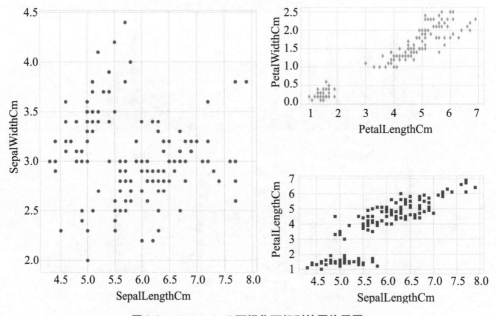

图2-9　plt.subplot()可视化不规则的网格子图

2.3.2　Matplotlib数据可视化实战

前一小节介绍了Matplotlib的基本使用方式以及网格图的可视化，本小节将会介绍Matplotlib库中常用的可视化函数的使用，并借助一个关于保险的数据集，使用Matplotlib中的统计数据可视化功能，进行Matplotlib数据可视化实战。首先导入待可视化分析的数据，程序如下所示：

```
In[6]:## 导入用于可视化的保险数据
      plotdf = pd.read_csv("data/chap02/insurance.csv")
      plotdf
Out[6]:
```

	age	sex	bmi	children	smoker	region	charges
0	19	female	27.900	0	yes	southwest	16884.92400
1	18	male	33.770	1	no	southeast	1725.55230
2	28	male	33.000	3	no	southeast	4449.46200
3	33	male	22.705	0	no	northwest	21984.47061
4	32	male	28.880	0	no	northwest	3866.85520
...	...	...	...	...	...	...	...
1333	50	male	30.970	3	no	northwest	10600.54830
1334	18	female	31.920	0	no	northeast	2205.98080
1335	18	female	36.850	0	no	southeast	1629.83350
1336	21	female	25.800	0	no	southwest	2007.94500
1337	61	female	29.070	0	yes	northwest	29141.36030

1338 rows × 7 columns

在导入的数据中一共有1338个样本，7个特征（变量），包含年龄（age）、性别（sex）、bmi指数、孩子数量（children）、是否吸烟（smoker）、区域（region），以及收费多少（charges）等信息，其中有些是数值变量，有些是离散分类变量。

想要分析数据中不同孩子数量下样本的多少，可以使用条形图进行数据可视化，想要分析不同性别、不同孩子数量下样本的多少，可以使用分组条形图，都可以使用plt.bar()函数进行可视化。下面的程序在可视化时，先使用np.unique()函数计算出可视化需要的数据，然后在第一个子图中使用plt.bar()可视化垂直条形图，使用plt.bar_label()为每个柱子添加数量的文本注释，第二个子图则是通过堆积条形图的方式进行可视化，在使用plt.bar()时，会利用bottom参数获得堆积的垂直条形图。运行下面的程序后则可获得如图2-10所示的条形图。

In[7]:## 单数据列条形图数据可视化

```
plt.figure(figsize=(12,6))
plt.subplot(1,2,1)  ## 使用条形图可视化孩子数量的分布情况
group, counts = np.unique(plotdf.children,return_counts = True)
p1 = plt.bar(x = group,height = counts,width= 0.7)
plt.bar_label(p1,label_type="edge") ##在条形图边缘位置添加文本数量
plt.xlabel("孩子数量");plt.ylabel("数量")
plt.xticks([0,1,2,3,4,5])
plt.title("孩子数量的分布")
plt.subplot(1,2,2)  ## 堆积条形图可视化性别分组下孩子数量的分布
## 数据准备，计算数据中不同性别下孩子的数量
sexcdf = pd.crosstab(plotdf.sex,plotdf.children)
group = sexcdf.columns.values
female = sexcdf.values[0,:]
male = sexcdf.values[1,:]
p1 = plt.bar(group, female, 0.7, label="female") ## female 数据
p2 = plt.bar(group, male, 0.7, bottom=female, #底部为 female 数据
        label="male")
plt.legend([p1,p2],["female","male"]) ## 为图像添加图例
plt.bar_label(p1,label_type="center")
plt.bar_label(p2,label_type="center")
plt.xlabel("孩子数量");plt.ylabel("数量")
plt.xticks([0,1,2,3,4,5])
plt.title("不同性别分组下孩子数量的分布")
plt.show()
```

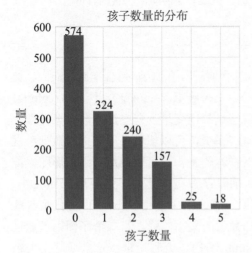
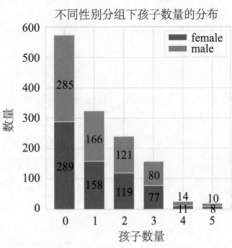

图2-10   数据条形图可视化

饼图广泛地应用在各个领域，用于表示不同分类的占比情况，通过弧度大小来对比各种分类。可以使用Matplotlib库中的plt.pie()函数可视化饼图。下面的程序中则是使用饼图可视化（除了region变量的数据取值分布情况）。其中第一幅子图是使用explode参数将其中的一个扇形块突出显示，并且使用autopct参数为每个扇形块添加了所占百分比标签；第二幅子图则是使用wedgeprops参数将饼的中心位置设置为空白，此种饼图也常称为甜甜圈图。运行程序后最终可获得如图2-11所示的可视化图像。

```
In[8]:## 使用饼图可视化region的分布情况
      plt.figure(figsize=(14,7))
      ## 数据准备
      group, counts = np.unique(plotdf.region,return_counts = True)
      explode = [0,0,0.1,0] ## 突出显示其中一个数据
      plt.subplot(1,2,1) ## 设置饼图的突出部分和百分比标签
      plt.pie(counts, explode=explode, labels=group, autopct="%1.1f%%")
      plt.subplot(1,2,2)  ## 饼图到甜甜圈图
      plt.pie(counts,explode=explode,labels=group,autopct="%1.1f%%",
      wedgeprops=dict(width=0.6))
      plt.tight_layout()
      plt.show()
```

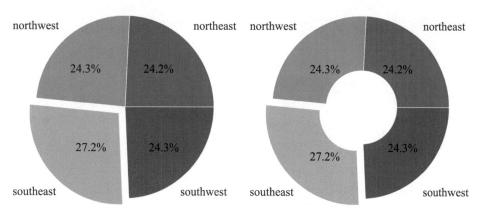

图2-11　数据饼图可视化

散点图将所有的数据以点的形式展现在坐标系上，以显示变量之间的相互影响程度，点的位置由变量的数值决定。如果散点图中使用不同的颜色来表示不同情况下的数据可以获得分组散点图，而单独为每个散点指定不同的大小，又可

以获得气泡图，因此散点图虽然简单但是应用方式多种多样。下面则是使用plt.
scatter()函数可视化气泡图，分析年龄、bmi指数以及收费多少等信息的关系，运
行程序后可获得如图2-12所示的可视化图像。

```
In[9]:## 使用气泡图可视化年龄、bmi指数以及收费多少等信息的关系
       szie=(plotdf.bmi-plotdf.bmi.min())/(plotdf.bmi.max()-plotdf.bmi.min()) * 100
       agex = plotdf.age + np.random.rand(len(plotdf))*0.5  # 添加扰动
       plt.figure(figsize=(10,6))
       p1 = plt.scatter(x = agex,y = plotdf.charges,s=szie,marker = "o",
                        facecolor = "lightblue",edgecolors="k")
       plt.xlabel("年龄");plt.ylabel("收费")
       ## 为点的大小分组添加图例
       handles, labels = p1.legend_elements(prop="sizes", alpha=1)
       legend2 = plt.legend(handles, labels, loc = [1,0.1], title="调整 bmi")
       plt.title("气泡图可视化")
       plt.show()
```

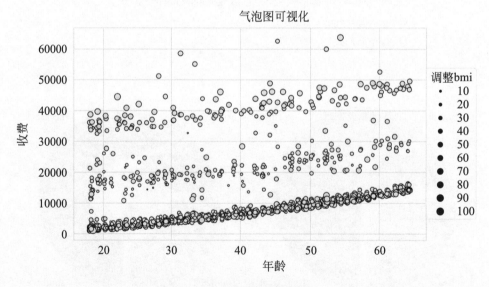

图2-12　数据气泡图可视化

　　Matplotlib库中可以使用plt.hist2d()函数可视化两个数值变量之间的2D频数
直方图，在该图像中每个热力图块用于表示对应*X*、*Y*轴取值区间的样本频数，
可用于分析数据的聚集情况。下面的程序则是分析bmi变量和charges变量的2D
频数直方图，运行程序后可获得如图2-13所示的可视化图像。

In[10]:## 可视化 bmi 和收费的 2D 频数直方图

```
fig = plt.figure(figsize=(10,8))
ax = fig.subplots()  # 创建坐标系
p2 = plt.hist2d(x = plotdf.bmi,y= plotdf.charges,
               bins = 30,cmap = plt.cm.RdYlBu_r)
fig.colorbar(p2[3], ax=ax)   ## 在坐标系上添加颜色条
plt.xlabel("BMI");plt.ylabel(" 收费 ")
plt.title("2D 频数直方图 ")
plt.show()
```

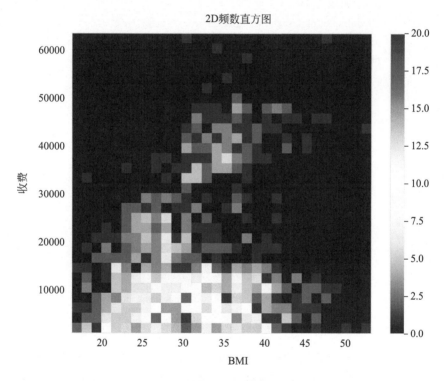

图 2-13　2D 频数直方图数据可视化

　　箱线图和小提琴图都是用于可视化数据分布情况的图像，它们主要使用 5 个数字对数据分布进行概括，即一组数据的最大值、最小值、中位数、下四分位数及上四分位数。对于数据集中的异常值，通常会以单独的点的形式绘制。箱线图可视化可使用 plt.boxplot() 函数，小提琴图可视化可以使用 plt.violinplot() 函数。下面的程序中使用箱线图和小提琴图，可视化不同 region 下 charges 的分布情况，运行程序后可获得如图 2-14 所示的可视化图像。

In[11]:## 可视化不同region下charges的分布情况，数据准备

```
northeast = plotdf.charges[plotdf.region == "northeast"]
northwest = plotdf.charges[plotdf.region == "northwest"]
southeast = plotdf.charges[plotdf.region == " southeast "]
southwest = plotdf.charges[plotdf.region == "southwest"]
plotlist = [northeast,northwest, southeast,southwest]
labs = np.unique(plotdf.region)
plt.figure(figsize=(14,6))
plt.subplot(1,2,1)  ## 箱线图
plt.boxplot(plotlist,notch = True,labels=labs) #每个箱线图的标签
plt.subplot(1,2,2)  ## 小提琴图
plt.violinplot(plotlist,showmedians = True) # 显示中位数
plt.xticks(ticks=[1,2,3,4], labels=labs)
plt.show()
```

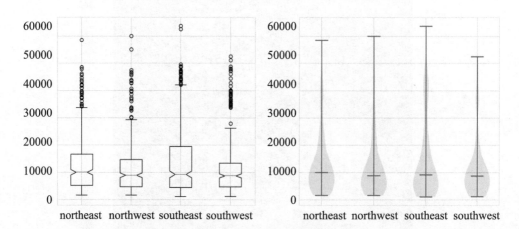

图2-14　箱线图与小提琴图数据可视化

　　Matplotlib库除了可以可视化二维图像，还提供了丰富的3D图像可视化功能，如：3D散点图、3D线图、3D等高线图、3D曲面图等。下面的程序则是使用3D散点图分析数据中三个数值变量之间的关系，并且为不同的分组设置了不同的颜色和形状。在初始化子图坐标系时使用projection="3d"参数，将对应的坐标系设置为三维，然后再可视化。运行程序后可获得如图2-15所示的可视化图像。

In[12]:## 3D散点图，数据准备

```
shapes = ["o", "s", "p", "*"]
```

```
colors = ["r","b","g","k"]
X = plotdf.age.values
Y = plotdf.bmi.values
Z = plotdf.charges.values
label = plotdf.region.values
labelall = np.unique(label)
## 可视化
fig = plt.figure(figsize=(10,10))
ax = fig.add_subplot(1,1,1,projection="3d")
ax.view_init(elev=30,azim=-45) ## 设置可视化视角
for ii,lab in enumerate(labelall):
    index = label == lab
    ax.scatter3D(X[index],Y[index],Z[index],c = colors[ii],
            marker = shapes[ii],s = 40,label = lab,alpha = 0.5)
plt.legend(loc = [0.7,0.7])
plt.xlabel("age");plt.ylabel("BMI")
ax.set_zlabel("收费")
plt.title("分组3D散点图")
plt.show()
```

分组3D散点图

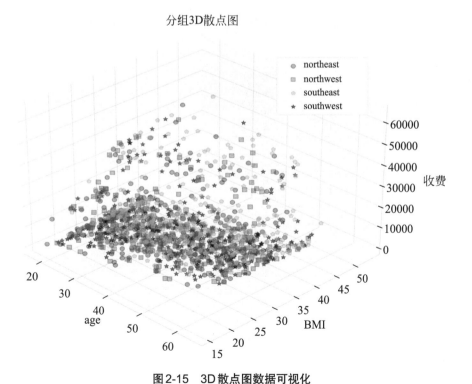

图2-15　3D散点图数据可视化

Matplotlib库中还有更多的数据可视化功能，本小节知识对该库的使用方式进行了简单的介绍，其更多的可视化内容可以参考官方文档。

2.4 Seaborn库

Seaborn是一个基于Matplotlib的统计数据可视化库。它提供了一个用于绘制有吸引力和信息丰富统计图形的高级交互。第3章节中，在介绍如何正确可视化图像中显示中文时，就已经提到过Seaborn库，本小节将会对该库中的可视化功能进行介绍。

2.4.1 Seaborn库功能简介

Seaborn库提供了多种简单易用的数据可视化功能，如：分别是关系型数据可视化函数、分布型数据可视化函数以及分类型数据可视化函数等。下面将Seaborn库中的可视化函数及功能可以总结为表2-1。

表2-1　Seaborn库的可视化函数

可视化类型	函数	功能
关系型	relplot()	关系图
	scatterplot()	散点图
	lineolot()	折线图
分布型	histplot()	直方图
	kdelot()	密度图
	ecdfplot()	累积分布图
	rugplot()	垂直刻度图
分类型	stripplot()	分布散点图
	swarmplot()	分簇散点图
	boxplot()	箱线图
	violinplot()	小提琴图
	pointplot()	估计散点图
	barplot()	估计条形图
	countplot()	频数条形图
回归图	lmplot()	利用分面可视化回归拟合
	regplot()	可视化回归拟合情况
热力图	heatmap()	热力图
	clustermap()	系统聚类热力图
可视化样式	set_theme()	可视化主题
	set_style()	可视化样式
	set_context()	绘图元素缩放

下面将会继续使用前面导入的保险数据集，使用Seaborn库中的函数对其进行可视化探索。

2.4.2 Seaborn库数据可视化实战

在使用Seaborn库之前，首先使用下面的程序导入该库，并使用sns进行表示，然后对可视化的图像，设置其主题、字体、样式、图像大小等。

```
In[1]:import seaborn as sns
       sns.set_theme(font= "KaiTi",style="whitegrid",font_scale=1.4,
                rc={'figure.figsize':(10,6)}) # 设置图像的大小
```

这里同样使用分组气泡图可视化数据中的多个数值变量之间的关系，使用Seaborn库中的函数可视化时，相比于使用Matplotlib库进行可视化会更加简单。在下面的程序中则是使用sns.scatterplot()函数进行可视化，参数data指定使用的数据表，参数x和y分别指定X轴和Y轴使用的变量特征，hue参数通过指定的变量控制不同分组下点的颜色，size参数则是指定了设置点大小的变量，sizes参数则是设置了可视化时点大小的取值范围。运行程序后可获得如图2-16所示的可视化图像。可以发现针对数据表格数据，使用Seaborn库进行数据可视化更加的方便。

```
In[2]:## 使用气泡图可视化年龄、bmi指数以及收费多少等信息的关系
       p = sns.scatterplot(data = plotdf,x = "age",y = "charges",
                hue = "sex",size = "bmi",sizes=(10,300))
       plt.title(" 分组气泡图 ")
       plt.legend(loc= (1,0.3)) # 设置图例位置
       plt.show()
```

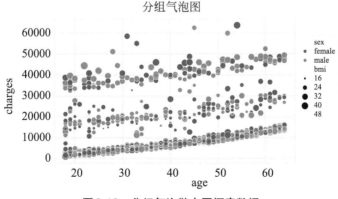

图2-16 分组气泡散点图探索数据

下面的程序则是使用sns.histplot()函数，利用直方图可视化数据的分布情况，在第一幅子图中，则是只指定了参数*x*使用的数据变量，并没用指定参数*y*使用的变量，则可以得到水平分布直方图。而在第二幅子图中，则是指定了参数*x*和*y*使用的数据变量，则可以得到2D频数分布直方图。在可视化时还使用了hue参数对直方图进行分组可视化，运行程序后可获得如图2-17所示的可视化图像。

```
In[3]:## 直方图数据可视化
      plt.figure(figsize=(14,7))
      plt.subplot(1,2,1)  ## 分组直方图
      sns.histplot(data=plotdf, x="charges",bins = 40,kde = True,
                  hue="sex",palette = "Set1",alpha = 0.5)
      plt.title("收费情况的数据分布直方图")
      plt.subplot(1,2,2)  ## 2D直方图
      p = sns.histplot(data=plotdf, x="age", y="bmi",hue="sex",
                  palette = "Set1",bins=30)
      plt.title("两个变量的分组直方图")
      plt.tight_layout()
      plt.show()
```

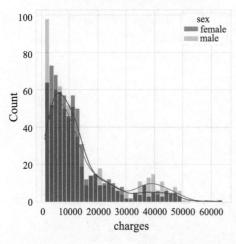
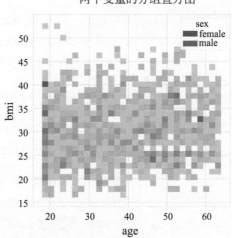

图2-17　直方图探索数据

针对数据的分布情况，Seaborn也提供了多种用于可视化的函数，例如：使用sns.swarmplot()函数可视化分簇散点图，sns.boxplot()函数可视化箱线图等。下面的程序则是使用了这两个函数对保险数据中的变量进行可视化，运行程序后可获得如图2-18所示的图像。

```
In[4]:## 可视化数据的分簇散点图和箱线图
        plt.figure(figsize=(14,7))
        plt.subplot(1,2,1)  ## 变量下的数值变量分簇散点图
        sns.swarmplot(data=plotdf,x="region", y="charges",hue="sex",
                      palette = "Set1",dodge=True)
        plt.title("不同地区收费情况的分簇散点图")
        plt.subplot(1,2,2)  ## 两个分组变量下的数值变量箱线图
        sns.boxplot(data=plotdf,x="region", y="charges",hue="sex",
                    palette = "Set1",width=0.5)
        plt.title("不同地区收费情况的箱线图")
        plt.tight_layout()
        plt.show()
```

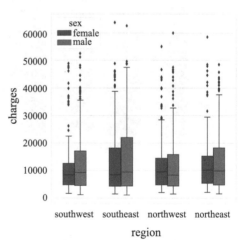

图2-18　分簇散点图与箱线图探索数据

　　Seaborn库中可视化条形图（barplot）与频数条形图（countplot），可用于分类型数据可视化。sns.barplot()可视化条形图可以用于数据的均值、中位数等取值的估计，sns.countplot()可视化频数条形图，可使用柱子高度表示对应取值出现的次数。下面的程序则是使用数据可视化数据的条形图与频数条形图，运行程序后可获得如图2-19所示的可视化结果。

In[5]:## 可视化数据的条形图

```
plt.figure(figsize=(14,7))
plt.subplot(1,2,1)  ## 两个分组变量下的数值变量中位数取值条形图
sns.barplot(data=plotdf,x="region", y="charges",hue="sex",
            estimator = np.median,palette = "Set1",dodge=True)
plt.title("不同分组下的收费中位数")
plt.subplot(1,2,2)  ## 两个分组变量下的数值变量频数条形图
sns.countplot(data=plotdf,x="region",hue="sex",palette = "Set1")
plt.title("不同分组下的样本数量")
plt.tight_layout()
plt.show()
```

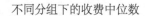

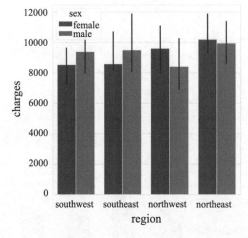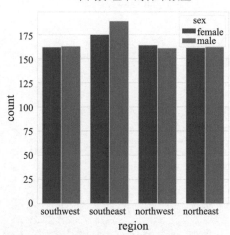

图2-19　条形图探索数据

Seaborn还提供了网格数据可视化图像的方式，用于高维数据的可视化分析，如：pairplot()函数绘制成对数据的关系图。下面的程序则是使用sns.pairplot()函数可视化矩阵散点图，由于没有指定可视化哪些变量的散点图，所以会自动选择数据中的数值变量进行数据的可视化。运行程序后可获得如图2-20所示的图像。

In[6]:## 可视化矩阵散点图，指定分组和点的形状

```
p = sns.pairplot(plotdf, hue="region", markers=["o", "D","*","s"],
                 height=2,aspect=3/2)
```

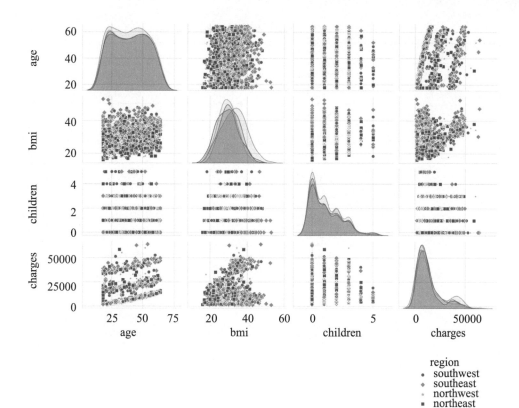

图2-20　矩阵散点图探索数据

　　通过前面对数据可视化功能的实战对比，可以发现Seaborn使用起来相较于Matplotlib会更加简单方便。Seaborn中有更多的数据可视化函数的使用，这里就不再一一介绍了，更多的数据可视化案例可以参考官方的文档进行获取。

2.5　Sklearn库

　　Sklearn（Scikit-learn）库是Python中非常重要的机器学习库，它包含了各种数据分类、回归和聚类的机器学习算法，例如：支持向量机、随机森林、梯度提升、K均值聚类、Lasso回归等。

2.5.1　Sklearn库功能简介

　　在Sklearn库中，包含了从数据准备到模型评估，整个机器学习流程所需要的功能。针对该库的常用功能模块可以总结为表2-2。

表2-2　Sklearn库中的模块功能

过程	模块	功能
数据准备	sklearn.preprocessing	数据准备
	sklearn.impute	缺失值填充
	sklearn.feature_selection	特征选择
无监督学习	sklearn.decomposition	矩阵分解数据降维
	sklearn.manifold	流形学习数据降维
	sklearn.cluster	数据聚类
监督学习	sklearn.discriminant_analysis	判别分析
	sklearn.gaussian_process	高斯过程分类与回归
	sklearn.linear_model	线性回归模型
	sklearn.naive_bayes	朴素贝叶斯模型
	sklearn.neighbors	最近邻模型
	sklearn.neural_network	神经网络模型
	sklearn.svm	支持向量机
	sklearn.tree	决策树模型
	sklearn.ensemble	集成方法
半监督学习	sklearn.semi_supervised	半监督学习模型
模型评价	sklearn.metrics	模型效果评价模块
模型部署	sklearn.pipeline	将多个估计器链接统一流程

表2-2较详细地列出了一些常用的模块及其功能，关于每个模块中的常用方法，会在后面的章节通过实战的方式进行介绍。下面将会使用一个鸢尾花数据分类的实战案例，介绍如何使用Sklearn库。

2.5.2　Sklearn库应用实战

在使用Sklearn库进行机器学习算法应用实战前，需要先导入会使用到的库和模块，在下面导入的程序中，除了导入Sklearn库中使用到的模块，还导入了Numpy、Pandas库用于数据的操作，以及Matplotlib与mlxtend库用于与模型相关的可视化。

```
In[1]:## 导入会使用到的模块
       import numpy as np
       import pandas as pd
       import matplotlib.pyplot as plt
       from sklearn.model_selection import train_test_split
```

```
from sklearn.preprocessing import StandardScaler,LabelEncoder
from sklearn.decomposition import PCA
from sklearn.discriminant_analysis import LinearDiscriminantAnalysis
from sklearn.metrics import *
from mlxtend.plotting import plot_decision_regions
```

(1)数据导入

首先从文件夹中导入待使用的鸢尾花数据集,该数据一共有150个样本,包含3类数据,每个样本有4个数值特征。

```
In[2]:## 读取用于演示的鸢尾花数据
       Iris = pd.read_csv("data/chap02/Iris.csv")
       Iris = Iris.drop("Id",axis=1) # 删除 ID 行
       print(Iris.head())
```

Out[2]:	SepalLengthCm	SepalWidthCm	PetalLengthCm	PetalWidthCm	Species
0	5.1	3.5	1.4	0.2	Iris-setosa
…					
4	5.0	3.6	1.4	0.2	Iris-setosa

(2)标签重编码

由于数据中的类别标签数据是字符串的形式,因此先将其进行重编码,编码为常数0、1、2,程序如下所示:

```
In[3]:## 将类别标签编码为常数
       le = LabelEncoder()
       Species_Y = le.fit_transform(Iris.Species)
       print(le.classes_)
       print(np.unique(Species_Y))
Out[3]: ['Iris-setosa' 'Iris-versicolor' 'Iris-virginica']
        [0 1 2]
```

(3)数据切分

建立模型之前,将数据切分为训练集和测试集,其中30%的数据用于测试模型的效果,程序如下所示:

```
In[4]:## 数据切分为训练集和测试集,30%的数据用于测试
        X_train, X_test, y_train, y_test = train_test_split(
            Iris.iloc[:,0:4], Species_Y, test_size=0.3, random_state=123)
        print(X_train.shape)
        print(X_test.shape)
Out[4]: (105, 4)
        (45, 4)
```

（4）数据标准化

接下来分别对数据集中的4个数值特征进行标准化处理，并且使用主成分分析将数据降维到二维空间中，程序如下所示：

```
In[5]:## 数据标准化
        std = StandardScaler()
        X_train_s = std.fit_transform(X_train)
        X_test_s = std.transform(X_test)
        ## 主成分将数据降维到二维空间
        pca = PCA(n_components=2)
        X_train_spca = pca.fit_transform(X_train_s)
        X_test_spca = pca.transform(X_test_s)
        print(X_train_spca.shape)
        print(X_test_spca.shape)
Out[5]: (105, 2)
        (45, 2)
```

（5）模型建立与评估

在数据准备与预处理好后，先使用线性判别分类器建立分类模型，使用训练数据集进行训练，使用测试数据集进行测试，模型建立后输出模型的预测精度程序如下所示：

```
In[6]:## 学习线性判别分类器
        lda = LinearDiscriminantAnalysis()
        lda.fit(X_train_spca,y_train)
        ## 输出其在训练数据和测试数据集上的预测精度
```

```
lda_lab = lda.predict(X_train_spca)
lda_pre = lda.predict(X_test_spca)
print("训练数据集上的精度 :\n",classification_report(y_train,lda_lab))
print("测试数据集上的精度 :\n",classification_report(y_test,lda_pre))
```
Out[6]: 训练数据集上的精度：

	precision	recall	f1-score	support
0	1.00	1.00	1.00	32
1	0.95	0.90	0.92	40
2	0.89	0.94	0.91	33
accuracy			0.94	105
macro avg	0.94	0.95	0.94	105
weighted avg	0.94	0.94	0.94	105

测试数据集上的精度：

	precision	recall	f1-score	support
0	1.00	1.00	1.00	18
1	0.69	0.90	0.78	10
2	0.93	0.76	0.84	17
accuracy			0.89	45
macro avg	0.87	0.89	0.87	45
weighted avg	0.90	0.89	0.89	45

　　从输出的结果可知模型在训练数据集上的预测精度达到94%，在测试集上的预测精度达到89%，模型的预测较好。针对学习到的模型，还可以使用可视化的方式，分析模型在数据集上的决策面（分界面）。运行下面的程序可获得如图2-21所示的模型决策面对数据集的切分情况。

```
In[7]:## 可视化学习到的模型分界面
      plt.figure(figsize=(14,7))
      plt.subplot(1,2,1)
      plot_decision_regions(X_train_spca,y_train, clf=lda,legend=2)
      plt.title("训练集 acc=0.94")
      plt.subplot(1,2,2)
      plot_decision_regions(X_test_spca,y_test, clf=lda,legend=2)
      plt.title("测试集 acc=0.89")
      plt.tight_layout()
      plt.show()
```

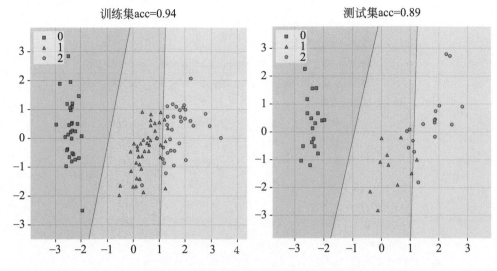

图2-21　模型决策面对数据集的切分情况

2.6 本章小结

　　本章主要介绍了Python机器学习的常用第三方库，分别是Numpy、Pandas、Matplotlib、Seaborn与Sklearn库。这几个库在后面的数据分析、机器学习应用中会经常用到，本章的内容更偏向于这些库的基础使用方式。其中，针对Numpy库主要介绍了高维数组的生成、数组的基本操作以及Numpy中常用函数的使用方式。针对Pandas库主要介绍了序列和数据表格的生成，数据表的合并、转换、聚合等计算方式，以及Pandas库提供的数据可视化功能。针对Matplotlib库的使用，介绍了图像细节设置、子图可视化，以及库中常用数据可视化函数的应用。针对Seaborn库同样介绍了如何使用库中的函数，对数据进行探索性可视化分析。针对Sklearn库则是介绍了其中常用模块的功能，并且使用一个完整的数据分类实战案例，展示了该库的使用方式。

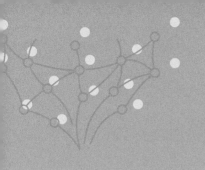

第3章

机器学习流程

前面的章节已经详细介绍了 Python 的入门内容，以及相关第三方库的使用方式，并且对机器学习的内容进行了简单的介绍。本章将会基于一个小麦种子数据集，介绍机器学习实战应用。考虑到针对不同数据的不同需求，分析的方法和流程也会有所不同。以下将会使用该小麦种子数据集进行数据预处理与探索、无监督学习、有监督学习以及半监督学习的流程演示，相关过程可以总结为如图3-1所示的流程图。该流程图可供读者在分析处理自己的数据时进行参考。

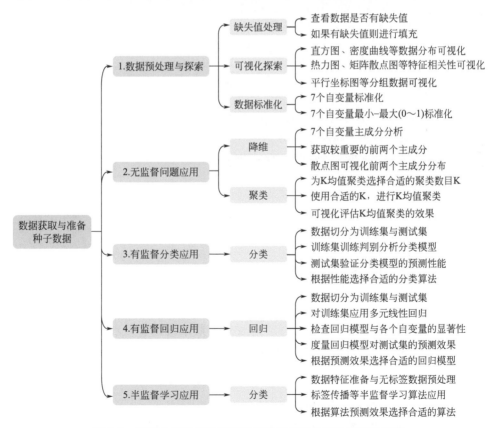

图3-1　针对小麦种子数据可进行机器学习分析的流程示意图

首先导入本章会使用到的库和模块，程序如下所示：

```
In[1]:## 进行可视化时需要的一些设置
      %config InlineBackend.figure_format = "retina"
      %matplotlib inline
      import seaborn as sns
      sns.set_theme(font= "KaiTi",style="whitegrid",font_scale=1.4)
      import matplotlib
      matplotlib.rcParams["axes.unicode_minus"]=False
      ## 导入需要的库
      import numpy as np
      import pandas as pd
      from pandas.plotting import parallel_coordinates
      import matplotlib.pyplot as plt
      import missingno as msno
      from sklearn.preprocessing import StandardScaler,MinMaxScaler
      from sklearn.decomposition import PCA
      from sklearn.cluster import KMeans
      from sklearn.metrics import v_measure_score,accuracy_score, mean_absolute_error
      from sklearn.model_selection import train_test_split
      from sklearn.discriminant_analysis import QuadraticDiscriminantAnalysis
      from sklearn.semi_supervised import LabelPropagation
      from mlxtend.plotting import plot_decision_regions
      import statsmodels.api as sm
      import statsmodels.formula.api as smf
```

导入的库中，missingno库主要用于缺失值的发现，Sklearn库主要用于机器学习，mlxtend库用于模型结果的可视化，statsmodels库主要用于回归模型的建立。

3.1 数据预处理与探索

在建立机器学习模型之前，通常需要先对数据进行预处理与可视化探索分析。首先使用Pandas库中的函数，从文件夹中导入数据，程序如下所示：

```
In[2]:## 从文件夹中导入数据
      Sdata = pd.read_csv("data/chap03/种子数据 .csv")
```

```
print(Sdata.head())
Out[2]:    X1      X2      X3      X4      X5      X6      X7    label
       0   15.26   14.84   0.8710  5.763   3.312   2.221   5.220   1
       1   14.88   14.57   0.8811  5.554   3.333   1.018   4.956   1
       2   14.29   14.09   0.9050  5.291   3.337   2.699   4.825   1
       3   13.84   13.94   0.8955  5.324   3.379   2.259   4.805   1
       4   16.14   14.99   0.9034  5.658   3.562   1.355   5.175   1
```

导入的数据集有210个样本，每个样本有7个数值特征，label特征表示每个样本所属的类别，一共有3种不同的种子。

3.1.1 缺失值处理

数据导入后，先分析数据中是否有缺失值，如果数据中有缺失值需要先对数据中的缺失值进行填充、插补等操作，然后继续后续的分析。可以使用msno.bar()函数通过条形图的形式，查看数据集中缺失值的情况。运行下面的程序可获得如图3-2所示的可视化结果。

```
In[3]:## 通过条形图可视化检查数据中是否有缺失值
       fig = plt.figure(figsize=(10,6))
       ax = fig.add_subplot(1,1,1)
       msno.bar(Sdata, ax = ax, color="lightblue")
       plt.show()
```

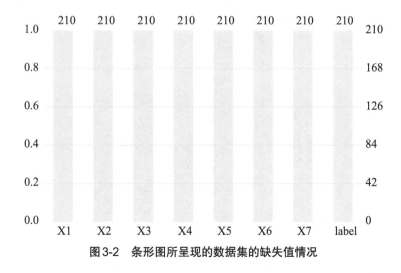

图3-2 条形图所呈现的数据集的缺失值情况

从图3-2中可以发现：每列数据都没有缺失值的存在，因此也不需要对数据的缺失值进行处理。下面对数据集进行可视化探索分析。

3.1.2 数据可视化探索

针对导入的表格数据集，只通过查看表格数据并不能很好地分析数据中的情况，因此可以借助可视化方式，更简单、直观地分析、理解数据的内容与关系。本小节会通过常用的数据可视化方式，对数据进行进一步的分析。

首先，我们知道数据中的7个数值特征变量，用于描述每个样本，因此我们可以分析每个特征的数据分布情况，来理解数据特征的取值情况。下面的程序则是使用直方图和密度曲线，刻画出每个特征的数据分布情况，运行程序后可获得如图3-3所示的图像。

```
In[4]:## 1: 可视化每个特征的数据分布情况
      varname = Sdata.columns.values[:-1]  # 可视化的特征名称
      plt.figure(figsize=(12,7))           # 创建一个图像窗口
      for ii,name in enumerate(varname):
          plt.subplot(2,4,ii+1)  # 可视化时的第ii个子窗口
          sns.distplot(Sdata.iloc[:,ii], bins = 10)  # 可视化每个特征的密度曲线
      plt.tight_layout()
      plt.show()
```

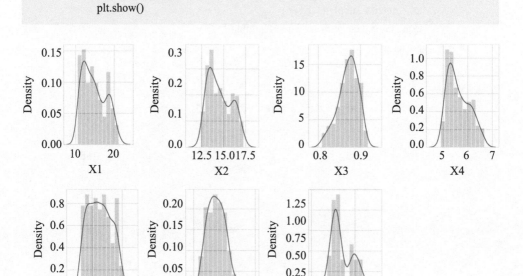

图3-3 数据特征分布情况可视化

从图3-3可以发现：大部分的特征数据分布是非正态的，而且有些数据会有多个波峰的情况，但是特征X6的数据分布接近正态分布。

查看了数据特征的分布情况后，继续分析7个特征之间的相关性，可以使用相关系数热力图可视化的方式。下面的程序先计算出7个特征的相关系数矩阵，然后可视化得到热力图，运行程序后可获得如图3-4所示的可视化图像。

```
In[5]:## 2: 可视化每个特征之间的相关系数热力图, 计算相关系数矩阵
Sdatacorr = Sdata.iloc[:,:-1].corr(method = "pearson")
## 可视化热力图
plt.figure(figsize=(8,6))
ax = sns.heatmap(Sdatacorr,fmt=".2f",annot = True,
                 cmap="YlGnBu",linewidths=1)
plt.title("种子数据特征相关系数热力图")
plt.show()
```

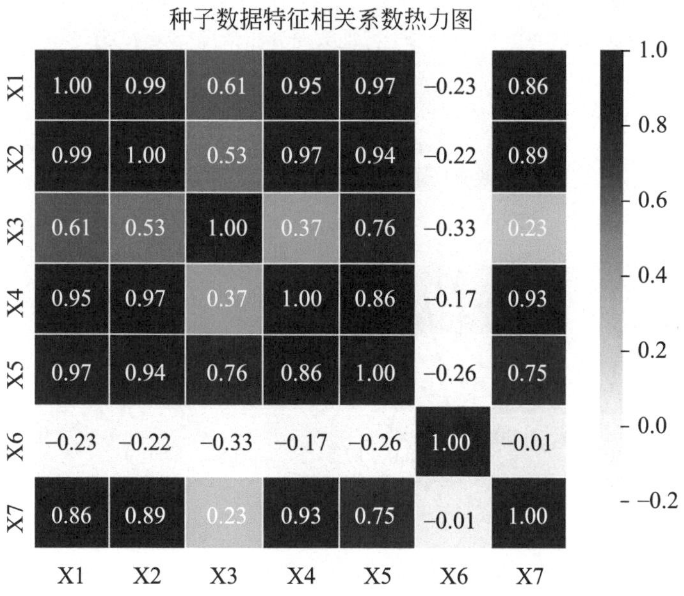

种子数据特征相关系数热力图

	X1	X2	X3	X4	X5	X6	X7
X1	1.00	0.99	0.61	0.95	0.97	-0.23	0.86
X2	0.99	1.00	0.53	0.97	0.94	-0.22	0.89
X3	0.61	0.53	1.00	0.37	0.76	-0.33	0.23
X4	0.95	0.97	0.37	1.00	0.86	-0.17	0.93
X5	0.97	0.94	0.76	0.86	1.00	-0.26	0.75
X6	-0.23	-0.22	-0.33	-0.17	-0.26	1.00	-0.01
X7	0.86	0.89	0.23	0.93	0.75	-0.01	1.00

图3-4 数据特征相关系数热力图

从图3-4可以发现：① 特征X6和其它特征负相关，而其它特征之间是正相关；② 除X6特征之外，其余特征两两之间的相关性较强。

因为种子数据是有3种类别的，因此下面可视化出每个特征，在不同的种子类别下的数据分布情况，下面的程序是以密度曲线的形式，获得用于分析的可视化图像，运行程序后，可获得如图3-5所示的图像。

In[6]:## 3: 可视化每个特征之间在分类变量下的数据分布

```
varname = Sdata.columns.values[:-1] # 可视化的特征名称
Slabel = Sdata.label.values          # 数据的类别数据
plt.figure(figsize=(12,7))
for ii,name in enumerate(varname):
    plt.subplot(2,4,ii+1)
    plotdata = Sdata.iloc[:,ii] # 对应特征使用的数据
    sns.distplot(plotdata[Slabel == 1], bins = 10,hist = False,
                ## 设置线的颜色、粗细和线型
                kde_kws = {"color":"b","lw":3,"ls":"-"})
    sns.distplot(plotdata[Slabel == 2], bins = 10,hist = False,
                kde_kws = {"color":"r","lw":3,"ls":"--"})
    sns.distplot(plotdata[Slabel == 3], bins = 10,hist = False,
                kde_kws = {"color":"g","lw":3,"ls":"-."})
plt.tight_layout()
plt.suptitle("每类种子的每个特征数据分布情况",y = 1.05)
plt.show()
```

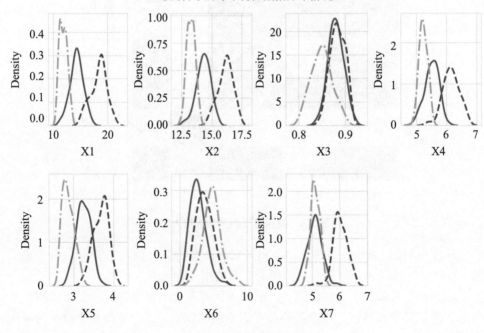

图3-5　数据分组密度曲线

从图3-5可以发现每个特征下3类种子的数据分布的差异，其中X1、X2、X5特征下的差异较明显，X3、X6、X7特征下的差异较小。而且每类种子数据下的每个特征分布，更接近于正态分布。

下面使用矩阵散点图的可视化方式，更详细地分析数据特征之间的分布情况，运行下面的程序可获得如图3-6所示的图像。通过矩阵散点图可以更直观地分析特征之间的关系。

```
In[7]:## 4: 可视化分组矩阵散点图分析特征之间的关系
        g = sns.pairplot(data=Sdata,hue="label",markers=["o","s","D"])
        g.fig.set_figheight(8)  # 设置图像的高度
        g.fig.set_figwidth(14)  # 设置图像的宽度
        g.fig.suptitle("种子数据分组矩阵散点图",y = 1.05)
        plt.show()
```

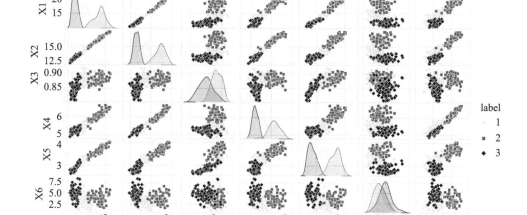

图3-6　矩阵散点图数据可视化

针对多个特征的数据样本，还可以使用平行坐标图的方式，分析每个样本在不同特征下取值的变化情况。下面的程序则是针对不同类别的数据样本，使用分组平行坐标图的形式进行可视化分析，运行程序后可获得如图3-7所示的图像。

In[8]:## 5: 分组平行坐标图可视化每个样本的特征变化情况

```
plt.figure(figsize=(10,6))
parallel_coordinates(Sdata,class_column="label",color = ["r","g","b"])
plt.title("种子数据平行坐标图")
plt.xlabel("测量的特征")
plt.ylabel("数值大小")
plt.show()
```

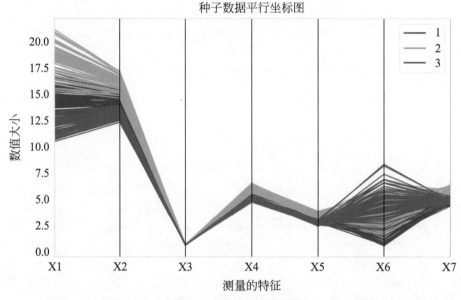

图3-7　分组平行坐标图

从图3-7中可以发现：每个数据样本在每个特征下的数据取值情况，以及数据变化情况，而且可以发现不同种类的种子在各个特征之间的差异，有些特征差异较大，而有些特征差异不明显。

3.1.3　数据标准化与变换

经过前面的数据可视化分析，已经对数据的分布、关系等内容有了一定的认识，本小节将会介绍如何对数据进行标准化处理与变换，将数据特征的取值缩放到一定的取值范围，为后续的机器学习模型的应用做准备。该操作在某些比较和评价的指标处理中经常会用到，可以去除数据的单位限制，将特征转化为无量纲的纯数值，便于不同单位或量级的指标能够进行比较与加权。

首先介绍的是数据的标准化变换，Sklearn库中的StandardScaler()方法，是将数据按特征（按列）减去其均值，并除以其方差。得到的结果是，对于每个特征来说所有数据都聚集在0附近，方差为1。下面的程序则是将种子数据的7个数值特征进行标准化变换后，使用平行坐标图进行可视化，运行程序后可获得如图3-8所示的图像，可以发现与图3-7对比，有较大的差异，更容易区分每列数据不同种子之间的差异。

```
In[9]:## 1:数据标准化变换
       stscale = StandardScaler(with_mean=True, with_std=True)
       Sdata_ss = Sdata.copy(deep=True)
       Sdata_ss.iloc[:,:-1] = stscale.fit_transform(Sdata_ss.iloc[:,:-1])
       ## 分组平行坐标图可视化数据标准化变换后的数据
       plt.figure(figsize=(10,6))
       parallel_coordinates(Sdata_ss,class_column="label",color = ["r","g","b"])
       plt.title("种子数据平行坐标图(StandardScaler变换)")
       plt.xlabel("测量的特征")
       plt.ylabel("数值大小")
       plt.show()
```

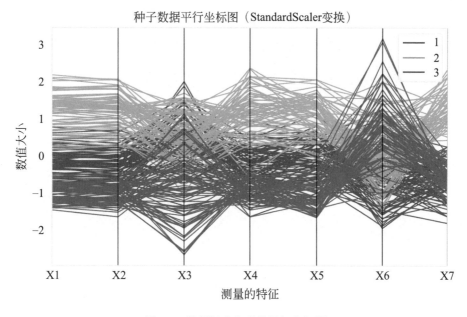

图3-8　数据标准化后的平行坐标图

另一种常用的数据标准化方式，即Sklearn库中的MinMaxScaler()方法，是将数据按特征（按列）减去其对应最小值，并除以该列的极差（最大值减去最小值），也称为最小-最大标准化。得到的结果是，对于每个特征来说所有数据都聚集在0到1之间。下面的程序是将种子数据的7个数值特征进行最小-最大标准化后，使用平行坐标图进行可视化，运行程序后可获得如图3-9所示的图像，可以发现与图3-7、图3-8对比，有较大的差异，更容易区分每列数据不同种子之间的差异，而且每个特征的取值范围在0～1之间。

```
In[10]:## 2:数据0-1标准化变换
        mmscale = MinMaxScaler(feature_range=(0, 1))
        Sdata_mm = Sdata.copy(deep=True)
        Sdata_mm.iloc[:,:-1] = mmscale.fit_transform(Sdata_mm.iloc[:,:-1])
        ## 分组平行坐标图可视化数据标准化变换后的数据
        plt.figure(figsize=(10,6))
        parallel_coordinates(Sdata_mm,class_column="label",
                            color = ["r","g","b"])
        plt.title("种子数据平行坐标图(MinMaxScaler变换)")
        plt.xlabel("测量的特征")
        plt.ylabel("数值大小")
        plt.show()
```

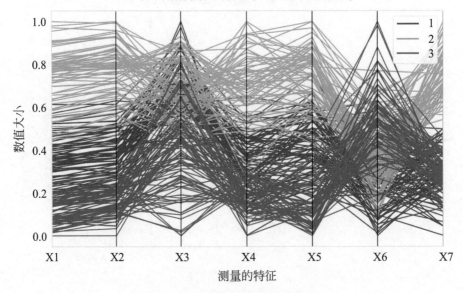

图3-9　最小-最大标准化后平行坐标图

3.2 无监督问题应用

无监督学习最常用的场景是数据降维和数据聚类，针对前面的种子数据集，如果忽略数据中的类别标签，只使用7个数值特征，则可使用无监督学习的方式对数据进行分析。下面将会对数据中的7个数值特征分别进行数据降维和数据聚类分析。

3.2.1 数据降维

首先使用数据降维方式，分析数据中的7个数据特征，数据降维是将高维的数据通过某种方式投影到低维空间中，并且尽可能地保留原始数据中的主要信息。常用的方法是主成分分析（PCA）。利用主成分对数据降维，可以使用Sklearn库中的PCA完成，下面介绍使用主成分分析对数据进行降维分析的过程。

下面的程序是使用主成分分析，将种子数据的7个数值特征投影到新的七维空间中，变换后新的数据维度仍然是7。

```
In[11]:## 种子数据主成分降维
        Spca = PCA(n_components = 7, # 获取的主成分数量
                   random_state = 123) # 设置随机数种子，保证结果的可重复性
        Sdata2 = Sdata.iloc[:,:-1]   # 获取用于降维的数据
        ## 对数据进行降维
        Sdata2_pca = Spca.fit_transform(Sdata2)
        print(Sdata2_pca.shape)
Out[11]: (210, 7)
```

主成分分析过程中，会保留每个主成分对原始数据的解释方差，以及主成分数量对解释方差的累积占比，可以作为主成分个数选择的重要参考指标，针对这两个数值的变化情况，下面使用折线图进行可视化，运行程序后可获得如图3-10所示的图像。

```
In[12]:## 可视化分析每个主成分的解释方差和解释方差所占百分比
        x = np.arange(Sdata2_pca.shape[1])+1
        plt.figure(figsize=(12,6))
        plt.subplot(1,2,1)
        plt.plot(x,Spca.explained_variance_,"r-o")
```

```
            plt.xlabel(" 主成分个数 ")
            plt.ylabel(" 解释方差 ")
            plt.title(" 解释方差变化情况 ")
            plt.subplot(1,2,2)
            plt.plot(x,np.cumsum(Spca.explained_variance_ratio_),"b-s")
            plt.xlabel(" 主成分个数 ")
            plt.ylabel(" 解释方差 ")
            plt.title(" 累计解释方差贡献率变化情况 ")
            plt.tight_layout()
            plt.show()
```

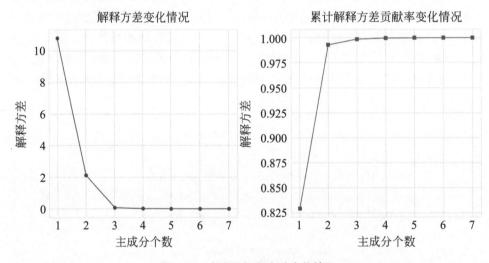

图 3-10 主成分解释方差变化情况

从图 3-10 可以发现：数据中的前两个主成分就能解释数据中的大部分信息，解释能力超过了 95%，所以可以使用获得的前两个主成分代表数据。

主成分分析获得的每个主成分是原始数据的线性组合，因此前面得出的成分分析结果，可以通过 Spca.components_ 属性获得主成分载荷（可以简单地看作主成分数据和原始数据之间的关系）。下面的程序获得主成分载荷后使用热力图进行可视化，运行程序后可获得如图 3-11 所示的图像。

```
In[13]:## 可视化每个主成分和原始特征之间的关系
        Spca_load = Spca.components_    # 主成分载荷
        varname = Sdata2.columns.values
        pc_name = ["PC"+str(i) for i in list(range(1, len(varname)+1))]
```

```
loaddf = pd.DataFrame(data=Spca_load,columns=pc_name)
loaddf = loaddf.set_index(varname)
## 利用热力图进行可视化
plt.figure(figsize=(8,6))
ax = sns.heatmap(loaddf,fmt=".2f",annot = True,
                 cmap="YlGnBu",linewidths=1)
plt.title("每个主成分和原始特征之间关系热力图")
plt.show()
```

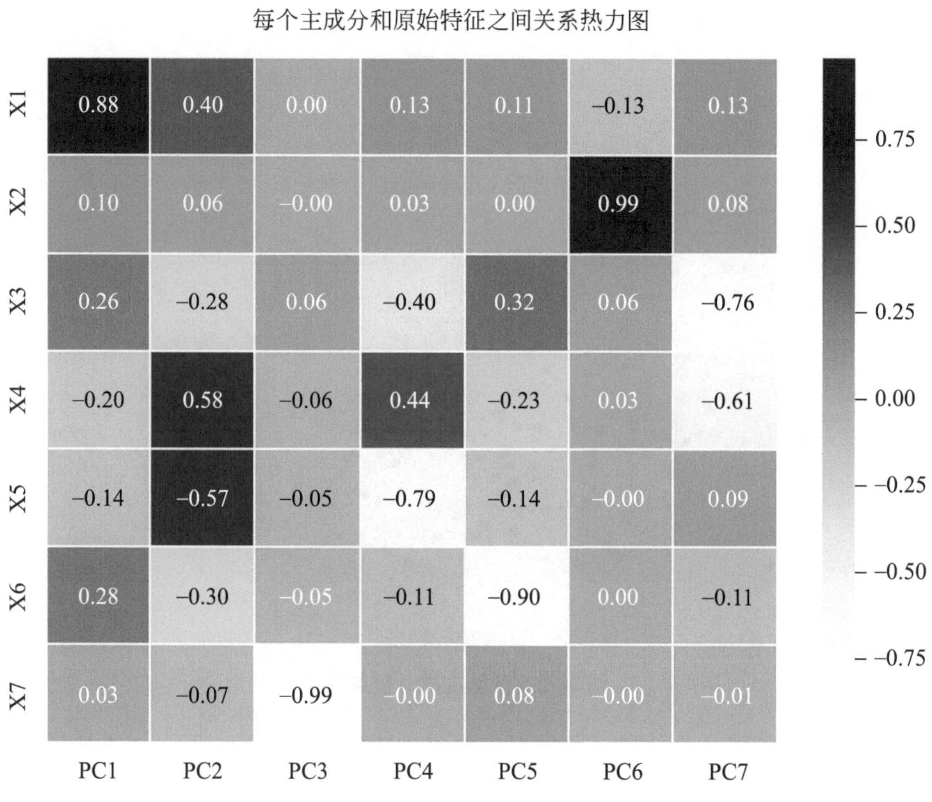

每个主成分和原始特征之间关系热力图

	PC1	PC2	PC3	PC4	PC5	PC6	PC7
X1	0.88	0.40	0.00	0.13	0.11	−0.13	0.13
X2	0.10	0.06	−0.00	0.03	0.00	0.99	0.08
X3	0.26	−0.28	0.06	−0.40	0.32	0.06	−0.76
X4	−0.20	0.58	−0.06	0.44	−0.23	0.03	−0.61
X5	−0.14	−0.57	−0.05	−0.79	−0.14	−0.00	0.09
X6	0.28	−0.30	−0.05	−0.11	−0.90	0.00	−0.11
X7	0.03	−0.07	−0.99	−0.00	0.08	−0.00	−0.01

图3-11 主成分载荷热力图

从图3-11中可以发现：第一个主成分与原始的X1之间的关系较强；第二个主成分则是与原始的X4、X5之间的关系较强。

经过前面的分析我们知道使用数据的前两个主成分，就可以代替原始数据所表示的信息。下面将两个主成分使用散点图进行可视化，并且使用数据的类别标签，不同类别的种子使用不同形状和颜色的点进行表示，运行程序后可获得可视化图像，如图3-12所示。

In[14]:## 可视化前两个主成分的数据分布散点图
```
Sdatalabel = Sdata.label.values
shape = [["s","D","o"][ii-1] for ii in Sdatalabel]
color = [["r","g","b"][ii-1] for ii in Sdatalabel]
plt.figure(figsize=(10,6))
for ii in range(len(shape)):
    plt.scatter(Sdata2_pca[ii,0],Sdata2_pca[ii,1], ## x、y轴坐标
                c = color[ii],marker=shape[ii],s = 50) # 点的形状和颜色
plt.xlabel("主成分特征1")
plt.ylabel("主成分特征2")
plt.title("种子数据主成分降维后数据分布")
plt.show()
```

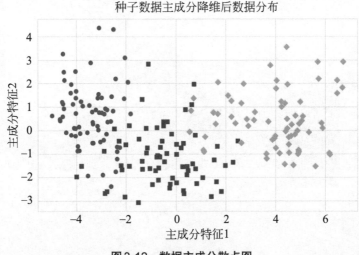

图3-12　数据主成分散点图

　　图3-12为不同种类的种子数据在二维空间中的分布情况，可见3类种子之间的差异较明显。

3.2.2　数据聚类

　　前面介绍了主成分数据降维的无监督学习模式，本小节将会使用K均值聚类算法，介绍如何对种子的7个特征进行聚类分析。在对数据进行聚类时会使用标准化后的数据特征。下面的程序使用肘方法搜索合适的聚类数目，会通过对比不同簇数量的类内误差平方和，来选择合适的聚类数目，因此会将类内误差平方和的变化趋势用折线图进行可视化，运行程序后可获得如图3-13所示的图像。

```
In[15]:Sdata2 = Sdata_ss.iloc[:,:-1]  # 获取标准化后的数据用于聚类
        ## 使用肘方法搜索合适的聚类数目
        kmax = 11
        K = np.arange(1,kmax)
        iner = []  ## 类内误差平方和
        for ii in K:
            kmean = KMeans(n_clusters=ii,random_state=1)
            kmean.fit(Sdata2.values)
            ## 计算类内误差平方和
            iner.append(kmean.inertia_)
        ## 可视化类内误差平方和的变化情况
        plt.figure(figsize=(10,6))
        plt.plot(K,iner,"r-o")
        plt.xlabel(" 聚类数目 ")
        plt.ylabel(" 类内误差平方和 ")
        plt.title("K-means 聚类 ")
        plt.show()
```

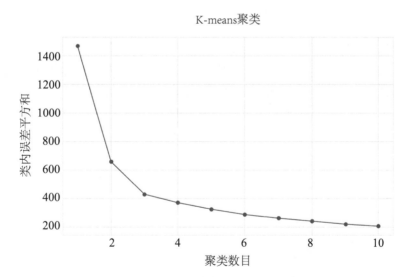

图3-13　肘方法选择合适的聚类数目

从图3-13中类内误差平方和的变化情况，可以认为将数据聚类为3个簇较为合适，此时类内误差平方和的大小刚好处于变化的拐点位置。

下面将数据聚类为3个簇，并且输出对每个样本的聚类预测标签。由于我们的数据是知道每个样本的标签的，因此可以使用聚类结果的V测度得分，对比

聚类结果和原始的类别的差异，其中V测度得分越接近于1，说明聚类的效果越好，越接近于原始的分类情况。从下面的结果中可以发现使用K均值聚类为3个簇的V测度得分等于0.7279，可以认为聚类效果很好。

```
In[16]:## 使用 K 均值聚类将数据聚类为 3 个簇
        kmean = KMeans(n_clusters=3,random_state=1)
        k_pre = kmean.fit_predict(Sdata2.values)
        print("每簇包含的样本数量：",np.unique(k_pre,return_counts = True))
        print("每个簇的聚类中心为:\n",kmean.cluster_centers_)
        print("聚类效果 V 测度: %.4f"%v_measure_score(Sdata.label.values,k_pre))
        Out[16]:每簇包含的样本数量: (array([0, 1, 2], dtype=int32),
array([67, 72, 71]))
        每个簇的聚类中心为:
        [[ 1.25668163  1.26196622  0.56046437  1.23788278  1.16485187  -0.04521936
1.29230787]
        [-1.03025257 -1.00664879 -0.9649051  -0.89768501 -1.08558344  0.69480448
-0.62480856]
        [-0.14111949 -0.17004259  0.4496064  -0.25781445  0.00164694 -0.66191867
-0.58589311]]
        聚类效果 V 测度: 0.7279
```

由于在数据降维分析中，我们将数据降维到了二维空间中，因此这里同样可以使用分组散点图的形式，可视化对比真实标签和聚类预测标签之间的差异，运行下面的程序可获得如图3-14所示的可视化图像。

```
In[17]:## 利用前面的主成分特征可视化出 K 均值的聚类结果和原始类别之间的差异
        plt.figure(figsize=(12,6))
        plt.subplot(1,2,1)
        Sdatalabel = Sdata.label.values  ## 设置颜色和形状
        shape = [["s","D","o"][ii-1] for ii in Sdatalabel]
        color = [["r","g","b"][ii-1] for ii in Sdatalabel]
        for ii in range(len(shape)):
            plt.scatter(Sdata2_pca[ii,0],Sdata2_pca[ii,1], ## x、y 轴坐标
                    c = color[ii],marker=shape[ii],s = 50) # 点的形状和颜色
        plt.xlabel("主成分特征 1")
        plt.ylabel("主成分特征 2")
        plt.title("种子数据分布 ( 真实标签 )")
        plt.subplot(1,2,2)  ## 设置颜色和形状
```

```
shape = [["D","o","s"][ii] for ii in k_pre]
color = [["g","b","r"][ii] for ii in k_pre]
for ii in range(len(shape)):
    plt.scatter(Sdata2_pca[ii,0],Sdata2_pca[ii,1], ## x、y轴坐标
                c = color[ii],marker=shape[ii],s = 50) # 点的形状和颜色
plt.xlabel(" 主成分特征 1")
plt.ylabel(" 主成分特征 2")
plt.title(" 种子数据分布 (K 均值聚类标签 )")
plt.tight_layout()
plt.show()
```

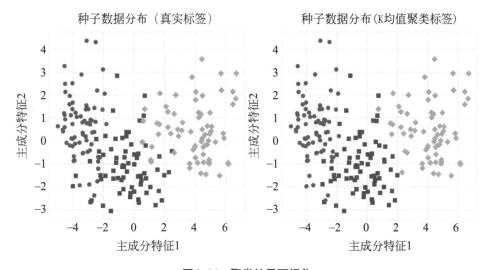

图 3-14　聚类结果可视化

从图 3-14 可以发现：大部分的同类数据的聚类结果是准确的，但是类别间距较近的一些样本聚类结果较容易出现错误。

3.3　有监督分类问题应用

前面一小节是从无监督学习的角度对数据进行分析，本小节会考虑数据中的真实类别标签，从有监督分类问题的角度，对数据建立一个完整的分类预测模型，对数据进行分析。由于前面已经知道前两个主成分就可以很好地表示数据的信息，因此本小节将会继续使用数据的前两个主成分作为建立模型的数据特征。下面的程序是在建立模型之前，先使用 train_test_split() 函数将数据集切分为训练

集和测试集，其中25%的数据用于测试。数据切分后有157个样本用于训练，53个样本用于测试。

```
In[18]:## 数据准备
        Sdata_x = Sdata2_pca[:,0:2]
        Sdata_y = Sdata.label.values
        ## 数据集切分为训练集和测试集,25%测试
        X_train, X_test, y_train, y_test = train_test_split(
            Sdata_x, Sdata_y, test_size=0.25, random_state=42)
        print(X_train.shape)
        print(X_test.shape)
Out[18]: (157, 2)
         (53, 2)
```

下面使用QuadraticDiscriminantAnalysis()建立二次判别分析分类模型，并且使用训练集用于训练，使用测试集用于测试，通过accuracy_score()输出在训练集和测试集上的预测精度，可以发现模型的预测精度达到了90%，说明该模型对数据集的分类效果很好。

```
In[19]:## 对数据进行二次判别分析建模
        qda = QuadraticDiscriminantAnalysis()
        qda.fit(X_train,y_train)
        ## 输出其在训练数据和测试数据集上的预测精度
        qda_lab = qda.predict(X_train)
        qda_pre = qda.predict(X_test)
        print("训练数据集上的精度：",accuracy_score(y_train,qda_lab))
        print("测试数据集上的精度：",accuracy_score(y_test,qda_pre))
Out[19]: 训练数据集上的精度：0.9044585987261147
         测试数据集上的精度：0.9056603773584906
```

针对训练好的二次判别分析分类模型，可以通过可视化的方式，可视化在训练数据集和测试数据集上的决策分界面，从而对该模型有更深刻的理解和认识，运行下面的程序可获得分界面可视化图像，如图3-15所示。

```
In[20]:## 可视化在训练数据集和测试数据集上的决策分界面
        plt.figure(figsize=(14,7))
        plt.subplot(1,2,1)
```

```
plot_decision_regions(X_train,y_train, clf=qda,legend=2)
plt.title("二次判别分析(训练集)")
plt.subplot(1,2,2)
plot_decision_regions(X_test,y_test, clf=qda,legend=2)
plt.title("二次判别分析(测试集)")
plt.tight_layout()
plt.show()
```

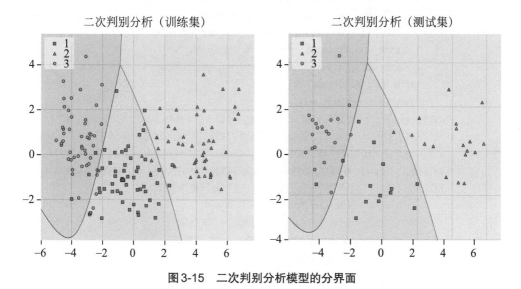

图3-15　二次判别分析模型的分界面

通过图3-15可以更容易地分析该模型的数据分类模式,以及哪些样本更容易预测错误。

一般情况下,使用的数据特征越多,数据中包含的有用信息就会越多,从而训练出的分类模型效果就会越好,但是过多的特征数量也会带来一些问题,如需要更多的计算资源,由于特征中可能带有过冗余的无用信息反而会降低模型的效果。因此下面分析使用不同的主成分数量,会对建立的二次判别分析模型预测精度的影响情况。在下面的程序中,通过for循环,分别计算了不同主成分数量下,二次判别分析模型在训练数据集和测试数据集上的预测精度,并使用了折线图进行可视化,运行程序后可获得如图3-16所示的图像。

In[21]:## 分析使用不同的主成分数量,对分类精度的影响
```
Sdata_x = Sdata2_pca
Sdata_y = Sdata.label.values
## 数据集切分为训练集和测试集,25%测试
X_train, X_test, y_train, y_test = train_test_split(
```

```
        Sdata_x, Sdata_y, test_size=0.25, random_state=42)
    pcanumber = np.arange(1,8)
    train_acc = []
    test_acc = []
    qda = QuadraticDiscriminantAnalysis()
    for number in pcanumber:
        qda.fit(X_train[:,0:number],y_train)
        ## 计算在训练集和测试集上的预测误差
        qda_lab = qda.predict(X_train[:,0:number])
        qda_pre = qda.predict(X_test[:,0:number][:,0:number])
        train_acc.append(accuracy_score(y_train,qda_lab))
        test_acc.append(accuracy_score(y_test,qda_pre))
    print("train_acc:",train_acc)
    print("test_acc:",test_acc)
```
Out[21]:train_acc: [0.8853503184713376, 0.9044585987261147, 0.9681528662420382,
0.9617834394904459, 0.9745222929936306, 0.9745222929936306, 0.9617834394904459]
    test_acc: [0.8679245283018868, 0.9056603773584906, 0.9433962264150944,
0.9811320754716981, 0.9811320754716981, 0.9433962264150944, 0.9433962264150944]
In[22]:## 可视化使用不同的主成分数量，对分类精度的影响
```
    fig = plt.figure(figsize=(10,6))
    plt.plot(pcanumber,train_acc,"r-o",label = " 训练集 ")
    plt.plot(pcanumber,test_acc,"b-s",label = " 测试集 ")
    plt.xticks(pcanumber,pcanumber)
    plt.legend()
    plt.xlabel(" 主成分数量 ")
    plt.ylabel(" 精度 ")
    plt.title(" 主成分数量对 QDA 精度的影响 ")
    plt.show()
```

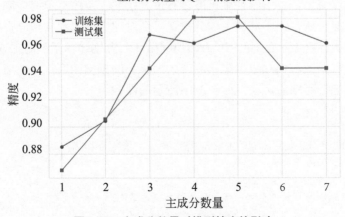

图 3-16　主成分数量对模型精度的影响

从图3-16中可以发现：并不是使用的主成分数量越多，模型的分类精度就会越高，当主成分数量超过5时，对模型的分类就会有负向的作用。

3.4 有监督回归问题应用

原始的数据中有7个数值型特征，而使用回归模型就可以对数值型特征进行建模与预测，下面将会以其中的一个数值特征作为因变量，其余的作为自变量，建立一个有监督的回归模型，对数据进行建模与分析。

经过前面的数据可视化探索分析，我们可以使用特征X3作为数据的因变量（待预测变量），其余的数值特征作为自变量（预测变量），建立多元线性回归模型，使用数据中随机抽样的150个样本作为训练集，其余的数据作为测试集。数据准备的程序如下所示：

```
In[23]:## 数据准备,使用X3作为因变量,其它特征作为自变量
       Sdata3 = Sdata.iloc[:,:-1]
       ## 切分为训练机和测试集,150个样本作为训练集
       np.random.seed(123)
       index = np.random.choice(len(Sdata3),150,replace = False)
       Sdata3_train = Sdata3.loc[index]
       Sdata3_test = Sdata3.drop(labels=index, axis=0)
       print(Sdata3_train.shape)
       print(Sdata3_test.shape)
Out[23]: (150, 7)
         (60, 7)
```

数据准备好后使用statsmodels库中的函数建立多元回归模型，程序如下所示。在程序中通过一个字符串来定义回归模型的表达式，"～"左侧的是因变量的名称，右侧的是自变量之间的组合形式，这里展示了建立多元线性回归模型，然后使用训练数据拟合模型，并输出模型的汇总情况。

```
In[24]:## 多元回归分析
       formula = "X3 ~ X1 + X2 + X4 + X5+ X6 + X7"
       lm = smf.ols(formula, Sdata3_train).fit()
       print(lm.summary())
Out[24]:
```

```
                          OLS Regression Results
==============================================================================
Dep. Variable:                       X3   R-squared:                       0.947
Model:                              OLS   Adj. R-squared:                  0.945
Method:                   Least Squares   F-statistic:                     429.1
Date:                  Fri, 03 Jun 2022   Prob (F-statistic):           8.74e-89
Time:                          11:51:57   Log-Likelihood:                 569.10
No. Observations:                   150   AIC:                            -1124.
Df Residuals:                       143   BIC:                            -1103.
Df Model:                             6
Covariance Type:              nonrobust
==============================================================================
                 coef    std err          t      P>|t|      [0.025      0.975]
------------------------------------------------------------------------------
Intercept      1.2358      0.054     22.929      0.000       1.129       1.342
X1             0.0243      0.003      7.063      0.000       0.017       0.031
X2            -0.0642      0.006    -10.052      0.000      -0.077      -0.052
X4            -0.0046      0.008     -0.614      0.540      -0.019       0.010
X5             0.0852      0.011      8.019      0.000       0.064       0.106
X6            -0.0016      0.000     -4.240      0.000      -0.002      -0.001
X7            -0.0069      0.003     -2.243      0.026      -0.013      -0.001
==============================================================================
Omnibus:                         34.907   Durbin-Watson:                   2.142
Prob(Omnibus):                    0.000   Jarque-Bera (JB):               83.739
Skew:                            -0.954   Prob(JB):                     6.55e-19
Kurtosis:                         6.124   Cond. No.                     2.73e+03
==============================================================================
```

  从上面输出的回归结果中可以发现：回归模型的 R^2（R-squared）大约为 0.947，非常接近于1，说明模型对X3的预测效果很好。但是在自变量回归系数的显著性检验中，可以发现，自变量X4的P值（P>|t|）远大于0.05，说明模型中的该变量是不显著的，这表明变量X4可以从模型中剔除。

  下面建立剔除变量X4后的多元线性回归模型，并输出模型的结果，程序和输出如下所示。

In[25]:## 剔除不必要的自变量，对回归模型进行优化
```
formula = "X3 ~ X1 + X2 + X5+ X6 + X7"
lm = smf.ols(formula,Sdata3_train).fit()
print(lm.summary())
```
Out[25]:

```
                          OLS Regression Results
==============================================================================
Dep. Variable:                       X3   R-squared:                       0.947
Model:                              OLS   Adj. R-squared:                  0.945
Method:                   Least Squares   F-statistic:                     517.1
Date:                  Fri, 03 Jun 2022   Prob (F-statistic):           4.40e-90
Time:                          11:51:57   Log-Likelihood:                 568.91
No. Observations:                   150   AIC:                            -1126.
Df Residuals:                       144   BIC:                            -1108.
Df Model:                             5
Covariance Type:              nonrobust
==============================================================================
                 coef    std err          t      P>|t|      [0.025      0.975]
------------------------------------------------------------------------------
Intercept      1.2362      0.054     22.989      0.000       1.130       1.342
X1             0.0245      0.003      7.142      0.000       0.018       0.031
X2            -0.0664      0.005    -12.631      0.000      -0.077      -0.056
X5             0.0872      0.010      8.611      0.000       0.067       0.107
X6            -0.0015      0.000     -4.219      0.000      -0.002      -0.001
X7            -0.0074      0.003     -2.525      0.013      -0.013      -0.002
==============================================================================
Omnibus:                         34.697   Durbin-Watson:                   2.137
Prob(Omnibus):                    0.000   Jarque-Bera (JB):               80.994
Skew:                            -0.960   Prob(JB):                     2.58e-18
Kurtosis:                         6.046   Cond. No.                     2.65e+03
==============================================================================
```

从上面输出的回归结果中可以发现：此时模型的每个系数都是显著的，而且回归模型的 R^2（R-squared）并没有减小，获得的模型更好。

针对建立好的多元线性回归模型，可以通过可视化的方式，对比分析预测结果和真实值之间的差异。在下面的程序中，分别针对训练集和测试集的预测结果进行可视化对比分析，运行程序后可获得如图3-17所示的图像。

```
In[26]:## 绘制回归的预测结果和原始数据的差异
        plt.figure(figsize=(14,7))
        plt.subplot(1,2,1)
        train_pre = lm.predict(Sdata3_train)
        mae = round(mean_absolute_error(Sdata3_train.X3.values,train_pre.values), 4)
        index = np.argsort(Sdata3_train.X3.values) # 用于数据重新排序的索引
        plt.plot(np.arange(Sdata3_train.shape[0]),Sdata3_train.X3.values[index],
                "r-o",markersize=4, linewidth = 1, label = " 原始数据 ")
        plt.plot(np.arange(Sdata3_train.shape[0]),train_pre.values[index],"bs",
                markersize=6,label = " 预测值 ")
        plt.text(15,0.9,s = " 绝对值误差:"+str(mae))
        plt.legend()
        plt.xlabel("Index")
        plt.ylabel("X3")
        plt.title(" 多元回归预测结果( 训练数据集)")
        plt.subplot(1,2,2)
        test_pre = lm.predict(Sdata3_test)
        mae = round(mean_absolute_error(Sdata3_test.X3.values,test_pre.values),4)
        index = np.argsort(Sdata3_test.X3.values) # 用于数据重新排序的索引
        plt.plot(np.arange(Sdata3_test.shape[0]),Sdata3_test.X3.values[index],
                "r-o",markersize=4,linewidth = 1, label = " 原始数据 ")
        plt.plot(np.arange(Sdata3_test.shape[0]),test_pre.values[index],"bs",
                markersize=6,label = " 预测值 ")
        plt.text(15,0.9,s = " 绝对值误差:"+str(mae))
        plt.legend()
        plt.xlabel("Index")
        plt.ylabel("X3")
        plt.title(" 多元回归预测结果( 测试数据集)")
        plt.tight_layout()
        plt.show()
```

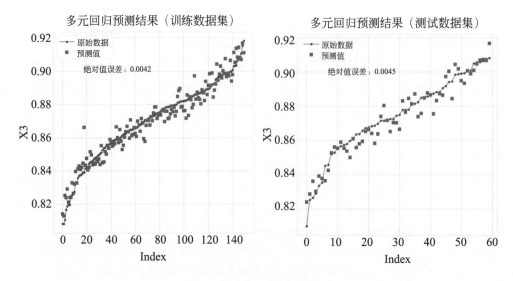

图3-17 回归效果可视化

在图3-17中，左侧为训练数据集对比可视化，右侧为测试数据集对比可视化，图中圆形点表示原始数值的变化情况，方块点表示了模型在对应位置的预测值。从模型对因变量的预测效果可以知道，多元回归模型对数据集的预测效果很好，而且很好地预测了原始数据的变化趋势，而且在训练集和测试集上的预测绝对值误差均很小，说明获得的模型效果较好。

3.5 半监督学习应用

半监督学习经常应用于带标签的数据样本较少。当不带标签的数据样本很多，但又不想白白浪费很多无标签样本的信息时，例如：无标签样本之间的数据分布信息、样本之间的近邻信息等，可以使用半监督的学习算法，进行模型的建立与分析。

下面我们假设使用的种子数据集只有6个是带标签的样本（每类数据至少有一个带标签的样本），剩下的都是无标签的样本，利用标签传播算法进行数据的分类任务。在分类时仍然使用主成分分析后的特征，并且将会使用前4个主成分进行建模与分析。

下面的程序首先是数据准备工作，从数据中随机抽取204个样本作为无标签的样本（它们所对应的标签用–1表示）。从下面的程序输出中可以知道，带标签的样本在三类数据中分别有3个、1个、两个样本。

In[27]:## 数据准备

```
Sdata_X = Sdata2_pca[:,0:4]
Sdata_Y = np.array(Sdata.label.copy(deep=True))
## 随机抽取204个样本作为无标签的数据
np.random.seed(1231)
index = np.random.choice(len(Sdata_Y),204,replace = False)
Sdata_Y_new = Sdata_Y.copy()
Sdata_Y_new[index] = -1    # 无标签的数据标签设置为-1
print("新的数据标签:",np.unique(Sdata_Y_new,return_counts=True))
```
Out[27]:新的数据标签: (array([-1, 1, 2, 3]), array([204, 3, 1, 2]))

标签传播算法是机器学习中的一种常用的半监督学习方法,用于向无标签的样本分配标签。其核心思想是:相似的数据应该具有相同的label。因此其将所有样本通过基本相似性构建一个边有权重的图,然后各个样本在其相邻的样本间进行标签传播。该算法可以通过Sklearn库中的LabelPropagation来完成。

下面的程序是使用标签传播算法对数据集中的无标签数据进行预测,并且计算出了算法对无标签样本的预测精度,可以发现算法的预测精度达到了90%以上。说明该算法的数据预测效果很好。

In[28]:## 标签传播算法

```
lpg = LabelPropagation(kernel="rbf",gamma=10)
lpg.fit(Sdata_X,Sdata_Y_new)      # 拟合模型
lpg_pre = lpg.predict(Sdata_X)    # 预测数据
print("标签传播算法对无标签数据的精度:",accuracy_score(Sdata_Y[index],
lpg_pre[index]))
print("无标签数据预测情况:",np.unique(lpg_pre[index],return_counts=True))
```
Out[28]:标签传播算法对无标签数据的精度: 0.9019607843137255
         无标签数据预测情况: (array([1, 2, 3]), array([63, 64, 77]))

针对训练好的标签传播算法,下面仍然可以使用可视化的方式,可视化出模型的决策面。在可视化程序中使用plot_decision_regions()函数,由于建立模型的特征有4个变量,而可视化图像只能在二维空间中,因此需要设置可视化函数中的filler_feature_values与filler_feature_ranges两个参数的取值情况,运行下面的程序后可获得如图3-18所示的可视化图像。

```
In[29]:## 可视化学习得到的决策面
        plt.figure(figsize=(10,6))
        plot_decision_regions(Sdata_X,Sdata_Y_new,lpg,scatter_kwargs=dict(s=40),
                    ## 设置后两个特征的取值情况
                    filler_feature_values={2: np.mean(Sdata_X[:,2]),
                                         3:np.mean(Sdata_X[:,3])},
                    filler_feature_ranges={2: np.max(Sdata_X[:,2])–
        np.min(Sdata_X[:,2]),
                                         3: np.max(Sdata_X[:,3])–
        np.min(Sdata_X[:,3])})
        plt.legend(loc = 2)
        plt.title("标签传播算法决策面")
        plt.show()
```

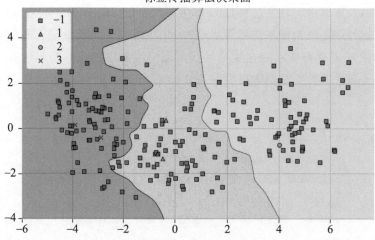

图3-18　半监督学习的决策面可视化

3.6 本章小结

　　本章围绕一个真实的数据集，从不同的角度对其分析，介绍了三种常用的机器学习方式的应用。其中对于无监督学习模式，介绍了数据的降维和聚类分析过程；针对有监督学习模式，介绍了数据的分类与回归分析的过程；针对半监督学习模式，则是介绍了标签传播算法的应用。对本章的内容进行总结，不难发现，利用机器学习对数据建模与分析，通常可以使用如下的基本步骤：

① 数据预处理和探索：该步骤主要用于更充分地理解和洞察数据，发现数据的关系与模式，以便后续的建模与分析。如在3.1小节，对数据进行缺失值分析与可视化探索分析。

② 数据特征工程：特征工程通常是指通过一些数据变换、生成等方式，对数据的特征进一步处理，从而浓缩、提取数据中主要信息。例如：本章的数据标准化预处理、主成分数据降维等，都可以看作是对数据进行的特征工程。

③ 建立模型：在数据准备好之后，就会针对待分析的目标，使用合适的算法对数据进行建模与分析，从而获得我们所需要的结果。例如：本章选择的主成分分析、K均值聚类分析、二次判别分类分析、多元线性回归分析等，都属于该过程。

④ 训练模型：训练模型是在模型建立后，使用切分好的训练数据对模型进行训练的过程。

⑤ 模型预测：该过程是使用训练好的模型，对新的数据集进行预测。

⑥ 评价模型：该过程通常是通过计算在测试集上的预测效果，来评价模型的好坏、是否可以使用模型或者是否应该进一步优化模型等。例如本章针对分类模型，使用在测试集上的预测精度，评价建立模型的好坏；针对回归模型，使用测试上的绝对值误差，评价模型的好坏，而且还结合了相关可视化方式，对模型的效果进行评价。

第4章

模型的选择与评估

机器学习系统中，如何训练出更好的模型，如何判断模型的效果，以及模型是否过拟合，对模型的最终使用有重要的意义。前一章中，使用分类与回归模型对小麦种子数据进行分析时，就已经使用了相关的评价指标，用于表明建立的模型对数据的预测情况。例如：使用V测度得分，评价数据的聚类效果；使用预测精度评价分类模型的预测效果；使用绝对值误差评价回归模型的效果等。

本章将会对模型的选择和评估方面进行更深入的介绍，同时介绍在模型与参数选择方面的一些方法，帮助读者更高效、方便地使用机器学习模型，对自己的数据进行建模与分析。

4.1 模型的选择

针对一个应用场景，通常有很多种机器学习算法可以用于数据的建模与预测，那么如何选择合适的模型就很重要。

模型在选择时，通常会遵循"奥卡姆剃刀原则"，即在所有可选择的模型中，应该选择能很好解释已知数据并且尽可能简单的模型。如果几个模型的预测精度或误差很接近，应该选择复杂度最低、最简单的模型。因为模型的复杂度越低、越简单，这时模型的输入特征就越少，待估计的参数就越少，此时的模型就越稳定而且更容易理解和解释。很多时候，简单的模型误差通常会高于复杂的模型，但是如果其泛化误差低于复杂的模型时，则应该选择简单的模型。

越复杂的模型数据的预测误差就越低，但是会带来数据过拟合的风险，从而导致泛化误差会降低。因此我们希望好的模型不仅要有可接受的误差，还要有一定的预测稳健性。

4.1.1 模型拟合情况

针对训练的模型对数据的拟合情况，通常可以分为三种类型，即：欠拟合，过拟合，以及介于欠拟合与过拟合之间的正常拟合。

（1）欠拟合

欠拟合是指不能很好地从训练数据中，学习到有用的数据模式，从而针对训练数据和待预测的数据，均不能获得很好的预测效果。如果使用的训练样本过少，就容易获得欠拟合的训练模型。

（2）正常拟合

模型的正常拟合是指训练得到的模型，可以从训练数据集上学习得到泛化能力强、预测误差小的模型，同时该模型还可以针对待测试的数据进行良好的预测，获得令人满意的预测效果。

（3）过拟合

过拟合是指过于精确地匹配了特定数据集，导致获得的模型不能良好地拟合其他数据或预测未来的观察结果的现象。模型如果过拟合，会导致模型的偏差很小，但是方差会很大。

上面的介绍可能不能直观地展现三种拟合情况，下面分别以分类问题和回归问题介绍不同拟合情况的表现。针对二分类问题，可以使用分界面表示所获得的模型与训练数据的关系，图4-1表示三种情况下的数据分界面。

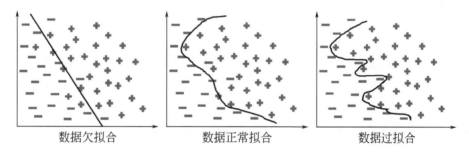

图4-1 分类问题的三种数据拟合情况

从图4-1可以发现：欠拟合的数据模型较为简单，因此获得的预测误差也会较大，而过拟合的模型则正相反，其分界面完美地将训练数据全部分类正确，获得的模型过于复杂，虽然训练数据能够百分百预测正确，但是当预测新的测试数据时会有较高的错误率。而数据正常拟合的模型，对数据的拟合效果则是在欠拟合和过拟合之间寻找一个平衡点，训练获得不那么复杂模型的同时，保证在测试数据集上的泛化能力。三种情况在训练数据集上的预测误差的表现形式为：欠拟合＞正常拟合＞过拟合；而在测试集上的预测误差形式为：欠拟合＞过拟合＞正常拟合。

针对回归问题，在对连续变量进行预测时，三种数据拟合情况可以使用图4-2来表示。三幅图分别表示对一组连续变量进行数据拟合时，可能出现的欠拟合、正常拟合与过拟合的三种情形。

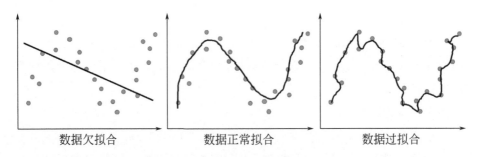

图4-2 回归问题的三种数据拟合情况

从图4-2可以发现欠拟合的模型由于过于简单而不能对数据进行充分的学习，而过拟合的模型，则是对训练数据进行了一种特化学习模型，从而不具有使用价值，正常拟合则是在学习到模型变化模式的同时，具有较好的鲁棒性。

4.1.2 避免欠拟合和过拟合的方式

在实践过程中，如果发现训练的模型对数据进行了欠拟合或者过拟合，通常要对模型进行调整，解决这些问题是一个复杂的过程，而且很多时候要进行多项的调整，下面介绍一些可以采用的相关解决方法。

（1）增加数据量

如果训练数据较少，通常可能会导致数据的欠拟合。因此更多的训练样本通常会使模型更加的稳定，所以训练样本的增加不仅可以得到更有效的训练结果，也能在一定程度上调整模型的拟合效果，增强其泛化能力。但是如果训练样本有限，也可以利用数据增强技术对现有的数据集进行扩充。

（2）合理的数据切分

针对现有的数据集，在训练模型时，可以将数据集切分为训练集、验证集和测试集（或者使用交叉验证的方法）。在对数据进行切分后，可以使用训练集来训练模型，并且通过验证集来监督模型的学习过程，也可以在网络过拟合之前提前终止模型的训练。在模型训练结束后，可以利用测试集来测试训练结果的泛化能力。

（3）正则化方法

正则化方法是解决模型过拟合问题的一种手段，其通常会在损失函数上添加对训练参数的惩罚范数，通过添加的范数惩罚对需要训练的参数进行约束，防止模型过拟合。常用的正则化参数有l_1和l_2范数，l_1范数惩罚项的目的是将参数的绝对值最小化，l_2范数惩罚项的目的是将参数的平方和最小化。使用正则化防止过拟合非常有效，如：在经典的线性回归模型中，使用l_1范数正则化的模型叫作

Lasso回归，使用l_2范数正则化的模型叫作Ridge回归，这两种方法都是增强模型稳定性的方法。

4.1.3　模型的方差与偏差

任何机器学习模型对数据获得的误差都可以分为：偏差、方差和一个不可预测的误差。偏差与方差的权衡是任何机器学习算法中会遇到的问题，在实际的应用中我们往往更希望模型的预测结果具有低方差和低偏差，但是通常情况下，试图减小其中的一个，往往都会放大另一个。图4-3是由Scott Fortmann-Roe使用牛眼图对方差和偏差的刻画。

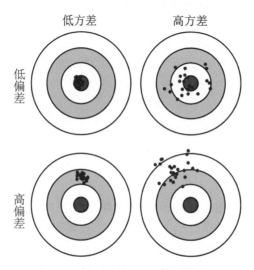

图4-3　牛眼图对方差和偏差的刻画

偏差：由于偏差导致的误差可以认为是我们模型的预期（或平均）预测与我们要预测的正确值之间的差异。高偏差可能导致模型错过特征与目标输出之间的相关关系，导致模型的欠拟合。

方差：由于方差导致的误差被视为给定数据点的模型预测的差异性。假设可以多次重复整个模型的构建过程，方差是对给定点的预测时，在不同模型情况下预测结果的差异大小。高方差通常会导致模型的过拟合。

4.2　模型训练技巧

针对准备好的数据集，应用机器学习算法时，通常会使用一些针对模型的训练方法，从而获得更高预测效果的模型。下面将会以第3章的小麦种子数据集为例，介绍模型的K折交叉验证与参数网格搜索，首先导入会使用到的相关库和模块，程序如下所示：

```
In[1]:## 导入需要的库
      import numpy as np
      import pandas as pd
      from sklearn.metrics import accuracy_score
      from sklearn.model_selection import train_test_split,KFold
      from sklearn.preprocessing import StandardScaler
      from sklearn.decomposition import PCA
      from sklearn.discriminant_analysis import LinearDiscriminantAnalysis
      from sklearn.pipeline import Pipeline
      from sklearn.model_selection import GridSearchCV
      from sklearn.neighbors import KNeighborsClassifier
```

4.2.1　相关方法

（1）K折交叉验证

K折交叉验证是采用某种方式将数据集切分为K个子集，每次采用其中的一个子集作为模型的测试集，余下的K–1个子集用于模型训练，这个过程重复K次，每次选取作为测试集的子集均不相同，直到每个子集都测试过，最终使用K次测试集的测试结果的均值作为模型的效果评价。显然，交叉验证结果的稳定性和保真性很大程度上取决于K的取值，K常用的取值是10，此时方法称为10折交叉验证。图4-4为10折交叉验证的示意图。

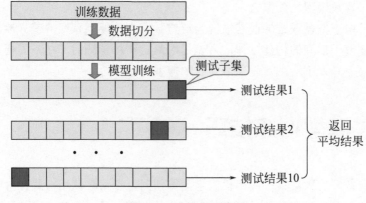

图4-4　10折交叉验证

K折交叉验证在切分数据集时使用随机不放回抽样，即随机地将数据集平均切分为 *K* 份，每份都没有重复的样例。而分层K折交叉验证的切分方式是分层抽样，即按照分类数据百分比划分数据集，使每个类别在训练集和测试集中的占比都一样。Python 中 sklearn 库的 model_selection 模块，KFold() 用来进行随机 K 折交叉验证；StratifiedKFold() 用来做分层 K 折交叉验证。

（2）参数网格搜索

　　模型的训练过程中，除了可以进行交叉验证之外，还可以使用参数网格搜索为模型寻找更优的参数。该方法会考虑所有候选的参数，通过循环遍历，尝试每一种可能性，找到表现最好的一组参数组合，获得最终的最优结果。在参数搜索的过程中，主要使用 Python 中 sklearn 库的 GridSearchCV()。参数网格搜索通常会和 K 折交叉验证相结合，即针对每一组参数利用 K 折交叉验证计算对应的结果。

4.2.2　实战案例：K折交叉验证

　　下面使用小麦种子数据集，利用线性判别分析分类器进行5折交叉验证，首先使用 KFold() 将数据集切分为5个子集，然后使用 for 循环计算每次训练的结果，使用 KFold() 的 split 方法对数据切分时，将会输出模型每次使用的训练集和测试集的索引。可以使用下面的程序完成上述任务，并输出 6 次训练后在测试集上的预测精度，最后对精度进行均值计算，程序和结果如下所示：

```
In[2]:## 从文件夹中导入数据
      Sdata = pd.read_csv("data/chap03/ 种子数据 .csv")
      ## 对小麦种子数据使用5折交叉验证
      kf = KFold(n_splits=5,random_state=1,shuffle=True)
      X,y = Sdata.iloc[:,:-1].values,Sdata.iloc[:,-1].values
      datakf = kf.split(X,y)       ## 获取5折数据
      ## 使用线性判别分类算法进行数据分类
      LDA_clf = LinearDiscriminantAnalysis(n_components=2)
      scores = []          ## 用于保存每个测试集上的精度
      ## 一次使用每一份切分好的数据
      for ii, (train_index, test_index) in enumerate(datakf):
          ## 使用每个部分的训练数据训练模型
          LDA_clf = LDA_clf.fit(X[train_index],y[train_index])
```

```
        ## 计算每次在测试数据上的预测精度
        prey = LDA_clf.predict(X[test_index])
        acc = accuracy_score(y[test_index],prey)
        scores.append(acc)
        print("第 "+str(ii)+" 折的精度为：",np.round(acc,4))
    ## 计算准确率的平均值
    print("平均精度为：",np.mean(scores))
Out[2]: 第 0 折的精度为：1.0
        第 1 折的精度为：1.0
        第 2 折的精度为：0.9762
        第 3 折的精度为：0.9286
        第 4 折的精度为：0.9048
        平均精度为：0.961904761904762
```

4.2.3 实战案例：参数网格搜索

下面会继续使用前面的小麦种子数据集为例，使用 GridSearchCV() 结合 K 近邻分类器，介绍如何使用参数网格搜索方法，程序如下所示：

```
In[3]:## 定义模型流程
      pipe_KNN = Pipeline([("scale",StandardScaler()), # 数据标准化操作
                          ("pca",PCA()),              # 主成分降维操作
                          ("KNN",KNeighborsClassifier())])# KNN 分类算法
      ## 定义需要搜索的参数
      n_neighbors = np.arange(3,10)
      para_grid = [{"scale__with_mean":[True,False], # 数据标准化搜索的参数
                   "pca__n_components":[2,3,4,5,6], # 主成分降维操作搜索的参数
                   "KNN__n_neighbors" : n_neighbors}] # KNN 分类操作搜索的参数
      ## 应用到数据上，使用 5 折交叉验证
      gs_KNN_ir = GridSearchCV(estimator=pipe_KNN,param_grid=para_grid,
                              cv=5,n_jobs=4)
      gs_KNN_ir.fit(X,y)
      ## 输出最优的参数
      gs_KNN_ir.best_params_
Out[3]:{'KNN__n_neighbors': 4, 'pca__n_components': 4, 'scale__with_mean': True}
```

上面的程序使用参数网格搜索可以分为3个步骤：

① 使用Pipline()定义模型的处理流程，该模型分为3个步骤：数据标准化、数据主成分降维与KNN分类模型，分别命名为"scale"、"pca"和"KNN"。

② 定义需要搜索的参数列表，列表中的元素使用字典来表示，字典的Key为："模型流程名__参数名"（**注意连接的符号是两个下划线**），字典的值为相应参数可选择的数值，例如：在数据标准化步骤中"scale"的参数with_mean可选True或False。

③ 使用GridSearchCV()函数，其中estimator用来指定训练模型的流程；param_grid定义参数搜索网格；cv用来指定进行交叉验证折数，n_jobs用来指定并行计算时使用的核心数目；最后使用fit方法作用于训练数据集进行训练。

针对参数网格搜索训练结果，可使用best_params_属性输出最优的参数组合，从gs_KNN_ir.best_params_输出结果可以得到最后的模型参数组合为：数据在标准化时with_mean= True；在进行主成分降维时将数据降为四维；在进行K近邻分类时，n_neighbors取值为4。

使用搜索结果的cv_results_方法，可以输出所有的参数组和相应的平均精度，下面将其输出结果整理为数据表，并输出效果较好的前几组结果，程序如下所示：

```
In[4]:## 将输出的所有搜索结果处理为表格的形式
       results = pd.DataFrame(gs_KNN_ir.cv_results_)
       ## 输出预测精度较高的一些结果
       pd.set_option("max_colwidth", 100) #设置数据表每个单元显示的最大宽度
       results2 = results[["mean_test_score", "std_test_score", "rank_test_score",
                "params"]]
       results2[results2["rank_test_score"] == 1]
   Out[4]:
```

	mean_test_score	std_test_score	rank_test_score	params
14	0.92381	0.069661	1	{'KNN__n_neighbors': 4, 'pca__n_components': 4, 'scale__with_mean': True}
15	0.92381	0.069661	1	{'KNN__n_neighbors': 4, 'pca__n_components': 4, 'scale__with_mean': False}
16	0.92381	0.069661	1	{'KNN__n_neighbors': 4, 'pca__n_components': 5, 'scale__with_mean': True}
17	0.92381	0.069661	1	{'KNN__n_neighbors': 4, 'pca__n_components': 5, 'scale__with_mean': False}
18	0.92381	0.069661	1	{'KNN__n_neighbors': 4, 'pca__n_components': 6, 'scale__with_mean': True}
19	0.92381	0.069661	1	{'KNN__n_neighbors': 4, 'pca__n_components': 6, 'scale__with_mean': False}
54	0.92381	0.059094	1	{'KNN__n_neighbors': 8, 'pca__n_components': 4, 'scale__with_mean': True}
55	0.92381	0.059094	1	{'KNN__n_neighbors': 8, 'pca__n_components': 4, 'scale__with_mean': False}
56	0.92381	0.059094	1	{'KNN__n_neighbors': 8, 'pca__n_components': 5, 'scale__with_mean': True}
57	0.92381	0.059094	1	{'KNN__n_neighbors': 8, 'pca__n_components': 5, 'scale__with_mean': False}
58	0.92381	0.059094	1	{'KNN__n_neighbors': 8, 'pca__n_components': 6, 'scale__with_mean': True}
59	0.92381	0.059094	1	{'KNN__n_neighbors': 8, 'pca__n_components': 6, 'scale__with_mean': False}

4.3 模型评价指标

分类、回归与聚类算法对数据的预测效果，可以使用多种不同的评价指标进行评估。本小节将会对不同类型的模型，介绍如何使用多种不同评价指标对预测结果进行评估，这些指标的计算函数都在Sklearn库中的metrics模块。

4.3.1 分类效果评价

针对数据分类效果的评价，通常可以使用精度、混淆矩阵、F1得分、精确率、召回率等多种方式，下面对这些指标的计算方式进行一一介绍。

混淆矩阵：是一种特定的矩阵，用来呈现有监督学习算法性能的可视化效果。其每一行代表预测值，每一列代表的是实际的类别。可以使用confusion_matrix()函数计算。

精度：表示正确分类的样本比例。可以使用accuracy_score()函数进行计算。

精确率：也可以称为查准率，它表示的是预测为正的样本中有多少是真正的正样本。可以使用precision_score()函数计算。

召回率：表示的是样本中的正例有多少被预测正确了。可以使用recall_score()函数进行计算。

F1 score：是精确率和召回率的两个值的调和平均，用来反映模型的整体情况。可以使用f1_score()函数进行计算。

ROC和AUC：很多分类器是为测试样本产生一个实值或者概率预测，然后将这个预测值与一个分类阈值进行比较，如果大于阈值则分为正类，否则为反类。根据预测值的概率，可以使用受试者工作特征曲线（ROC）来分析机器学习算法的泛化性能。在ROC曲线中，纵轴是真正例率，横轴是假正例率。可以使用roc_curve()来计算横纵坐标绘制图像。ROC曲线与横轴围成的面积大小称为学习器的AUC，该值越接近于1，说明算法模型越好，AUC值可通过roc_auc_score()计算。

4.3.2 回归效果评价

回归模型通常是根据最小拟合误差训练得到的模型，因此使用预测与真实值的均方根误差大小，就可以很好地对比分析回归模型的预测效果。但是想要评价回归模型的稳定性及数据拟合效果，还需要其他的指标进行综合判断，下面将这些指标进行简单的介绍。

模型的显著性检验：建立回归模型后，首先关心的是获得模型是否成立，这就要使用模型的显著性检验，主要通过F检验来完成。例如：statsmodels等库的回归分析输出结果中，会输出F-statistic值和Prob（F-statistic），前者是F检验的统计量，后者是F检验的P值。如果Prob(F-statistic)＜0.05，则说明在置信度为95%时，可以认为回归模型是成立的。如果Prob(F-statistic)＞0.1，说明回归模型整体上没有通过显著性检验，模型不显著，需要进一步调整。

R^2(R-squared)：在统计学中又叫决定系数（R^2），用于度量因变量的变异中可由自变量解释部分所占的比例，以此来判断回归模型的解释能力，在多元回归模型中，决定系数的取值范围在［0，1］之间，取值越接近于1，说明回归模型拟合程度越好，模型的解释能力越强。其中Adjust R-squared表示调整的决定系数，是对决定系数进行一个修正。

AIC和BIC：AIC又称为赤池信息量准则，BIC又称为贝叶斯信息度量，两者均是评估统计模型的复杂度，衡量统计模型"拟合"优良性的一种标准，取值越小相对应的模型越好。

系数显著性检验：在模型合适的情况下，需要对回归系数进行显著性t检验。针对回归模型的每个系数的t检验，如果相应的P值＜0.05（0.1），说明该系数在置信度为95%（90%）水平下，系数是显著的。如果系数不显著，说明对应的变量不能添加到模型中，需要对变量进行筛选，重新建立回归模型。

Durbin-Watson检验：D.W统计量是用来检验回归模型的残差是否具有自相关性的统计量。取值在［0，4］之间，数值越接近于2说明没有自相关性，越接近于4说明残差具有越强的负自相关，越接近于0说明残差具有越强的正自相关。如果模型的残差具有很强的自相关性，则需要对模型进行进一步的调整。

条件数（Cond. No.）：条件数是用来度量多元回归模型中，自变量之间是否存在多重共线性的指标，条件数取值是大于0的数值，该值越小，越能说明自变量之间不存在多重共线性问题。一般情况下，Cond. No.＜100，说明共线性程度小；如果100＜ Cond. No.＜1000，则存在较多的多重共线性；若Cond. No.＞1000，存在严重的多重共线性。

4.3.3 聚类效果评价

聚类评估主要是通过估计在数据集上进行聚类的可行性和被聚类方法产生结果的质量，针对使用的数据集是否有真实标签的情况，可以将聚类的评估方法分为有真实标签的聚类结果评估和无真实标签的聚类结果评估。下面针对这两种方式分别介绍一些常用的评估方式，这些方式也都可以使用Sklearn库metrics模块中的函数计算。

（1）有真实标签的聚类结果评价方法

针对聚类的数据集已经知道真实标签的情况下，常用的评价方法有同质性、完整性、V测度等多种方式。

同质性：即度量每个簇只包含单个类成员的指标，可以使用homogeneity_score()函数进行计算。

完整性：是度量给定类的所有成员是否都被分配到同一个簇中的指标。可以使用completeness_score()函数进行计算。

V测度：则是将同质性和完整性综合考虑的一种综合评价指标。可以使用v_measure_score()函数进行计算。

（2）无真实标签的聚类结果评价方法

针对无真实标签情况下的聚类效果评价指标，聚类结果轮廓系数最常用，轮廓系数越接近于1，聚类的效果越好，可以使用metrics.silhouette_score()计算。

此外，可以使用CH分数、戴维森堡丁指数等指标进行评价。其中CH分数（Calinski Harabasz Score）可以使用calinski_harabasz_score()函数计算，取值越大则聚类效果越好；戴维森堡丁指数（DBI），又称为分类适确性值，使用davies_bouldin_score()函数计算，取值越小则表示聚类效果越好。

4.4 本章小结

本章节详细地介绍了在机器学习算法应用中，关于模型的选择与效果评估相关的内容。其中针对模型的选择，介绍了模型是否过拟合或者欠拟合的判断方式，并且介绍了如何使用K折交叉验证、参数网格搜索等方法，对数据集建立更合适的模型。针对模型的评价指标，则是分别介绍了分类问题、回归问题与聚类问题下的多种评价方法。

第5章

回归模型

回归分析是一种统计方法，用于对连续型数据进行预测，目的在于分析两个或多个变量之间是否相关以及相关方向和强度的关系。可以通过建立回归模型观察特定的变量，或者预测研究者感兴趣的变量。更具体来说，回归分析可以帮助人们了解，在只有一个自变量变化时引起的因变量的变化情况。"回归"一词最早是由法兰西斯·高尔顿提出的。他曾对亲子间的身高做研究，发现父母的身高虽然会通过遗传因素影响子女，但子女的身高却有逐渐"回归到身高的平均值"的现象。

大数据分析任务中，回归分析是一种预测性的建模技术，也是统计理论中最重要的方法之一，它主要解决目标特征为连续性的预测问题。任何回归分析都会涉及3个关键的变量集合：

① 因变量（待预测变量、响应变量）Y；

② 自变量（预测变量）X；

③ 由回归模型估计的模型参数。

按照涉及的自变量的多少，分为一元回归分析和多元回归分析；按照因变量的多少，可分为简单回归分析和多重回归分析；按照自变量和因变量之间的关系类型，可分为线性回归分析和非线性回归分析。回归关系可以理解为从一组自变量空间到因变量空间的映射函数，即可以表示为：$Y \approx f(X, \beta)$，其中 β 就是我们待估计的参数。

此外还有一种特殊的连续性数值预测回归模型，由于该数值的记录通常与时间有关，而且想要根据现有记录的数据，预测未来数据的变化情况，因此也叫作时间序列回归分析，可以将其理解为一种应用场景特殊的回归模型。

时间序列数据的分析和预测在财务、经济、调查、气象等领域应用非常广泛，例如：根据历史气象观察数据，预测未来的气象情况；根据历史的销售额预测未来的可能销售额等。一般地，对任何变量做定期的记录就能构成一个时间序列，对该序列未来数据进行预测的方法，可以成为时间序列回归分析。根据研究序列数量的不同，可以将时间序列数据分为一元时间序列数据和多元时间序列数据。时间序列的变化可能受一个或多个因素的影响，导致它在不同时间取值有差异，这些影响因素分别是长期趋势、季节变动、循环波动（周期波动）和不规则波动（随机波动）。时间序列分析主要有确定性变化分析和随机性变化分析。确定性变化分析包括趋势变化分析、周期变化分析、循环变化分析。随机性变化分析主要有AR、MA、ARMA、ARIMA模型等。

本章将会对这两种情况下的回归分析进行详细的介绍，并且通过实战数据，借助Python介绍使用回归模型，对数据的建模与预测的过程。因此本章将会主要介绍一元线性回归、多元线性回归、正则化Lasso回归、时间序列ARIMA预测模型、时间序列SARIMA预测模型的应用。因此下面首先导入会使用到的一些Python库与模块，程序如下所示：

```
In[1]:## 进行可视化时需要的一些设置
      %config InlineBackend.figure_format = "retina"
      %matplotlib inline
      import seaborn as sns
      sns.set_theme(font= "KaiTi",style="whitegrid",font_scale=1.4)
      import matplotlib
      matplotlib.rcParams["axes.unicode_minus"]=False
      ## 导入需要的库
      import numpy as np
      import pandas as pd
      import matplotlib.pyplot as plt
      from sklearn.metrics import mean_absolute_error, mean_squared_error, r2_score
      from sklearn.model_selection import train_test_split
      from sklearn.preprocessing import StandardScaler
      from sklearn.linear_model import Lasso
      from mlxtend.plotting import plot_decision_regions
      import missingno as msno
      from itertools import combinations
      import statsmodels.api as sm
      import statsmodels.formula.api as smf
      from statsmodels.tsa.stattools import *
      from statsmodels.tsa.arima.model import ARIMA
      from statsmodels.graphics.tsaplots import plot_acf, plot_pacf
      import pmdarima as pm
```

在导入的库中，statsmodels库主要用于多元回归模型、时间序列回归模型的建立与预测，pmdarima库主要用于时间序列回归模型的自动建模。

5.1 一元线性回归

一元回归主要研究一个自变量和一个因变量之间的关系，其中一元线性回归是分析两个变量之间的线性关系。

5.1.1 模型介绍

如果只有一个自变量 X，而且因变量 Y 和自变量 X 之间的数量变化关系呈近似线性关系，就可以建立一元线性回归方程，由自变量 X 的值来预测因变量 Y 的值，这就是一元线性回归预测。其待估计的模型是：$Y=\alpha+\beta X+\varepsilon$，其中 α、β 是待估计的参数，ε 表示数据中的随机扰动，是无法直接观测到的随机变量。α 是回归方程的常数项，也就是回归直线在 Y 轴上的截距，表示除自变量 X 以外的其他因素对因变量 Y 的平均影响量；β 是回归系数，也是回归直线的斜率，表示自变量 X 每增加一个单位时因变量 Y 的平均增加量。下面使用一个实战案例，介绍如何使用 Python 对数据进行一元线性回归分析。

5.1.2 实战案例：一元线性回归建模

在使用 Python 进行一元线性回归模型实战时，会在导入数据后，可视化出数据中两个变量的散点图，来分析两者之间是否可以建立线性关系，只有在数据具有线性关系的时候。才可以使用一元线性回归模型进行分析。下面的程序实施导入数据后，可视化自变量 X 和因变量 Y 的散点图，运行程序后，可获得如图 5-1 所示的图像。

```
In[2]:## 读取待使用的数据
       xydf = pd.read_csv("data/chap05/XYdata.csv")
       ## 使用散点图可视化数据的分布情况
       xydf.plot(kind = "scatter",x = "X",y = "Y",figsize = (10,6),
                 c = "r",s = 30,title = "散点图")
       plt.show()
```

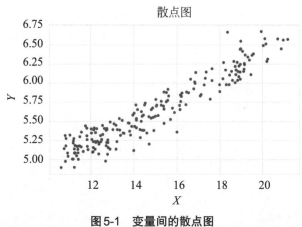

图5-1　变量间的散点图

从散点图上可以发现，该数据集中 X 和 Y 具有很明显的线性趋势，因此可以建立一个一元线性回归模型对数据进行分析和预测。

（1）一元线性回归模型建立

下面使用 statsmodels 库中 OLS 技术对数据拟合线性回归模型，其中模型表达式 "Y ~ X" 中，"～" 左侧是数据 xydf 中的变量名称 Y，作为模型中的因变量，"～" 右侧是数据 xydf 中的变量名称 X，作为模型中的自变量。模型拟合后并输出了模型的汇总信息，结果如下所示：

```
In[3]:## 使用statsmodels库中的函数建立一元线性回归建模
      lm1 = smf.ols("Y ~ X",data=xydf).fit()
      print(lm1.summary())
```

```
                            OLS Regression Results
==============================================================================
Dep. Variable:                      Y   R-squared:                       0.902
Model:                            OLS   Adj. R-squared:                  0.902
Method:                 Least Squares   F-statistic:                     1925.
Date:                Mon, 04 Jul 2022   Prob (F-statistic):          4.30e-107
Time:                        00:16:35   Log-Likelihood:                 117.87
No. Observations:                 210   AIC:                            -231.7
Df Residuals:                     208   BIC:                            -225.1
Df Model:                           1
Covariance Type:            nonrobust
==============================================================================
                 coef    std err          t      P>|t|      [0.025      0.975]
------------------------------------------------------------------------------
Intercept      3.4808      0.050     69.779      0.000       3.382       3.579
X              0.1447      0.003     43.872      0.000       0.138       0.151
==============================================================================
Omnibus:                        4.654   Durbin-Watson:                   1.401
Prob(Omnibus):                  0.098   Jarque-Bera (JB):                6.258
Skew:                          -0.037   Prob(JB):                       0.0438
Kurtosis:                       3.842   Cond. No.                         79.2
==============================================================================
```

从输出的结果中可以发现：①模型的 R^2（R-squared）超过了 0.9，非常接近于 1，说明该模型对原始数据拟合得很好。并且模型 F 检验的 P 值 prob（F-statistic）

远小于0.05，说明该模型是显著的，可以使用。②模型自变量X的回归系数的t检验P值小于0.05，说明回归系数也是显著的。

综上所述，建立的回归模型是成立的，模型为：$Y=3.4808+0.1447X$。

（2）一元线性回归模型优化

在回归模型中，使用数据中如果有异常值，会导致参数的估计中产生一些问题。通常情况下数据中的异常值包括数据中的离群点、高杠杆点和强影响点等。这些点都可能对模型的参数估计产生较大的负面影响，因此异常值点的判断及修正对建立正确的回归模型非常重要。

离群点通常指残差非常大的点，模型预测的Y值与真实的Y值相差非常大。高杠杆值点指的是自变量X值比较异常，通常与因变量值Y没有关系，判断高杠杆值点的方法，是计算点的帽子统计量，若该点的帽子统计量大于帽子统计量的均值的2倍或3倍，通常被认为是高杠杆值点。强影响点指对模型有较大影响的点，如果删除该点能改变拟合回归方程。库克距离（Cook's Distance）是最常用的度量观察点影响的方法，它既考虑到观察点残差的大小，又考虑了杠杆率。通常来说，若库克距离大于1，就可以认为这个点是异常点，也有人将高于均值3倍的点认为是异常点。可以使用statsmodels库中的influence_plo()函数，可视化回归模型的强影响点取值情况。运行下面的程序可获得如图5-2所示的可视化图像。

```
In[4]:## 分析数据的回归效果，检验对回归模型影响较大的样本
       plt.figure(figsize=(14,8))
       ax1 = plt.subplot(1,1,1)
       fig = sm.graphics.influence_plot(lm1, criterion="cooks",size=30,ax = ax1)
       plt.show()
```

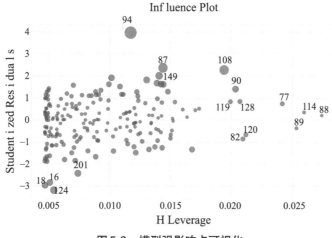

图5-2 模型强影响点可视化

图5-2中，横坐标是根据帽子统计量计算的高杠杆率，纵坐标是学生化残差，文本数值表示可能是异常值的样本索引。从强影响点可视化图像中可以发现：有些样本点对回归模型的影响较强，这些强影响点的存在对回归模型是不利的。针对这样的情况，可以剔除一些影响性较强的样本点，建立效果更好的回归模型。下面根据库克距离的取值大小，筛选模型中的强影响点，这里使用库克距离均值的3作为阈值。从输出结果中可以发现从数据中找到了15个对模型的影响较强的样本点。

```
In[5]:## 获取影响较大的点所在的位置
      infldf = lm1.get_influence().summary_frame()
      ## 根据库克距离筛选强影响点
      cutoff_cooks =(infldf.loc[:,"cooks_d"].mean())*3
      outliers = infldf[abs(infldf.cooks_d) > cutoff_cooks]
      print("筛选出的强影响点数量：",len(outliers.index.values))
      print("强影响点的索引：",outliers.index.values)
Out[5]:筛选出的强影响点数量：15
      强影响点的索引：[ 16  18  78  87  90  94  97 102 108 124 149 158 170 174 201]
```

下面剔除找到的强影响点样本，重新对一元线性回归模型进行拟合，并输出模型的集合结果，运行程序后获得的结果如下所示：

```
In[6]:## 处理数据中强影响点的数据重新建立回归模型
      xydf_out = xydf.iloc[outliers.index.values,:]
      xydf2 = xydf.drop(labels=outliers.index.values,axis=0)
      lm2 = smf.ols("Y ~ X",data=xydf2).fit()
      print(lm2.summary())
Out[6]:
```

```
                            OLS Regression Results
==============================================================================
Dep. Variable:                      Y   R-squared:                       0.928
Model:                            OLS   Adj. R-squared:                  0.927
Method:                 Least Squares   F-statistic:                     2480.
Date:                Mon, 04 Jul 2022   Prob (F-statistic):          4.29e-112
Time:                        00:16:35   Log-Likelihood:                 149.25
No. Observations:                 195   AIC:                            -294.5
Df Residuals:                     193   BIC:                            -288.0
Df Model:                           1
Covariance Type:            nonrobust
==============================================================================
                 coef    std err          t      P>|t|      [0.025      0.975]
------------------------------------------------------------------------------
Intercept      3.5096      0.043     81.610      0.000       3.425       3.594
X              0.1423      0.003     49.795      0.000       0.137       0.148
==============================================================================
Omnibus:                        7.987   Durbin-Watson:                   1.500
Prob(Omnibus):                  0.018   Jarque-Bera (JB):                4.430
Skew:                          -0.160   Prob(JB):                        0.109
Kurtosis:                       2.334   Cond. No.                         80.2
==============================================================================
```

从新线性回归模型的结果中可以发现：模型的R^2（R-squared）超过了0.92（变大，说明回归效果变得更好），而且模型的回归系数也是显著的。说明建立的回归模型得到了优化，新的模型为：$Y=3.5096+0.1424X$。下面可视化出两个回归模型对数据集的拟合情况，运行下面的程序后可获得如图5-3所示的图像。

```
In[7]:## 可视化出两个回归模型对原始数据的拟合效果
       plt.figure(figsize=(14,8))
       plt.plot(xydf2.X,xydf2.Y,"ro",label = " 原始数据 ")
       plt.plot(xydf_out.X,xydf_out.Y,"bs",label = " 强影响点 ")
       plt.plot(xydf.X,lm1.predict(xydf),"g-",lw = 2,label = " 回归模型 1")
       plt.plot(xydf2.X,lm2.predict(xydf2),"k-.",lw = 2,label = " 回归模型 2")
       plt.xlabel("X");plt.ylabel("Y");plt.title(" 一元线性回归")
       plt.legend()
       plt.show()
```

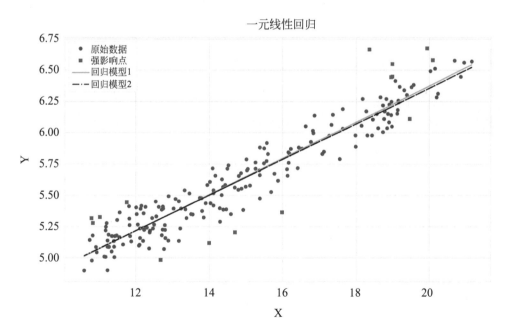

图5-3　回归模型对数据集的拟合情况

从图5-3可视化结果上可以发现：剔除强影响点前后模型有一些差异，而且强影响点主要分布在原始数据的外围。

5.2 多元线性回归

多元线性回归是使用回归方程来刻画一个因变量和多个自变量之间的关系，然后建立线性模型得到一个回归方程。

5.2.1 模型简介

设y是一个可观测的随机变量，它受到多个（≥ 2）非随机变量因素x_1, x_2, $\cdots$, x_p和随机误差ε的影响。如果y与x_1, x_2, $\cdots$, x_p可用如下线性关系来描述：

$$y=\beta_0+\beta_1x_1+\beta_2x_2+\cdots+\beta_px_p+\varepsilon$$

其中，β_0, β_1, $\cdots$, β_p是待估计的未知参数，称为回归系数；y称为因变量；x_1, x_2, $\cdots$, x_p称为自变量，它们是非随机的且可精确观测；ε为随机误差，表示随机因素对因变量y的影响，且$\varepsilon\sim N(0, \sigma^2)$，则称上式为多元线性回归方程。对于多元线性回归分析，矩阵表示的方法也非常流行，如：$y=X\beta+\varepsilon$。多元线性回归方程仍然可以通过最小二乘法进行参数估计与求解。下面将会使用一个房屋价格预测数据集为例，介绍如何使用Python建立多元线性回归模型进行预测。

5.2.2 实战案例：房屋价格预测

下面使用Python建立多元线性回归模型，根据收集到的房屋数据特征，预测房屋的价格，首先是读取数据，对数据进行建模前的准备和可视化探索分析。

（1）数据准备与可视化探索分析

下面使用Pandas库中的函数，从文件夹中读取待使用的数据，并且剔除数据中一些无用的字符串特征，最后数据集有506个数据样本、15个数值特征和一个待预测的房价price特征，代码和结果如下所示：

```
In[8]:## 数据准备, 读取数据
       house = pd.read_csv("data/chap05/House_Price.csv")
       ## 剔除数据中的字符串特征
       house = house.drop(labels=["airport","waterbody","bus_ter"],axis = 1)
       house
Out[8]:
```

	price	crime_rate	resid_area	air_qual	room_num	age	dist1	dist2	dist3	dist4	teachers	poor_prop	n_hos_beds	n_hot_rooms	rainfall	parks
0	24.0	0.00632	32.31	0.538	6.575	65.2	4.35	3.81	4.18	4.01	24.7	4.98	5.480	11.1920	23	0.049347
1	21.6	0.02731	37.07	0.469	6.421	78.9	4.99	4.70	5.12	5.06	22.2	9.14	7.332	12.1728	42	0.046146
2	34.7	0.02729	37.07	0.469	7.185	61.1	5.03	4.86	5.01	4.97	22.2	4.03	7.394	101.1200	38	0.045764
3	33.4	0.03237	32.18	0.458	6.998	45.8	6.21	5.93	6.16	5.96	21.3	2.94	9.268	11.2672	45	0.047151
4	36.2	0.06905	32.18	0.458	7.147	54.2	6.16	5.86	6.37	5.86	21.3	5.33	8.824	11.2896	55	0.039474
...	...	...	...	...	...	...	...	...	...	...	...	...	...	...	...	...
501	22.4	0.06263	41.93	0.573	6.593	69.1	2.64	2.45	2.76	2.06	19.0	9.67	9.348	12.1792	27	0.056006
502	20.6	0.04527	41.93	0.573	6.120	76.7	2.44	2.11	2.46	2.14	19.0	9.08	6.612	13.1648	20	0.059903
503	23.9	0.06076	41.93	0.573	6.976	91.0	2.34	2.06	2.29	1.98	19.0	5.64	5.478	12.1912	31	0.057572
504	22.0	0.10959	41.93	0.573	6.794	89.3	2.54	2.31	2.40	2.31	19.0	6.48	7.940	15.1760	47	0.060694
505	19.0	0.04741	41.93	0.573	6.030	80.8	2.72	2.24	2.64	2.42	19.0	7.88	10.280	10.1520	45	0.060336

506 rows × 16 columns

下面使用可视化的方式，查看数据中是否有缺失值，以及缺失值存在的位置，使用msno.matrix()函数进行可视化，运行程序后可获得可视化图像，如图5-4所示。

In[9]:## 通过条形图可视化检查数据中是否有缺失值
```
fig = plt.figure(figsize=(10,6))
ax = fig.add_subplot(1,1,1)
msno.matrix(house, ax = ax, color=(0.25, 0.25, 0.5))
plt.show()
```

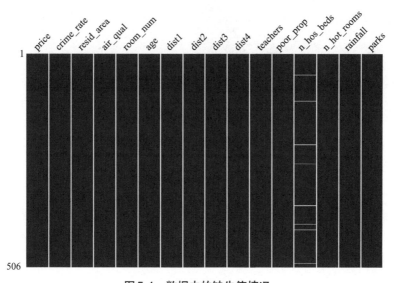

图5-4　数据中的缺失值情况

从图5-4中可以发现数据中有一列数据带有缺失值，针对该列数据的缺失值情况，由于缺失的样本并不是很多，可以列的均值这种简单的方式，进行缺失值的填充。填充的程序如下所示：

In[10]:## 对n_hos_beds特征的缺失值使用均值填充

    house = house.fillna(value=house["n_hos_beds"].mean())

数据的缺失值处理好后，下面对数据进行可视化探索性分析，首先是可视化分析待预测变量的数据分布情况，可以使用直方图进行可视化，运行下面的程序可获得图像，如图5-5所示。通过数据的分布，可以发现数据的分布存在两个波峰，不属于正态分布。

In[11]:## 可视化待预测变量price 的数据分布情况

    house["price"].plot(kind = "hist",bins = 40,figsize = (10,6))

    plt.title("price 的数据分布情况 ")

    plt.show()

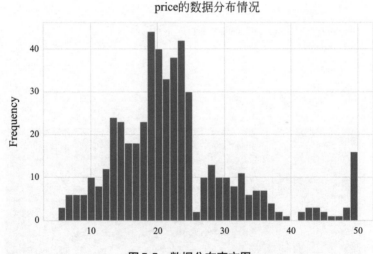

图 5-5　数据分布直方图

下面可视化每个自变量和因变量之间的关系，可以通过散点图进行可视化，同时还可以为两个变量之间添加一个回归拟合线，运行下面的程序可获得可视化图像，如图5-6所示。

In[12]:## 可视化每个自变量与待预测变量price 之间的散点图

    varname = house.columns.values[1:] # 可视化的特征名称

    plt.figure(figsize=(12,8))   # 创建一个图像窗口

```
for ii,name in enumerate(varname):
    plt.subplot(3,5,ii+1)
    sns.regplot(x = name,y = "price",data = house,lowess = True,
            scatter_kws = {"s":8},line_kws = {"color":"r"})
plt.tight_layout()
plt.suptitle(" 自变量与price 之间的关系", y = 1,fontsize = 16)
plt.show()
```

自变量与price之间的关系

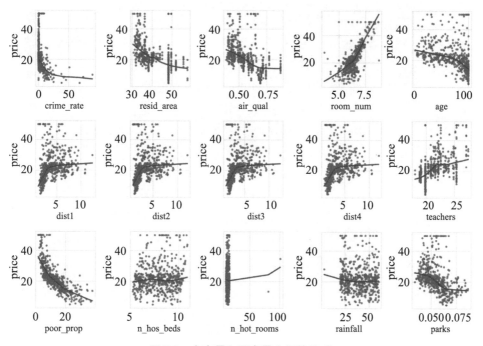

图5-6 自变量和因变量之间的关系

从图5-6中可以发现：众多特征中和待预测价格price直接有线性关系的并不多，大多数是非线性关系，还有某些自变量和price特征的关系不明显，有些特征可能存在异常值等情况。

下面使用相关系数热力图，分析所有特征之间的线性关系，运行下面的程序可获得如图5-7所示的热力图。

```
In[13]:## 可视化相关系数热力图, 计算相关系数矩阵
       housecorr = house.corr(method = "pearson")
       ## 可视化热力图
```

```
plt.figure(figsize=(15,8))
ax = sns.heatmap(housecorr,fmt=".2f",annot = True,
                 cmap="YlGnBu",linewidths=0.5,
                 annot_kws = {"fontsize":14})
plt.title("数据特征相关系数热力图")
plt.show()
```

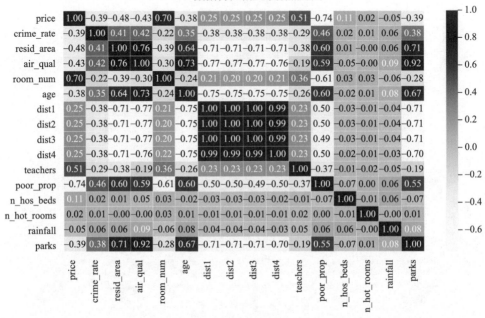

图5-7　相关系数热力图

从图5-7中可以发现：自变量数据中有些数据之间具有明显的线性相关性，比如dist系列的特征之间，如果这些变量都使用到模型中会导致模型出现多重共线性问题。

（2）特征选择

经过前面的可视化分析可以知道，数据中有些特征对因变量price的预测并不重要，因此建立模型时剔除dist2、dist3、dist4、n_hot_rooms、rainfall等特征，只使用crime_rate、resid_area、air_qual、room_num、age、dist1、teachers、poor_prop、n_hos_beds、parks等特征，建立多元线性回归模型。下面的程序则是进行变量特征选择后，将数据的自变量特征进行标准化处理，然后随机地将数据前380个样本作为训练集，剩余的样本作为测试集。

In[14]:## 特征选择
```
house2 = house.drop(labels=["dist2","dist3","dist4","n_hot_rooms",
                            "rainfall","price"],axis = 1)
## 对每个自变量数据进行标准化预处理
house2 = (house2-house2.mean())/house2.std()
house2["price"] = house["price"]
## 数据准备，随机切分为训练集和测试集
house2 = house2.sample(frac = 1,random_state=12).reset_index(drop = True)
house2 = sm.add_constant(house2)  # 为回归模型添加常数项
house2_train = house2.iloc[0:380,:]
house2_test = house2.iloc[380:,:]
```

（3）建立多元线性回归模型

数据准备工作完成后，下面同样使用statsmodels库中的函数进行多元回归模型的建立，这里在建模时，使用endog参数指定因变量数据，使用exog参数指定自变量数据。并输出模型的汇总信息。

In[15]:## 建立多元回归模型
```
mlm = sm.OLS(endog = house2_train["price"],
             exog = house2_train.drop("price",axis=1)).fit()
print(mlm.summary())
```
Out[15]:

```
                         OLS Regression Results
==============================================================================
Dep. Variable:                  price   R-squared:                       0.720
Model:                            OLS   Adj. R-squared:                  0.713
Method:                 Least Squares   F-statistic:                     94.99
Date:                Mon, 04 Jul 2022   Prob (F-statistic):           1.20e-95
Time:                        00:16:41   Log-Likelihood:                -1137.4
No. Observations:                 380   AIC:                             2297.
Df Residuals:                     369   BIC:                             2340.
Df Model:                          10
Covariance Type:            nonrobust
==============================================================================
                 coef    std err          t      P>|t|      [0.025      0.975]
------------------------------------------------------------------------------
const         22.5919      0.251     89.839      0.000      22.097      23.086
crime_rate    -0.8532      0.300     -2.846      0.005      -1.443      -0.264
resid_area    -0.4073      0.445     -0.915      0.361      -1.283       0.468
air_qual      -1.8462      0.733     -2.520      0.012      -3.287      -0.405
room_num       2.6999      0.333      8.112      0.000       2.045       3.354
age            0.0398      0.431      0.092      0.927      -0.808       0.887
dist1         -2.6702      0.464     -5.753      0.000      -3.583      -1.758
teachers       2.1989      0.303      7.252      0.000       1.603       2.795
poor_prop     -4.3338      0.411    -10.533      0.000      -5.143      -3.525
n_hos_beds     0.4792      0.256      1.871      0.062      -0.024       0.983
parks          0.5455      0.618      0.883      0.378      -0.669       1.760
==============================================================================
Omnibus:                      145.538   Durbin-Watson:                   2.125
Prob(Omnibus):                  0.000   Jarque-Bera (JB):              639.867
Skew:                           1.621   Prob(JB):                     1.13e-139
Kurtosis:                       8.468   Cond. No.                         7.98
==============================================================================
```

从输出的结果中可以知道回归模型的R^2方大约为0.72，说明模型的回归效果很不错。但是有些自变量P值大于0.05，说明这些特征是不显著的特征，可以从模型中剔除，例如：resid_area、age和parks等特征。显著的特征有：crime_rate、air_qual、room_num、dist1、teachers、poor_prop等。

针对该多元回归模型中每个特征的自变量的回归系数的大小，可以通过可视化的方式进行可视化，并且展示特征的显著性情况，运行下面的程序可获得如图5-8所示的可视化图像。

```
In[16]:## 可视化多元回归模型中每个自变量的回归系数大小，可视化时的数据准备
        lmconfdf = pd.DataFrame(mlm.conf_int()).reset_index() # 回归系数的上下界
        lmconfdf.columns = ["varname","coef_lower","coef_upper"]
        lmconfdf["coef"] = lmconfdf.iloc[:,1:3].apply(np.mean,axis = 1)
        lmconfdf["coef_err"] = lmconfdf["coef"] – lmconfdf["coef_lower"]
        lmconfdf["pvalue"] = mlm.pvalues.values  # 为数据添加P值
        lmconfdf["Significant"] = lmconfdf["pvalue"] < 0.05
        xdata = lmconfdf.coef.values[1:]
        ydata = lmconfdf["varname"].values[1:]
        ## 指定取值要减去和加上的值
        lmconferr = lmconfdf["coef_err"].values[1:]
        Sign = lmconfdf["Significant"].values[1:]
        plt.figure(figsize=(10,7))
```

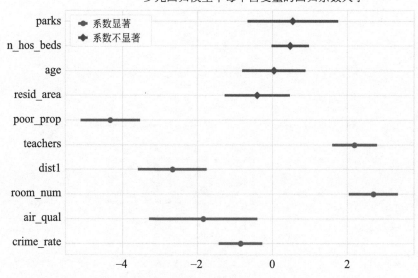

图5-8　多元回归模型中每个自变量的回归系数

```
plt.errorbar(x = xdata[Sign],y = ydata[Sign],xerr = lmconferr[Sign],
        fmt='bo',linewidth = 4,markersize = 8,label = " 系数显著 ")
plt.errorbar(x = xdata[~Sign],y = ydata[~Sign],xerr = lmconferr[~Sign],
        fmt='rD',linewidth = 4,markersize = 8,label = " 系数不显著 ")
plt.legend(loc = 2)
plt.title(" 多元回归模型中每个自变量的回归系数大小 ")
plt.show()
```

（4）逐步回归对多元回归自变量进行挑选

前面的模型我们已经发现，在模型中有多个自变量的系数是不显著的，针对这种情况，可以使用剔除某些特征，然后重新建模的方式。需要注意的是：不能同时剔除所有不显著的特征，应该采用逐步剔除的方式，因此手动筛选显著的特征是一个烦琐的过程。最好的方式是采用逐步回归的方式，建立多元回归模型。逐步回归是一种线性回归模型自变量选择方法，其基本思想是将变量一个一个引入，引入的条件是其回归平方和经检验是显著的。同时，每引入一个新变量后，对已入选回归模型的旧变量逐个进行检验，将经检验认为不显著的变量删除，以保证所得自变量子集中每一个变量都是显著的。此过程经过若干步直到不能再引入新变量为止，这时回归模型中所有变量对因变量都是显著的。

Python中没有现成的逐步回归方法，下面使用一种近似逐步回归的方法，该方法就是针对所有的自变量组合进行回归分析，输出Bic值、Aic值、条件数Cond. No值和R-squared，然后再选择合适的模型（注意这是一种搜索所有模型的方式，计算量很大，如果数据集较大或者特征数量较多，则不适用使用这种方式）。要得到10个自变量的所有组合，需要使用itertools库中的combinations函数，该函数能够获取一个数组中的所有元素的组合。进行逐步回归的程序如下所示：

```
In[17]:## 利用逐步回归对多元回归变量进行挑选
        Featname = ["crime_rate", "resid_area", "air_qual", "room_num", "age",
        "dist1", "teachers", "poor_prop", "n_hos_beds", "parks",]
        ## 根据BIC和条件数、参与回归的自变量个数来找到合适的回归模型
        variable = []
        aic = []
        bic = []
        Cond = []
        R_squared = []
        ## 第一次循环获取所有的变量组合
```

```
for ii in range(1,len(Featname)):
    var = list(combinations(Featname,ii))
    ## 第二次循环为每个变量组合进行回归分析
    for v in var:
        v = list(v)  # 转化为列表
        v.append("const")  # 添加常数项
        lm = sm.OLS(endog = house2_train["price"],
                    exog = house2_train[v]).fit()
        bic.append(lm.bic)
        aic.append(lm.aic)
        variable.append(v)
        Cond.append(lm.condition_number)
        R_squared.append(lm.rsquared)
## 将输出的结果整理为数据表格
df = pd.DataFrame()
df["variable"] = variable
df["bic"] = bic
df["aic"] = aic
df["Cond"] = Cond
df["R_squared"] = R_squared
## 将输出的参数根据bic排序
pd.options.display.max_colwidth = 200
df.sort_values("bic",ascending=True).head()
```

Out[17]:

	variable	bic	aic	Cond	R_squared
717	[crime_rate, air_qual, room_num, dist1, teachers, poor_prop, const]	2321.190886	2293.609687	3.801133	0.716598
591	[air_qual, room_num, dist1, teachers, poor_prop, const]	2323.046227	2299.405199	3.593045	0.710724
913	[crime_rate, air_qual, room_num, dist1, teachers, poor_prop, n_hos_beds, const]	2323.879537	2292.358167	3.846820	0.719013
857	[crime_rate, resid_area, air_qual, room_num, dist1, teachers, poor_prop, const]	2326.398497	2294.877127	4.351573	0.717144
829	[air_qual, room_num, dist1, teachers, poor_prop, n_hos_beds, const]	2326.513411	2298.932212	3.632807	0.712601

得到所有组合下的回归模型后，对所有的结果更具Bic的取值进行排序，从输出的结果中，可以发现Bic最小的回归方程只用到了([crime_rate，air_qual，room_num，dist1，teachers，poor_prop])6个自变量，并且此时R^2等于0.7165，并且此时的条件数较小（小于10），接下来使用这6个自变量进行多元回归分析。

（5）建立优化后的多元回归模型

下面使用挑选出的6个比较重要的特征，进行多元回归模型的建立，获得优化后的多元回归模型，程序如下所示：

In[18]:## 会使用到的特征

```
usename = ["crime_rate", "air_qual", "room_num",
           "dist1", "teachers", "poor_prop","const"]
house2_train_x = house2_train[usename]
house2_train_y = house2_train["price"]
house2_test_x = house2_test[usename]
house2_test_y = house2_test["price"]
## 建立新的多元回归模型
mlm2 = sm.OLS(endog = house2_train_y, exog = house2_train_x).fit()
print(mlm2.summary())
```

Out[18]:

```
                          OLS Regression Results
==============================================================================
Dep. Variable:                  price   R-squared:                       0.717
Model:                            OLS   Adj. R-squared:                  0.712
Method:                 Least Squares   F-statistic:                     157.2
Date:                Mon, 04 Jul 2022   Prob (F-statistic):           6.80e-99
Time:                        00:16:43   Log-Likelihood:                -1139.8
No. Observations:                 380   AIC:                             2294.
Df Residuals:                     373   BIC:                             2321.
Df Model:                           6
Covariance Type:            nonrobust
==============================================================================
                 coef    std err          t      P>|t|      [0.025      0.975]
------------------------------------------------------------------------------
crime_rate    -0.8291      0.298     -2.780      0.006      -1.415      -0.243
air_qual      -1.6192      0.438     -3.701      0.000      -2.480      -0.759
room_num       2.7172      0.323      8.400      0.000       2.081       3.353
dist1         -2.7032      0.415     -6.516      0.000      -3.519      -1.887
teachers       2.2562      0.290      7.793      0.000       1.687       2.826
poor_prop     -4.4042      0.384    -11.459      0.000      -5.160      -3.648
const         22.5907      0.252     89.802      0.000      22.096      23.085
==============================================================================
Omnibus:                      150.197   Durbin-Watson:                   2.122
Prob(Omnibus):                  0.000   Jarque-Bera (JB):              691.538
Skew:                           1.662   Prob(JB):                     6.83e-151
Kurtosis:                       8.712   Cond. No.                         3.80
==============================================================================
```

从输出的结果中可以知道：回归模型的 R^2 大约为 0.717，说明模型的回归效果很好。而且每个自变量 P 值小于 0.05，说明自变量都是显著的。下面计算了优化后的模型在训练集和测试集上的均方根误差，从输出的结果上可知误差均较小。

In[19]:## 计算优化后的回归模型在训练集和测试集上的预测误差

```
mlm2_lab = mlm2.predict(house2_train_x)
mlm2_pre = mlm2.predict(house2_test_x)
print ("训练数据集上的均方根误差:",mean_squared_error(house2_train_y,
mlm2_lab))
```

```
        print ("测试数据集上的均方根误差:",mean_squared_error(house2_test_y,
    mlm2_pre))
Out[19]:训练数据集上的均方根误差: 23.596438601229064
        测试数据集上的均方根误差: 25.978395256297915
```

针对在测试集上预测值和真实值的差异，可以通过可视化的方式进行表示，运行下面的程序可获得如图5-9所示的可视化图像。

```
In[20]:## 只可视化在测试集上的预测效果
        plt.figure(figsize=(10,6))
        mlm2_pre = mlm2.predict(house2_test_x)
        mae = round(mean_absolute_error(house2_test_y,mlm2_pre),4)
        index = np.argsort(house2_test_y.values)
        plt.plot(np.arange(len(house2_test_y)),house2_test_y.values[index],
                "r-o",markersize=4,linewidth = 1, label = " 原始数据 ")
        plt.plot(np.arange(len(house2_test_y)),mlm2_pre.values[index],"bs",
                markersize=6,label = " 预测值 ")
        plt.text(25,45,s = " 绝对值误差 :"+str(mae))
        plt.legend()
        plt.xlabel("Index")
        plt.ylabel("Price")
        plt.title(" 多元回归预测结果 ( 测试数据集 )")
        plt.tight_layout()
        plt.show()
```

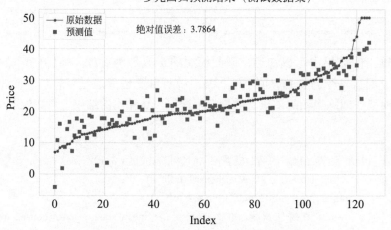

图5-9　测试集上的预测值和真实值的差异

从模型对因变量的预测效果可以知道，多元回归模型对数据集的预测效果很好，而且预测出了数据中房价的变化趋势。

5.3 正则化 Lasso 回归

正则化回归分析则是在多元线性回归的基础上，对其目标函数添加惩罚范数。常用的方法有 Ridge 回归、Lasso 回归和弹性网络回归。其中，Ridge 回归是添加了一个 l_2 范数作为惩罚范数，Lasso 回归是添加了一个 l_1 范数作为惩罚范数，弹性网络回归是同时添加 l_2 范数和 l_1 范数作为惩罚范数。它们的使用方式和思想是相似的，因此本章节以介绍 Lasso 回归的应用为例。

5.3.1 模型简介

线性回归的 l_1 正则化通常称为 Lasso 回归，它和一般线性回归的区别是在损失函数上增加了一个 l_1 正则化的项。已知多元线性回归模型

$$y = X\boldsymbol{\beta} + \varepsilon$$

其中，$y \in R^n$ 为因变量；$X \in R^{n \times p}$ 是由 n 个样本 p 个自变量组成的设计矩阵；ε 为数据中的随机扰动；$\boldsymbol{\beta} \in R^p$ 为回归系数向量，在求解回归系数向量时，需要求解下面的公式：

$$\hat{\beta} = \arg\min_{\beta \in R^p} \frac{1}{2} \|y - X\boldsymbol{\beta}\|_2^2$$

可以使用最小二乘法求解上面的公式，得到 $\hat{\beta} = (X'X)^{-1} X'y$。

但是，使用最小二乘法得到的线性回归有时并不是有效的，尤其是出现以下情况时：

① 当样本数量小于变量数量时，$X'X$ 是非奇异的，不存在逆矩阵，所以无法求解 $\hat{\beta}$；

② 当自变量之间存在多重共线性时，求解出的 $\hat{\beta}$ 是不稳定的，线性回归模型可能在训练集上效果很好，但是在测试集上拟合效果很差，造成过拟合。

为了解决上述问题，可以在求解参数 $\hat{\beta}$ 时添加额外的惩罚。为回归模型中惩罚正则化项为 l_1 范数时，即得到了 Lasso 回归模型，Lasso 需要求解如下公式得到系数向量：

$$\hat{\beta}_{\text{lasso}} = \arg\min_{\beta \in R^p} \frac{1}{2} \|y - X\boldsymbol{\beta}\|_2^2 + \lambda \|\boldsymbol{\beta}\|_1$$

其中，λ 为调整惩罚强度的参数。

Lasso回归相对于多元回归中有以下2种优点：

① 可以进行变量筛选，主要是把不必要进入模型的变量剔除。虽然回归模型中自变量越多，得到的回归效果越好，决定系数 R^2 越接近1，但这时往往会有过拟合的风险。通常使用Lasso回归筛选出有效的变量，能够避免模型的过拟合问题。在针对具有很多自变量的回归预测问题时，可以使用Lasso回归，挑选出有用的自变量，增强模型的鲁棒性。

② Lasso回归可以通过改变惩罚范数的系数大小，来调整惩罚的作用强度，从而调整模型的复杂度，合理的使用惩罚系数的大小，能够得到更合适的模型。

5.3.2　实战案例：Lasso回归预测房屋价格

上一个案例中是通过逐步回归的方式对数据集的主要特征进行筛选（实际是搜索了所有的模型组合），而正则化Lasso回归则是可以通过添加正则化惩罚项，在进行回归模型时，可以将数据集中某些特征的回归系数收缩到0，从而达到特征选择的目的。本小节将会继续使用房屋价格预测数据为例，建立Lasso回归预测模型。

（1）数据准备

首先是数据准备工作，由于Lasso回归具有特征选择的功能，因此这里使用数据中全部的数值特征进行建模，先将数据集切分为训练集和测试集，然后进行标准化预处理，处理后，训练数据有379个样本，测试数据有127个样本。

```
In[21]:## 数据准备，随机切分为训练集和测试集
       house3 = house.drop(labels=["price"],axis = 1)
       X_train, X_test, y_train, y_test = train_test_split(house3.values,
           house["price"].values,test_size=0.25, random_state=42)
       ## 对数据的特征进行标准化预处理
       stdscale = StandardScaler().fit(X_train)
       X_train_s =  stdscale.transform(X_train)
       X_test_s =  stdscale.transform(X_test)
       print("训练数据:",X_train_s.shape)
       print("测试数据:",X_test_s.shape)
Out[21]: 训练数据: (379, 15)
        测试数据: (127, 15)
```

（2）建立Lasso回归模型

使用Lasso回归时，为了分析随着惩罚系数的变化，Lasso模型对数据的拟合情况，可以定义一个利用训练集和测试集，进行Lasso回归的函数lasso_regression()，

该函数会利用输入的训练集进行回归模型的训练，然后对测试集进行预测，在输出中会包含回归模型的 R^2 得分、测试集上的绝对值误差以及对应变量的回归系数。该函数可以使用下面的程序进行定义。

```
In[22]:## 定义 Lasso 回归模型函数
        def lasso_regression(X_train, y_train, X_test, y_test, alpha):
            ## X_train, X_test, y_train, y_test:输入的训练数据和测试数据
            # Lasso 回归模型
            model = Lasso(alpha=alpha, max_iter=1e5)
            model.fit(X_train,y_train)      # 拟合模型
            y_pred = model.predict(X_test) # 预测
            ## 输出模型的测试结果
            ret = [alpha]                   # 惩罚参数 alpha
            ret.append(r2_score(y_test,y_pred)) # R^2
            ret.append(mean_absolute_error(y_test,y_pred)) # 绝对值误差
            ret.append(model.intercept_) # Lasso 回归模型的截距
            ret.extend(model.coef_)     # Lasso 回归模型的系数
            return ret
```

定义好 lasso_regression() 函数后，下面利用不同的参数 alpha 进行回归分析，并且输出对应的结果，将结果保存为数据表后，并输出效果较好的一些参数下的 Lasso 回归模型的结果，运行程序后输出的结果如下所示：

```
In[23]:# 定义 alpha 的取值范围
        alpha_lasso = [0.00001,0.00005,0.0001,0.0005,0.001,0.005,0.01,
                       0.05,0.01,0.5,0.4,0.3,0.2,0.1,1,3,5,10,20]
        ## 初始化数据表用来保存系数和得分
        col=[["alpha","r2_score","mae","intercept"],list(house3.columns.values)]
        col = [val for sublist in col for val in sublist]  # 数据表列名
        ind = ["alpha_%.g"%alp for alp in alpha_lasso]     # 数据表索引
        coef_matrix_lasso = pd.DataFrame(index=ind, columns=col)
        #根据 alpha 的值进行 Lasso 回归
        for ii,alpha in enumerate(alpha_lasso):
            coef_matrix_lasso.iloc[ii,]=lasso_regression(X_train_s, y_train,
                                                X_test_s, y_test,alpha)
        ## 将回归结果根据绝对值误差的大小进行排序
        lasso_result = coef_matrix_lasso.iloc[:,0:3]
        ## 计算不同 alpha 取值下有多少个自变量的系数为 0
```

```
        lasso_result["var_zreo_num"]=(coef_matrix_lasso.iloc[:,3:]==0).astype(int).
sum(axis = 1)
        print(lasso_result.sort_values("r2_score",ascending=False).head(8))
```

Out[23]:	alpha	r2_score	mae	var_zreo_num
alpha_0.2	0.2	0.660588	3.285748	6
alpha_0.3	0.3	0.657568	3.292385	6
alpha_0.4	0.4	0.647217	3.377339	7
alpha_0.1	0.1	0.646829	3.354652	5
alpha_0.5	0.5	0.639694	3.449315	8
alpha_0.05	0.05	0.632948	3.42028	3
alpha_0.01	0.01	0.624468	3.448812	2
alpha_0.01	0.01	0.624468	3.448812	2

从输出的结果中可以发现：当alpha=0.2时，回归模型的预测效果最好，并且有6个自变量的回归系数等于0，而且获得的回归模型为（对应的系数输出可通过提供的源程序查看）：

$$price=22.91-0.72\times crime\_rate-0.97\times air\_qual+3.25\times room\_num-0.73\times dist3$$
$$-0.82155\times dist4+1.81\times teachers-3.99\times poor\_prop+0.41$$
$$\times n\_hos\_beds+0.12\times n\_hot\_rooms$$

下面可视化出每个自变量系数随着alpha变化而变化的轨迹线，以及随着alpha变化在测试集上绝对值误差的变化情况。运行程序后，可获得如图5-10所示的图像。

```
In[24]:## 可视化不同alpha取值下每个自变量的轨迹线
        feature_number = len(house3.columns)  ## 特征的数量
        x = range(len(alpha_lasso))
        plt.figure(figsize=(14,6))
        plt.subplot(1,2,1)
        for ii in np.arange(feature_number):
            plt.plot(x,coef_matrix_lasso[house3.columns.values[ii]],
                    color = plt.cm.Set1(ii / feature_number),
                    label = house3.columns.values[ii],lw = 2)
        ## 设置X坐标轴的标签
        plt.xticks(x,alpha_lasso,rotation=45)
        plt.xlabel("Alpha")
        plt.ylabel("标准化系数")
        plt.title("Lasso回归轨迹线")
        plt.legend(loc = (0.95,0),fontsize = 15)
```

```
## 在测试集上绝对值误差的变化情况
plt.subplot(1,2,2)
plt.plot(x,coef_matrix_lasso["mae"],"r-o",linewidth = 2)
## 设置X坐标轴的标签
plt.xticks(x,alpha_lasso,rotation=45)
plt.xlabel("Alpha")
plt.ylabel("绝对值误差")
plt.title("Lasso回归在测试集上的误差")
plt.tight_layout()
plt.show()
```

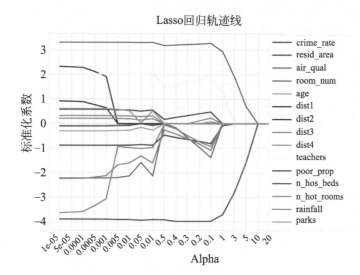

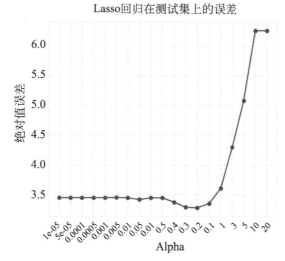

图5-10 Lasso回归结果可视化

图5-10中左边的图像是Lasso回归的轨迹线，右边的图像为随着alpha的变化，Lasso回归在测试集上的预测误差情况。可以发现随着alpha的增大，逐渐有自变量的系数变化到0，说明这些自变量对模型逐渐变得不重要。因此Lasso回归还有对数据进行特征选择的作用。同时随着参数alpha值的增大，模型中更多的特征系数为0，模型的预测误差也在迅速地增大。

  下面针对不同的alpha，可视化拟合得到的Lasso回归模型，对测试数据集的预测效果，运行下面的程序可获得如图5-11所示的Lasso回归模型的测试集拟合情况。

```
In[25]:## 可视化不同参数对测试数据集的拟合效果，定义alpha的取值范围
        alpha_lasso = [0.0005,0.005,0.05,0.5,0.4,0.3,0.2,0.1,1,3,5,10]
        index = np.argsort(y_test)
        xx = np.arange(len(y_test))
        plt.figure(figsize=(14,10))
        for ii,alp in enumerate(alpha_lasso):
        model = Lasso(alpha=alp)
        model.fit(X_train_s,y_train)      # 拟合模型
```

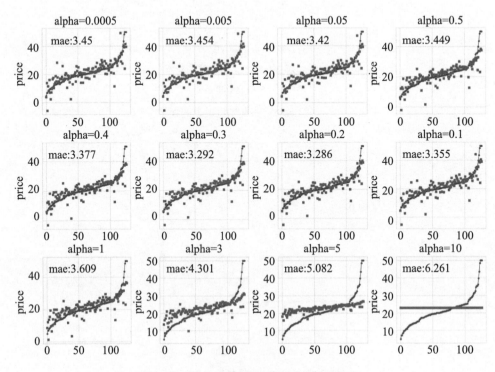

图5-11　Lasso回归模型的测试集拟合情况

```
y_pred = model.predict(X_test_s)  # 预测
mae = round(mean_absolute_error(y_test,y_pred),3)
## 可视化
plt.subplot(3,4,ii+1)
plt.plot(xx,y_test[index],"r-o",markersize=3,linewidth=1,
        label = "原始数据")
plt.plot(xx,y_pred[index],"bs",markersize=4,alpha = 1,
        label = "预测值")
plt.text(10,42,s = "mae:"+str(mae))
plt.ylabel("price")
plt.title("alpha="+str(alp))
plt.tight_layout()
plt.show()
```

5.4 时间序列ARIMA模型

时间序列的变化可能受一个或多个因素的影响，导致它在不同时间取值有差异，这些影响因素分别是长期趋势、季节变动、循环波动（周期波动）和不规则波动（随机波动）。本小节将会介绍如何使用ARIMA模型，对时间序列数据进行回归分析。

5.4.1 模型简介

ARIMA模型又叫差分自回归移动平均模型（Auto-Regressive Integrated Moving Average，ARIMA），是差分运算与ARMA模型的组合，其中ARIMA模型是自回归模型（AR）和移动平均模型（MA）的组合。对于一个时间序列 $\{x_t\}_{t=1}^{T}$，单个模型和组合模型可以使用如下公式表示：

① p 阶自回归模型 $AR(p)$ 定义为：

$$x_t = a_0 + \sum_{i=1}^{p} a_i x_{t-i} + \varepsilon_t$$

② q 阶移动平均模型 $MA(q)$ 定义为：

$$x_t = \sum_{i=0}^{p} \beta_i \varepsilon_{t-i}$$

③ p, q 阶自回归移动平均模型 $ARMA(p, q)$ 定义为：

$$x_t = a_0 + \sum_{i=1}^{p} a_i x_{t-i} + \sum_{i=0}^{q} \beta_i \varepsilon_{t-i}$$

④ ARIMA(p, d, q)模型可以表示为：

$$(1-L)^d x_t = \frac{1 - \sum_{i=1}^{q} \beta_i L^i}{1 - \sum_{i=1}^{p} a_i L^i} \varepsilon_t$$

其中，L是延迟算子，延迟算子使用d阶差分表示时可记为$\nabla^d x_t = (1-L)^d x_t$；$d$是大于等于0的整数。若$d=0$时，ARIMA($p, d, q$)模型实际上就是ARMA($p, q$)模型。上述公式中的系数$\beta_0$通常会标准化为1。

时间序列的模型的建立与预测，主要可以通过statsmodels库来完成。针对时间序列数据，常用的分析流程如下：

① 根据时间序列的波动折线图、白噪声检验等，识别序列是否为非随机序列，只有非随机的序列才有建模和预测的价值。

② 如果是非随机时间序列，通过波动折线图、自相关函数和偏自相关函数图、平稳性检验等，观察序列的平稳性，一般平稳的时间序列可以使用ARMA(p, q)模型进行拟合，非平稳的时间序列可以建立ARIMA(p, d, q)等模型。

③ 针对数据选定模型后，估计模型中的未知参数，并对模型和参数的显著性进行检验。若未通过检验，则转到② 重新拟合新的模型。

④ 根据所识别出来的特征建立相应的时间序列模型。

⑤ 利用拟合好的时间序列模型，对未来的数据进行预测。

5.4.2　实战案例：ARIMA模型预测未来啤酒消耗量

下面将会使用一个啤酒消耗量随时间的波动数据为例，建立时间序列模型，对序列进行拟合与预测。首先读取数据并可视化出数据的波动情况。运行下面的程序可获得如图5-12所示的销量数据的波动情况。

```
In[26]:## 数据准备，读取数据
        Beer = pd.read_csv("data/chap05/BeerWineLiquor.csv")
        Beer.columns = ["date","Value"]
        Beer["date"] = pd.to_datetime(Beer["date"])
        # 可视化啤酒消耗数据的波动情况
        Beer.plot(x = "date",y = "Value",kind = "line",
        figsize = (14,5),legend = False)
        plt.title("啤酒消耗数据波动情况")
        plt.ylabel("数量")
        plt.show()
```

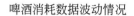

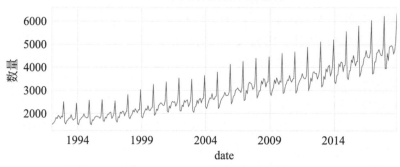

图5-12 啤酒消耗量的波动情况

从图5-12中数据的波动趋势可以发现：该数据有周期性变化趋势、线性增长趋势，很明显属于非平稳的时间序列。为了更好地验证对该数据建立模型的效果，将数据集切分为训练集和测试集，使用最后的20个样本测试建立模型的精度。使用下面的程序对数据切分，并可视化出训练数据和测试数据，运行程序后可获得图像5-13。

```
In[27]:## 对数据进行切分, 后面的20个数据用于测试集
        train = pd.DataFrame(Beer[0:-20])
        test = pd.DataFrame(Beer[-20:])
        ## 可视化切分后的数据, 主要可视化数据的后面部分
        fig = plt.figure(figsize=(14,5))
        plt.plot(train.date,train.Value,"r-",label = "train",lw = 2)
        plt.plot(test.date,test.Value,"b-o",label="test",lw=2,markersize=4)
        plt.title("啤酒消耗数据波动")
        plt.ylabel(" 数量 ")
        plt.legend(loc = 2)
        plt.show()
```

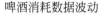

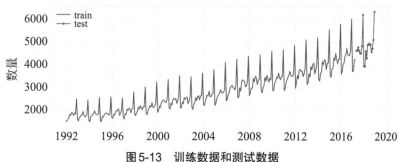

图5-13 训练数据和测试数据

（1）白噪声检验

如果一个序列是白噪声（即独立同分布的随机数据），那么就无须再对其建立时间序列模型进行预测，因为预测随机数是无意义的。因此在建立时间序列分析之前，需要先对其进行白噪声检验。前面通过观测可知待分析的序列不是白噪声，下面使用Ljung-Box检验，定量的分析序列是否为白噪声。Ljung-Box检验的原假设和备择假设分别为：

H0：延迟期数小于或等于m期的序列之间相互独立（序列是白噪声）；

H1：延迟期数小于或等于m期的序列之间有相关性（序列不是白噪声）。

白噪声Ljung-Box检验可以通过acorr_ljungbox()函数来完成，下面的程序则是检验了延迟2、5、10、20、50期的序列之间是否独立，从输出的结果中可知对应的P值均小于0.05，可以拒绝原假设，说明序列不是白噪声。

```
In[28]:lags = [2,5,10,20,50]
        LB = sm.stats.diagnostic.acorr_ljungbox(train["Value"],lags = lags,
        return_df = True)
        print("序列的检验结果 :\n",LB)
Out[28]:序列的检验结果：
```

	lb_stat	lb_pvalue
2	376.207554	2.030334e-82
5	944.408308	6.505473e-202
10	1796.556109	0.000000e+00
20	3389.442389	0.000000e+00
50	6373.723732	0.000000e+00

（2）平稳性检验

对于非白噪声的数据会首先观察序列是否平稳，如果一个时间序列是平稳的，那么发生在时间t的任何冲击，随着时间的推移会有一个递减效应，最后会消失在时间$t+s, s \to \infty$，这种特性称为均值回归，而非平稳的时间序列则不具有这种特性。如果一个序列是不平稳的，常常需要使用差分对序列进行平稳化。

对相距一期的两个序列之间的减法运算称为一阶差分，记为：$\nabla x_t = x_t - x_{t-1}$；对一阶差分后序列再进行一阶差分运算称为二阶差分，记为：$\nabla^2 x_t = \nabla x_t - \nabla x_{t-1}$；以此类推，对$p-1$阶差分后序列再进行一次差分运算称为$p$阶差分，记为：$\nabla^p x_t = \nabla^{p-1} x_t - \nabla^{p-1} x_{t-1}$。如果不平稳的时间序列，在经过$d$次差分后可以转化为平稳的序列，则称该序列为$d$阶单整。

时间序列是否平稳，对选择预测的数学模型非常关键。如果一组时间序列数据是平稳的，可以直接使用自回归移动平均模型（ARMA）进行预测，如果数据是不平稳的，就需要尝试建立差分移动自回归平均模型（ARIMA）等进行预测。

判断序列是否平稳有两种检验方法：一种是根据时序图和自相关图显示的特征做出判断；另一种是构造检验统计量进行假设检验，比如使用单位根检验。第一种的判断方法比较主观，而第二种方法则是客观的判断方法。常用的单位根检验方法是ADF检验，它能够检验时间序列中单位根的存在性，其检验的原假设和备择假设分别为：

H0：序列是非平稳的（序列有单位根）；H1：序列是平稳的（序列没有单位根）。

单位根检验可以使用adfuller()进行，下面的程序则是对原始序列和一阶差分后的序列进行单位根检验。从得出的结果可知：①原始序列单位根检验P值远大于0.05，说明不能拒绝原假设，即原始序列不平稳；②原始序列一阶差分后单位根检验P值远小于0.05，说明可以拒绝原假设，即原始序列一阶差分后是平稳序列。根据单位根检验可以判定 ARIMA(p, d, q)中的参数$d=1$。

```
In[29]:## 数据平稳性检验,序列的单位根检验
        dftest = adfuller(train["Value"],autolag='BIC')
        dfoutput = pd.Series(dftest[0:2], index=['adf','p-value',])
        print("单位根检验结果 :\n",dfoutput)
        ## 对原始序列一阶差分后的序列进行单位根检验
        dftest = adfuller(train["Value"].diff().dropna(),autolag='BIC')
        dfoutput = pd.Series(dftest[0:2], index=['adf','p-value',])
        print("一阶差分单位根检验结果 :\n",dfoutput)
Out[29]: 单位根检验结果 :
        adf          2.201622
        p-value      0.998884
        dtype: float64
        一阶差分单位根检验结果 :
        adf          -3.876425
        p-value      0.002215
        dtype: float64
```

对于序列是否平稳的检验，还可以使用KPSS检验，原假设和备择假设分别为：

H0：序列是平稳的（序列没有单位根）；H1：序列是非平稳的（序列有单位根）。

KPSS检验可以使用kpss()函数来完成，从下面程序的输出结果中可知：①原始序列KPSS检验P值远小于0.05，说明可以拒绝原假设，即原始序列不平稳；②原始序列一阶差分后KPSS检验P值大0.05，说明不可以拒绝原假设，即原始序列一阶差分后是平稳序列。

```
In[30]:## 对原始序列进行 KPSS 检验
        dfkpss = kpss(train["Value"])
        dfoutput = pd.Series(dfkpss[0:2], index=["kpss_stat"," p-value"])
        print("KPSS 检验结果 :\n",dfoutput)
        ## 对原始序列一阶差分后的序列进行 KPSS 检验
        dfkpss = kpss(train["Value"].diff().dropna())
        dfoutput = pd.Series(dfkpss[0:2], index=["kpss_stat"," p-value"])
        print(" 一阶差分 KPSS 检验结果 :\n",dfoutput)
Out[30]:KPSS 检验结果 :
        kpss_stat    2.813435
        p-value      0.010000
        dtype: float64
        一阶差分 KPSS 检验结果 :
        kpss_stat    0.087525
        p-value      0.100000
        dtype: float64
```

（3）自相关系数和偏自相关系数

确定序列为平稳的非白噪声序列后，接下来通过序列的自相关系数（ACF）和偏自相关系数（PACF）取值的大小来分析序列的截尾情况，从而可以判断 ARMA(p, q) 模型中 p 和 q 的取值。

对于一个时间序列 $\{x_t\}_{t=1}^T$，如果样本的自相关系数 ACF 不等于 0 直到滞后期 $s=q$，而滞后期 $s>q$ 时 ACF 几乎为 0，那么可以认为真实的数据生成过程是 MA(q)。如果样本的偏自相关系数 PACF 不等于 0 直到滞后期 $s=p$，而滞后期 $s>p$ 时 PACF 几乎为 0，那么可以认为真实的数据生成过程是 AR(p)。更一般的情况是，根据样本的 ACF 和 PACF 的表现，可拟合出一个较合适的 ARMA(p, q) 模型。由相关系数的截尾情况判断模型的 p 和 q 的取值可以按照表 5-1 进行。

表5-1　ARMA(p, q) 中 p 和 q 的确定方法

模型	自相关系数	偏自相关系数
AR(p)	拖尾	p 阶截尾
MA(q)	q 阶截尾	拖尾
ARMA(p, q)	前 q 个无规律，其后拖尾	前 p 个无规律，其后拖尾

下面的程序则是对一阶差分后的序列，可视化出自相关系数和偏自相关系数的变化情况，从而方便我们判断出模型的参数 p 和 q。运行程序后可获得可视化图像，如图 5-14 所示。

In[31]:## 对一阶差分序列进行自相关和偏相关分析可视化

```
difftrain = train["Value"].diff().dropna()
fig = plt.figure(figsize=(16,5))
plt.subplot(1,3,1)
plt.plot(difftrain,"r-")
plt.title("啤酒消耗波动")
ax = fig.add_subplot(1,3,2)
plot_acf(difftrain, lags=30,ax = ax)
ax = fig.add_subplot(1,3,3)
plot_pacf(difftrain, lags=30,ax = ax)
plt.tight_layout()
plt.show()
```

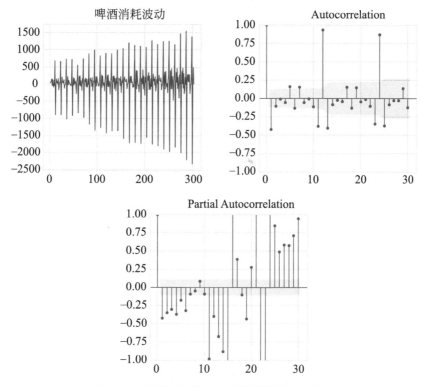

图5-14 相关系数和偏自相关系数的变化情况

从图5-14中可以发现：①图中的PACF，在k=1、2、3、4、5、6等位置超出直线区间(阴影部分)，可考虑用AR（6）建模。②图中的ACF虽然在k=1、11、12、13等位置超出界限，可考虑用MA（1）建模。而且PACF和ACF中会有周期性的变化，但是由于ARIMA不能对周期性建模，所以先不考虑数据中的周期性波动。

注意：通过前面的分析我们不难发现该序列的周期性很明显，这里之所以还继续使用ARIMA进行建模和预测，主要是为了更方便地将ARIMA模型的预测结果和下一小节将会介绍的SARIMA模型（季节性差分自回归移动平均模型）的预测结果进行对比分析，从而更容易理解两种模型的异同。

（4）建立ARIMA模型

经过前面一系列的分析，可以知道针对该序列建立ARIMA(6,1,1)模型较为合适，下面使用ARIMA()函数，使用训练数据训练ARIMA(6,1,1)模型，并输出模型的结果，程序如下所示：

```
In[32]:## 模型构建
        arima_model = ARIMA(train["Value"].values,order = (6,1,1)).fit()
        ## 输出拟合模型的结果
        print(arima_model.summary())
Out[32]:
```

```
                               SARIMAX Results
==============================================================================
Dep. Variable:                       y   No. Observations:                  304
Model:                  ARIMA(6, 1, 1)   Log Likelihood               -2244.423
Date:                Mon, 04 Jul 2022   AIC                           4504.847
Time:                        00:16:49   BIC                           4534.557
Sample:                              0   HQIC                          4516.733
                                 - 304
Covariance Type:                   opg
==============================================================================
                 coef    std err          z      P>|z|      [0.025      0.975]
------------------------------------------------------------------------------
ar.L1         -0.1756      0.169     -1.039      0.299      -0.507       0.156
ar.L2         -0.3178      0.184     -1.729      0.084      -0.678       0.042
ar.L3         -0.2601      0.179     -1.454      0.146      -0.611       0.091
ar.L4         -0.2297      0.185     -1.239      0.215      -0.593       0.134
ar.L5         -0.0130      0.150     -0.087      0.931      -0.308       0.282
ar.L6         -0.1201      0.126     -0.957      0.339      -0.366       0.126
ma.L1         -0.7800      0.135     -5.790      0.000      -1.044      -0.516
sigma2      1.572e+05   1.29e+04     12.207      0.000    1.32e+05    1.82e+05
===================================================================================
Ljung-Box (L1) (Q):                   0.58   Jarque-Bera (JB):               462.41
Prob(Q):                              0.45   Prob(JB):                         0.00
Heteroskedasticity (H):               3.54   Skew:                             1.92
Prob(H) (two-sided):                  0.00   Kurtosis:                         7.68
===================================================================================
```

从输出和结果可知：模型的AIC=4339.498，BIC= 4368.939，但是并不是每个系数都是显著的，尤其是AR中的系数。

下面使用可视化的方式，查看ARIMA(6,1,1)模型拟合残差的分布情况，如果其分布属于正态分布，则可以认为拟合残差已经是随机噪声，则反映了建立的模型已经对序列数据中的信息进行了充分的建模，反之则是数据信息建模不充分。运行下面的可视化程序后，可获得如图5-15的可视化结果。

```
In[33]:## 查看ARIMA模型的拟合残差分布情况
        fig = plt.figure(figsize=(12,7))
```

```
ax = fig.add_subplot(2,1,1)
plt.plot(arima_model.resid,"-o",markersize = 3)
plt.title("ARIMA(6,1,1)模型残差曲线")
## 检查残差是否符合正态分布
ax = fig.add_subplot(2,2,3)
sm.qqplot(arima_model.resid, line="q", ax=ax)
plt.title("残差Q-Q图")
ax = fig.add_subplot(2,2,4)
plt.hist(arima_model.resid,bins=80)
plt.title("残差分布直方图")
plt.tight_layout()
plt.show()
```

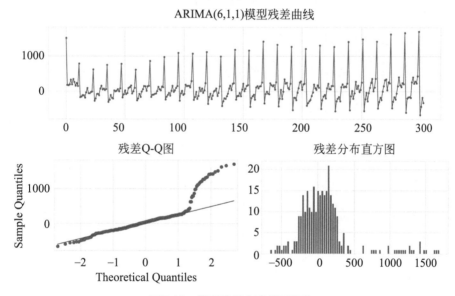

图5-15 模型的拟合残差可视化

从图5-15中可以发现，数据中还有很多信息并没有被建模出来，尤其是数据的周期性信息，该模型几乎没有学习到数据中的周期性。

使用下面的程序可以可视化出模型对未来的预测结果与测试数据集的真实值的差异情况，运行程序后可获得图像，如图5-16所示。

```
In[34]:## 可视化模型对测试集的预测结果
       y_hat = test.copy(deep = False)
       ## 预测未来20个数据，并输出95%置信区间
```

```
y_hat["arima_pre"] = arima_model.forecast(len(y_hat))
conf = arima_model.get_forecast(len(y_hat)).conf_int(alpha = 0.05)
y_hat["arima_pre_lower"] = conf[:,0]
y_hat["arima_pre_upper"] = conf[:,1]
## 可视化出预测结果
plt.figure(figsize=(14,5))
plt.plot(train.date[200:],train.Value[200:],"r-",label = "train",lw = 2)
plt.plot(test.date,test.Value,"b-o",label="test",lw=2,markersize = 4)
plt.plot(y_hat.date,y_hat.arima_pre,"g--s",label = "ARIMA(6,1,1)",
        lw = 2,markersize = 4)
## 可视化出置信区间
plt.fill_between(y_hat.date, y_hat["arima_pre_lower"],
                y_hat["arima_pre_upper"],color='k',alpha=.15,
                label = "95% 置信区间")
plt.legend()
plt.title("ARIMA(6,1,1) 模型 ")
plt.show()
# 计算预测结果和真实值的误差
print("ARIMA 模型预测的绝对值误差:",
        mean_absolute_error(test["Value"],y_hat["arima_pre"]))
```
Out[34]:ARIMA 模型预测的绝对值误差: 483.74125870074124

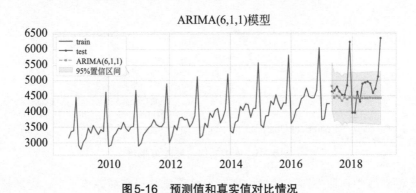

图5-16 预测值和真实值对比情况

从图5-16可以发现：ARIMA(6,1,1)在预测值的开始阶段很好地预测了数据的向下变化的波动趋势，但是并不能拟合数据中的周期性变化，所以导致最终的预测效果较差，获得的绝对值误差较大。

（5）自动确定模型中的参数

前面是通过观察PACF和ACF图等信息确定的相关参数，这种方式很多时候并不是很精确，因此还可以通过参数搜索结果的BIC等指标的取值，自动地判断ARMA模型中的参数 p 和 q。可以使用 arma_order_select_ic() 函数来完成此任务。

在下面的程序中则是对差分后的序列，进行参数的网格搜索，而且搜索范围为$p \leqslant 15$，$q \leqslant 15$。运行程序后可以发现，找到的最优参数为$p=11$，$q=11$，说明建立ARIMA(11,1,9)模型最好。然而，虽然此时对应的bic取值较小，但是p和q的取值越大也说明了建立的模型会更复杂。

```
In[35]:## 为差分后的序列自动寻找参数p和q,发现更优的模型,但是该过程较慢
        difftrain = train["Value"].diff().dropna()
        arma_bic = arma_order_select_ic(difftrain,max_ar=15,
                                        max_ma=15, ic='bic')
        ## 可以发现ARIMA(11,1,9)模型最好
        p,q = arma_bic["bic"].stack().idxmin()
        print(" 比较合适的p:",p)
        print(" 比较合适的q:",q)
Out[35]: 比较合适的p: 11
         比较合适的q: 9
```

下面对序列建立ARIMA(11,1,9)模型，使用训练数据集拟合模型，使用测试集测试模型的预测效果，并可视化出模型的拟合效果图，运行下面的程序后可获得可视化图像，如图5-17所示。

```
In[36]:## 建立ARIMA(11,1,9)模型
        arima_model = ARIMA(train["Value"].values,order = (11,1,9)).fit()
        y_hat = test.copy(deep = False)
        ## 预测未来20个数据
        y_hat["arima_pre"] = arima_model.forecast(len(y_hat))
        # 计算预测结果和真实值的误差
        print("ARIMA 模型预测的绝对值误差:",
            mean_absolute_error(test["Value"],y_hat["arima_pre"]))
        ## 可视化新模型的预测效果
        conf = arima_model.get_forecast(len(y_hat)).conf_int(alpha = 0.05)
        y_hat["arima_pre_lower"] = conf[:,0]
        y_hat["arima_pre_upper"] = conf[:,1]
        ## 可视化出预测结果
        plt.figure(figsize=(14,5))
        plt.plot(train.date[200:],train.Value[200:],"r-",label = "train",lw = 2)
        plt.plot(test.date,test.Value,"b-o",label = "test",lw=2,markersize = 4)
        plt.plot(y_hat.date,y_hat.arima_pre,"g--s",label = "ARIMA(11,1,9)",
```

```
                    lw = 2,markersize = 4)
## 可视化出置信区间
plt.fill_between(y_hat.date, y_hat["arima_pre_lower"],
                    y_hat["arima_pre_upper"],color='k',alpha=.15,
                    label = "95% 置信区间 ")
plt.legend()
plt.title("ARIMA(11,1,9) 模型 ")
plt.show()
```
Out[36]:ARIMA 模型预测的绝对值误差 : 252.0833847327664

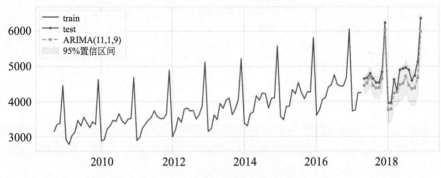

ARIMA(11,1,9)模型

图 5-17   较优模型的预测情况

从图 5-17 可以发现：此时的预测误差减小到了 252，而且从数据的预测效果可以发现，较大的 p 和 q 也在一定程度上学习到了数据中的周期性。

针对 ARIMA(11,1,9) 模型残差情况，仍然用可视化的方式进行分析，运行下面的程序可获得如图 5-18 所示的可视化结果。

```
In[37]:## 查看 ARIMA 模型的拟合残差分布情况
fig = plt.figure(figsize=(12,7))
ax = fig.add_subplot(2,1,1)
plt.plot(arima_model.resid,"-o",markersize = 3)
plt.title("ARIMA(11,1,9) 模型残差曲线 ")
## 检查残差是否符合正态分布
ax = fig.add_subplot(2,2,3)
sm.qqplot(arima_model.resid, line="q", ax=ax)
plt.title("残差 Q-Q 图 ")
ax = fig.add_subplot(2,2,4)
plt.hist(arima_model.resid,bins=80)
```

```
plt.title("残差分布直方图")
plt.tight_layout()
plt.show()
```

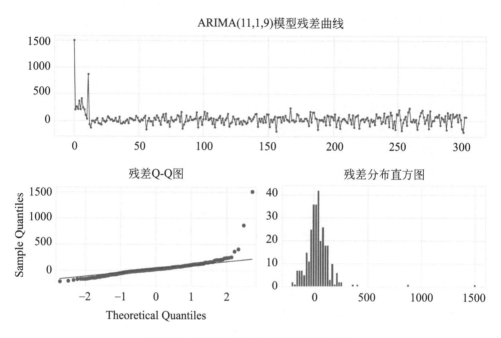

图5-18　ARIMA(11,1,9)模型的拟合残差

从图5-18可以发现：残差数据的分布已经接近正态分布了（还有一些取值比较极端的样本），而且ARIMA(11,1,9)模型和ARIMA(6,1,1)模型相比，已经更能充分地对数据的变化趋势进行建模，但是对数据的拟合分布还不够准确。

5.5　时间序列SARIMA模型

如果差分后平稳的序列同时具有时间周期性的趋势，则可使用季节性差分自回归移动平均模型(Seasonal Auto-Regressive Integrated Moving Average，SARIMA)来拟合数据。

5.5.1　模型简介

SARIMA模型(季节ARIMA模型)，它本质是把一个时间序列模型通过ARIMA(p, d, q)中的3个参数来决定，其中p代表自相关（AR）的阶数，d代表差分的阶数，q代表滑动平均（MA）的阶数，然后加上季节性的调整。根据季节效应的相关特性，SARIMA模型可以分为简单SARIMA模型和乘积SARIMA模型。

简单SARIMA模型指的是序列中的季节效应和其它效应之间是加法关系，即：

$$x_t=T_t+S_t+\varepsilon_t$$

通常情况下，简单步长的差分即可将序列中的季节信息充分提取，简单的低阶差分可将趋势信息提取充分，提取完季节信息和趋势信息后的残差序列就是一个平稳序列，可以使用ARMA模型拟合。

简单步长的差分通常称为k步差分，可表示为：$\nabla_k x_t=x_t-x_{t-k}$，延迟算子使用k步差分表示时可记为：$\nabla_k x_t=(1-L^k)x_t$。所以简单SARIMA模型实际上就是通过季节差分（k步差分）、趋势差分（p阶差分）将序列转化为平稳序列再对其进行拟合。它的模型结构可表示为：

$$\nabla_k (1-L)^d x_t = \frac{1-\sum_{i=1}^{q} \beta_i L^i}{1-\sum_{i=1}^{p} a_i L^i} \varepsilon_t$$

其中，k为周期步长；d为提取趋势信息所用的差分阶数。

当序列具有季节效应，而且季节效应本身还具有相关性时，季节相关性可以使用周期步长为单位。当需要差分平稳时，可以使用ARIMA(P, D, Q)模型提取。由于短期相关性和季节效应之间具有乘积关系，所以拟合的模型为ARIMA(p, d, q)与ARIMA(P, D, Q)的乘积，用SARIMA(p, d, q)×(P, D, Q)$_{period}$表示，其模型结构为：

$$\nabla_k(1-L)^d x_t = \frac{1-\sum_{i=1}^{q} \beta_i L^i}{1-\sum_{i=1}^{p} a_i L^i} \times \frac{1-\sum_{i=1}^{Q} \theta_i L^{Di}}{1-\sum_{i=1}^{p} \varphi_i L^{Di}} \varepsilon_t$$

5.5.2　实战案例：SARIMA模型预测未来啤酒消耗量

前面介绍了针对啤酒数据的ARIM模型的应用，为了更好地学习到模型的周期性，下面将会介绍如何使用SARIMA模型对数据进行建模和预测。针对时间序列数据，pmdar提供了自动搜索合适的模型参数的方法，即auto_arima()函数，下面的程序是使用训练数据集，自动拟合合适的SARIMA模型，对数据进行建模。从输出的结果中可以知道，最好的模型为SARIMA(0,1,1)(4,1,0)[12]。

```
In[38]:## 针对模型自动寻找合适的参数
        model = pm.auto_arima(train["Value"].values,
                              start_p=1, start_q=1, # p,q的开始值
```

```
                      max_p=15, max_q=15, # 最大的 p 和 q
                      test="kpss",        # 使用 kpss 检验确定 d
                      information_criterion="bic", # 通过 bic 选择模型
                      d = None,            # 自动选择合适的 d
                      m=12,                # 序列的周期
                      seasonal=True,        # 有季节性趋势
                      start_P = 0,start_Q = 0, # P,Q 的开始值
                      max_P=15, max_Q=15,   # 最大的 P 和 Q
                      D = None,            # 自动选择合适的 D
                      trace=True,error_action="ignore",
                      suppress_warnings=True, stepwise=True,
                      random_state=123)
      print(model.summary())
```

Out[38]:

```
Best model:  ARIMA(0,1,1)(4,1,0)[12]
Total fit time: 67.497 seconds
                              SARIMAX Results
==============================================================================
Dep. Variable:                        y   No. Observations:             304
Model:           SARIMAX(0, 1, 1)x(4, 1, [], 12)   Log Likelihood         -1674.910
Date:                  Mon, 04 Jul 2022   AIC                       3361.819
Time:                          00:24:33   BIC                       3383.859
Sample:                               0   HQIC                      3370.648
                                  - 304
Covariance Type:                    opg
==============================================================================
                 coef    std err          z      P>|z|      [0.025      0.975]
------------------------------------------------------------------------------
ma.L1         -0.7345      0.047    -15.733      0.000      -0.826      -0.643
ar.S.L12      -0.3049      0.054     -5.653      0.000      -0.411      -0.199
ar.S.L24      -0.2961      0.057     -5.201      0.000      -0.408      -0.185
ar.S.L36      -0.3711      0.060     -6.180      0.000      -0.489      -0.253
ar.S.L48      -0.3068      0.054     -5.699      0.000      -0.412      -0.201
sigma2      5643.2124    421.303     13.395      0.000    4817.474    6468.951
==============================================================================
Ljung-Box (L1) (Q):             0.21   Jarque-Bera (JB):          12.43
Prob(Q):                        0.65   Prob(JB):                   0.00
Heteroskedasticity (H):         1.70   Skew:                      -0.02
Prob(H) (two-sided):            0.01   Kurtosis:                   4.01
==============================================================================
```

    针对自动搜索参数获得的SARIMA(0,1,1)(4,1,0)[12]，下面可视化对测试集
的预测效果，以及在测试集上的预测误差，运行程序后可以知道，此时模型在测
试集上的绝对值误差为83.346，相对于前面的ARIMA模型预测效果提升了很多。
同时还输出了对测试集拟合情况的可视化图像，如图5-19所示。

In[39]:## 数据准备
        y_hat = test.copy(deep = False)
        pre, conf = model.predict(n_periods=20, alpha=0.05,
                                  return_conf_int=True)
        ## 可视化 SARIMA(0,1,1)(4,1,0)[12] 的预测结果，整理数据
        y_hat["sarima_pre"] = pre
        y_hat["sarima_pre_lower"] = conf[:,0]
        y_hat["sarima_pre_upper"] = conf[:,1]

```
## 可视化出预测结果
plt.figure(figsize=(14,5))
plt.plot(train.date[200:],train.Value[200:],"r-",label = "train",lw = 2)
plt.plot(test.date,test.Value,"b-o",label = "test",lw=2,markersize = 4)
plt.plot(y_hat.date,y_hat.sarima_pre,"g--s",label = "SARIMA",
        lw = 2,markersize = 4)
## 可视化出置信区间
plt.fill_between(y_hat.date, y_hat["sarima_pre_lower"],
                y_hat["sarima_pre_upper"],color='k',alpha=.15,
                label = "95% 置信区间 ")
plt.legend()
plt.title("SARIMA 模型预测效果 ")
plt.show()
print("SARIMA 模型预测的绝对值误差:",
        mean_absolute_error(test["Value"],y_hat["sarima_pre"]))
```
Out[39]:SARIMA 模型预测的绝对值误差 : 83.45656335893152

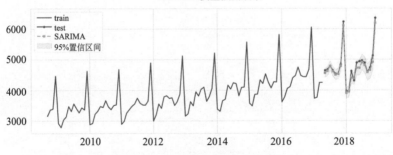

图5-19 SARIMA模型的预测效果

从图5-19可以发现：使用周期性时间序列模型的预测效果更好，而且对模型的预测精度更高。同样可视化此时模型的拟合残差的数据分布情况，运行下面的程序可获得如图5-20所示的可视化结果。

```
In[40]:## 查看SARIMA 模型的拟合残差分布情况
        fig = plt.figure(figsize=(12,7))
        ax = fig.add_subplot(2,1,1)
        plt.plot(model.resid(),"-o",markersize = 3)
        plt.title("SARIMA 模型残差曲线 ")
        ## 检查残差是否符合正态分布
        ax = fig.add_subplot(2,2,3)
```

```
sm.qqplot(model.resid(), line="q", ax=ax)
plt.title("残差Q-Q图")
ax = fig.add_subplot(2,2,4)
plt.hist(model.resid(),bins=80)
plt.title("残差分布直方图")
plt.tight_layout()
plt.show()
```

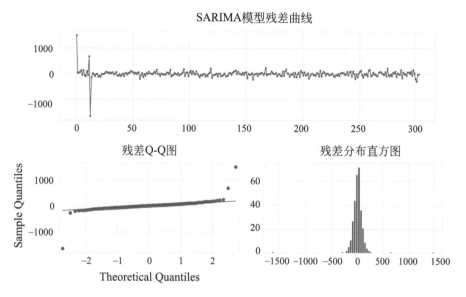

图5-20 SARIMA模型的拟合残差

从图5-20可以发现：残差数据中的分布已经是正态分布了（除了3个取值比较极端的样本），说明数据中主要信息已经被建立的SARIMA模型表达出来，数据中的有用信息都被发掘。

5.6 本章小结

本章主要介绍了一些较简单的回归预测模型的应用，例如：针对两个变量之间的关系，介绍了一元线性回归模型，针对多元特征之间的关系，以房价预测为例，介绍了多元线性回归模型，同时针对模型的多重共线性问题，介绍了使用Lasso回归分析对模型进行优化的方式。针对时间序列数据，则是介绍了使用ARIMA模型和SARIMA模型，预测啤酒的销量随时间的变化情况。

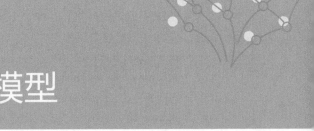

第6章

无监督模型

无监督学习是机器学习算法中常用的应用，包含了丰富的理论成果与众多的应用方法，通常用于解决以下问题：

（1）数据降维

随着数据的积累，数据的维度越来越高，高维的数据在带来更多信息的同时，也带来了信息冗余、计算困难等问题，所以对数据进行合理的降维，并保留主要信息非常重要。这些问题主要可以通过主成分分析及相关的降维算法来解决。

（2）数据聚类

根据数据之间的相似性将数据分为不同的簇，可以更好地深入了解数据。数据聚类方法主要有K均值聚类、密度聚类等。

本章主要介绍数据降维、聚类分析中的相关算法的应用，此外关联规则分析也是在无监督的场景下，从数据中发现令人感兴趣的规则，因此也会在本章进行相应的实战介绍。

下面先导入本章进行无监督模型数据分析时，所需要的库和模块，程序如下所示。其中pyclustering库可以用于聚类相关算法的使用，mlxtend库用于关联规则的发现，networkx库用于网络图的可视化等。

```
In[1]:## 进行可视化时需要的一些设置
       %config InlineBackend.figure_format = "retina"
       %matplotlib inline
       import seaborn as sns
       sns.set_theme(font= "KaiTi",style="whitegrid",font_scale=1.4)
       import matplotlib
       matplotlib.rcParams["axes.unicode_minus"]=False
       ## 导入需要的库
       import numpy as np
       import pandas as pd
       import matplotlib.pyplot as plt
```

```
from mpl_toolkits.mplot3d import Axes3D
from sklearn.decomposition import PCA,FactorAnalysis
from sklearn.manifold import Isomap,TSNE, MDS, LocallyLinearEmbedding
from sklearn.cluster import KMeans,DBSCAN
from sklearn.metrics import *
from pyclustering.cluster.elbow import elbow
from pyclustering.cluster.fcm import fcm
from scipy.cluster import hierarchy
import plotly.express as px
## 挖掘频繁项集和关联规则
from mlxtend.frequent_patterns import *
from mlxtend.preprocessing import TransactionEncoder
from mlxtend.plotting import *
import networkx as nx
```

6.1 常用降维算法

可以对数据降维的算法有很多，下面主要对一些经典的算法进行简单的介绍，例如：主成分分析、MSD 降维、t-SNE 降维等。

6.1.1 主成分分析

主成分分析(PCA)是采用一种数学降维的方法，在损失很少信息的前提下，找出几个综合变量作为主成分，来代替原来众多的变量，使这些主成分能够尽可能地代表原始数据的信息，其中每个主成分都是原始变量的线性组合，而且各个主成分之间线性无关。

通过主成分分析，可以从事物错综复杂的关系中找到一些主要成分（通常选择累积贡献率 $\geqslant 85\%$ 的前 m 个主成分），如果用 $y_1, y_2, \cdots, y_p$ 表示 p 个主成分，用 $x_1, x_2, \cdots, x_p$ 表示原始变量，那么它们之间的关系为：

$$\begin{cases} y_1 = a_{11}x_1 + a_{12}x_2 + \cdots + a_{1p}x_p \\ y_2 = a_{21}x_1 + a_{22}x_2 + \cdots + a_{2p}x_p \\ \quad\quad\quad\quad\quad \vdots \\ y_p = a_{p1}x_1 + a_{p2}x_2 + \cdots + a_{pp}x_p \end{cases}$$

其中，$y_1, y_2, \cdots, y_p$ 分别为原始数据的第一主成分、第二主成分、…、第 p 主成分；$a_{11}, \cdots, a_{pp}$ 为主成分与原始变量之间的线性组合系数。

在主成分分析中，信息的重要性是通过方差来表示的，它以最大化数据中的方差为目标，利用保留多少方差来选择降维后的主成分的个数。主成分分析主要有两种形式的应用：一种是提取数据特征的前几个主成分，然后对数据可视化、主成分回归、数据聚类等，这种应用主要是将主成分分析方法看作是数据降维、数据特征提取的过程；另一种是提取数据样本的前几个主成分，作为能代表数据集的不同样本，探索数据样本的主要状态。

6.1.2　因子分析

在数据降维方面，因子分析类似于主成分分析，但是不同的是，因子分析有一个随机模型，它把原始的p个变量转换成少数个不相关的m个因子，因子的数量少于原始的变量个数，而且因子分析过程中，因子数量必须提前确定，不同的因子数量会导致不同的分析结果。在模型上，每个原始变量都可以表示为所有不可观测因子的线性组合加上随机误差项，这里的因子就是不可观测的假定变量，可称为隐变量或者潜变量。

假设有x_1, x_2, $\cdots$, x_p表示p个原始变量，且每个变量均x_i为标准化值（均值为0，方差为1）。现在讲每个原始变量x_i，使用$k(k<p)$个变量$f_1, f_2, \cdots, f_k$的线性组合来表示，那么因子分析模型可表示为：

$$\begin{cases} x_1 = a_{11}f_1 + a_{12}f_2 + \cdots + a_{1k}f_k + \varepsilon_1 \\ x_2 = a_{21}f_1 + a_{22}f_2 + \cdots + a_{2k}f_k + \varepsilon_2 \\ \qquad\qquad\qquad \vdots \\ x_p = a_{p1}f_1 + a_{p2}f_2 + \cdots + a_{pk}f_k + \varepsilon_p \end{cases}$$

其中，$\varepsilon_i(\mathrm{i}=1,2,\cdots,p)$表示随机误差；$a_{11}$, $\cdots$, a_{pk}表示原始变量与因子之间的线性组合系数。

6.1.3　流形学习——等距映射

流形学习的最早方法之一是等距映射（Isomap）算法，Isomap寻求一个较低维度的嵌入，可以将高维数据映射到低维数据，其借鉴了拓扑流形概念，它保持了所有点之间的原有的测地距离（拓扑图中连接某两个顶点的最短距离）。直观来看，就是投影到低维空间之后，还要保持相对距离关系，即投影之前距离远的点，投影之后还要远，投影之前相距近的点，投影之后还要近。

等距特征映射（Isomap）算法有三个步骤：

① 在输入空间X内根据点对i, j之间的距离$d_X(i, j)$，确定哪些点是流形M上的近邻点，两个简单的方法是将每个点连接到某个固定半径ε内的所有点，或连接到其所有K个最近邻点。这些邻域关系在数据点上表示为加权图G，相邻点之间的权重为$x(i, j)$。

② 通过计算图 G 中它们的最短路径距离 $d_G(i, j)$ 来估计流形 M 上所有点对之间的测地距离 $d_M(i, j)$。

③ 将古典多维尺度变换（MDS）应用于图距离矩阵 $D_G=\{d_G(i, j)\}$，目标是构造一个最能保留流形的内在几何估计的数据在 d 维欧氏空间 Y 中的嵌入。

6.1.4 局部线性嵌入LLE

局部线性嵌入(LLE)也是流形学习的一种，其通过保留局部邻域内的距离，来寻求数据的低维投影。它可以被认为是一系列的局部主成分分析在全局范围内的相互比较，找到最优的局部非线性嵌入。

LLE的思想是：首先假设数据在较小的局部是线性的，即：某一个数据可以由它邻域中的几个样本来线性表示。例如：一个样本 x_1，在它的原始高维邻域里通过 K-近邻，找到和它最近的三个样本 x_2、x_3、x_4，然后假设 x_1 可以由 x_2、x_3、x_4 线性表示，即：

$$x_1=w_{12}x_2+w_{13}x_3+w_{14}x_4$$

其中，w_{12}、w_{13}、w_{14} 为权重系数。在通过 LLE 降维后，我们希望 x_1 在低维空间对应的投影 x_1' 和 x_2、x_3、x_4 对应的投影 x_2'、x_3'、x_4' 也尽量保持同样的线性关系，即：

$$x_1' = w_{12}x_2' + w_{13}x_3' + w_{14}x_4'$$

希望投影前后线性关系的权重系数 w_{12}、w_{13}、w_{14} 是尽量保持不变的。可以看出，线性关系只在样本的附近起作用，离样本远的样本对局部的线性关系没有影响，因此降维的复杂度降低了很多。

6.1.5 多维尺度变换MSD

多维尺度变换（MSD）利用低维空间去展示高维数据的一种数据降维、数据可视化方法。该算法起源：当仅能获取到物体之间的距离的时候，如何利用距离去重构物体之间的欧几里得坐标。多维尺度变换的基本目标是将原始数据"拟合"到一个低维坐标系中，使得由降维所引起的任何变形最小。多维尺度变换的方法很多，按照相似性数据测量测度不同可以分为：度量的MDS和非度量的MDS。为了方便可视化多维尺度变换后的数据分布情况，通常会将数据降维到二维或者三维。

6.1.6 t-SNE

t-SNE数据降维算法，可以认为其是一种基于流形的数据降维方法，通常用于将数据从高维空间中，降维到二维或者三维用于数据可视化，观察数据的分布情况。t-SNE主要包括两个步骤：①t-SNE使用原始数据构建一个高维对象之间的概率分布，使得相似的对象有更高的概率被选择，而不相似的对象有较低的概率被选择。②t-SNE在低维空间里构建对应点的概率分布，使得这两个概率分布之间尽可能相似，同时会使用KL散度度量两个分布之间的相似性。

在实际应用中，t-SNE很少用于降维，主要用于可视化，可能的原因有以下几方面：

① 当数据需要降维时，一般是特征间存在高度的线性相关性，此时一般使用线性降维算法，比如PCA。

② 一般t-SNE都将数据降到二维或者三维进行可视化，但是数据降维降的维度一般会大一些，比如：需要降到20维，此时t-SNE算法很难做到好的效果。

③ t-SNE算法的计算复杂度很高，在百万样本数据集上可能需要几个小时，而PCA将在几秒或几分钟内完成同样工作，另外它的目标函数非凸，可能会得到局部最优解。

6.2 数据降维案例实战

本小节将会使用手写体数字数据，介绍数据降维算法的应用与效果。首先导入数据并探索可视化分析数据的情况，该数据一共有1797个样本，每个图像包含64个像素值，数据导入后的情况如下所示：

```
In[2]:## 导入数据,该数据有1797个样本, 每个图像包含64个像素值
      digit = pd.read_csv("data/chap06/digit.csv",header=None)
      digit
Out[2]:
```

	0	1	2	3	4	5	6	7	8	9	...	55	56	57	58	59	60	61	62	63	64
0	0	0	5	13	9	1	0	0	0	0	...	0	0	0	6	13	10	0	0	0	0
1	0	0	0	12	13	5	0	0	0	0	...	0	0	0	11	16	10	0	0	1
2	0	0	0	4	15	12	0	0	0	0	...	0	0	0	3	11	16	9	0	2
3	0	0	7	15	13	1	0	0	0	8	...	0	0	0	7	13	13	9	0	3
4	0	0	0	1	11	0	0	0	0	0	...	0	0	0	2	16	4	0	0	4
...	...	...	...	...	...	...	...	...	...	...	...	...	...	...	...	...	...	...	...	...	...
1792	0	0	4	10	13	6	0	0	0	1	...	0	0	0	2	14	15	9	0	0	9
1793	0	0	6	16	13	11	1	0	0	0	...	0	0	0	6	16	14	6	0	0	0
1794	0	0	1	11	15	1	0	0	0	0	...	0	0	0	2	9	13	6	0	0	8
1795	0	0	2	10	7	0	0	0	0	0	...	0	0	0	5	12	16	12	0	0	9
1796	0	0	10	14	8	1	0	0	0	2	...	0	0	1	8	12	14	12	1	0	8

1797 rows × 65 columns

数据导入后首先将图像的像素值转化到 $0 \sim 1$ 之间，然后使用可视化的方式，查看其中的一些样本的情况，运行下面的程序后，可获得如图 6-1 所示的图像。

```
In[3]:## 获取待使用的数据
      digitX = digit.values[:,0:-1]/16
      digitY = digit.values[:,64]
      print(digitX.shape)
      print(digitY.shape)
Out[3]:(1797, 64)
      (1797,)
In[4]:## 可视化数据中的几个样本
      plt.figure(figsize=(14,7))
      for ii in range(200):
          plt.subplot(10,20,ii+1)
          plt.imshow(digitX[ii,:].reshape(8,-1))
          plt.axis("off")
          plt.grid()
      plt.subplots_adjust(hspace=0.05,wspace = 0.05)
      plt.show()
```

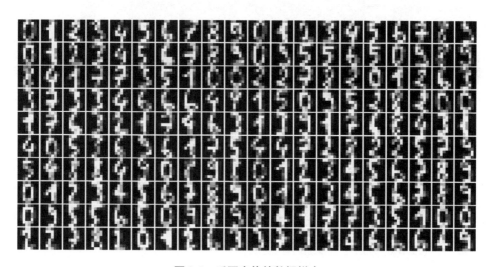

图6-1 手写字体的数据样本

每个图像有 64 个像素，可以看作数据有 64 个特征，针对这 64 个样本可以使用相关系数热力图，可视化特征之间的相关性。运行下面的程序，可获得如图 6-2 所示的可视化图像。

In[5]:## 可视化这些特征之间的相关系数热力图
```
digitcorr = np.corrcoef(digitX,rowvar=False)
fig = px.imshow(digitcorr,width=900,height=800,title="特征相关系数热力图",
                color_continuous_scale = px.colors.sequential.Viridis)
fig.update_layout(title={"x":0.5})
fig.show()
```

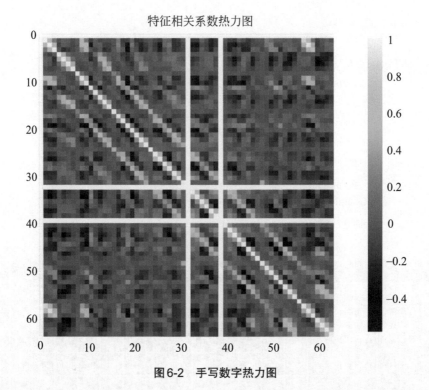

图6-2　手写数字热力图

从图6-2可以发现：某些特征之间的相关系数为缺失值NAN，可能是因为对应列的数值可能全部相同（例如：取值全为1），而且大部分特征的相关系性较小，也体现数据中有较多的信息冗余。

6.2.1　主成分分析数据降维

主成分分析可以通过Sklearn库中的PCA来完成，下面的程序是对前面的手写数字数据集，使用主成分分析将其降维到64维，然后可视化分析每个主成分的解释方差，以及主成分的累计方差贡献率，运行程序后可获得可视化图像，如图6-3所示。

In[6]:## 对数据进行主成分降维分析

```
pca = PCA(n_components = 64, # 获取的主成分数量
            random_state = 123) # 设置随机数种子，保证结果的可重复性
## 对数据进行降维
digitX_pca = pca.fit_transform(digitX)
print(digitX_pca.shape)
```

Out[6]: (1797, 64)

In[7]:## 可视化分析每个主成分的解释方差和解释方差所占百分比

```
x = np.arange(digitX_pca.shape[1])+1
plt.figure(figsize=(12,6))
plt.subplot(1,2,1)
plt.plot(x,pca.explained_variance_,"r-o")
plt.xlabel("主成分个数")
plt.ylabel("解释方差")
plt.title("解释方差变化情况")
plt.subplot(1,2,2)
plt.plot(x,np.cumsum(pca.explained_variance_ratio_),"b-s")
plt.xlabel("主成分个数")
plt.ylabel("解释方差")
plt.title("累计解释方差贡献率变化情况")
plt.tight_layout()
plt.show()
```

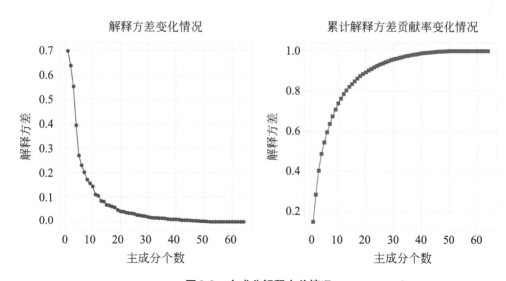

图6-3　主成分解释方差情况

从图6-3中可以发现：数据中的原始数据在大约20个主成分之后，每个主成分的解释方差已经接近于0，而且前20个主成分的原始数据解释能力超过了90%，说明从主成分特征中选取其中的前20个即可代表该数据。

针对主成分数据降维的效果，可以使用其前3个主成分，利用可视化的方式，查看算法的数据降维效果。下面的程序则是首先定义一个可视化3D散点图的函数plotdata3D()，然后调用该函数可视化主成分降维后的3D散点图。

```
In[8]:## 定义一个可视化函数, 用于可视化数据降维的结果
     def plotdata3D(data3d,datay,name):
         """data3d: 数据降维后的3个特征; datay: 每个数据样本所对应的标签;
             name: 设置相关标签的关键字
         """
         ## 在三维空间中可视化前三个主成分的数据分布散点图
         X = data3d[:,0]
         Y = data3d[:,1]
         Z = data3d[:,2]
         labelall = np.unique(datay)
         shapes = ["o", "v","1", "s", "p", "*", "h", "+", "x","d"]
         colors = ["r","b","g","yellow","k","lightblue","y","cyan","m",
                 "orange"]
         ## 可视化
         fig = plt.figure(figsize=(12,12))
         ax = fig.add_subplot(1,1,1,projection="3d")
         ax.view_init(azim=-45, elev= 30)
           for ii in labelall:
             index = datay = = ii
             ax.scatter3D(X[index],Y[index],Z[index],c = colors[ii],
                         marker = shapes[ii],s = 40,label= str(ii),alpha=1)
         ax.set_xlabel(name+"1")
         ax.set_ylabel(name+"2")
         ax.set_zlabel(name+"3")
         plt.legend(loc = [0.8,0.4],title = "Class")
         plt.title(name+" 的空间分布",y = 1.01)
         plt.show()
```

在使用plotdata3D()函数时，需要数据降维后的数据(包含3个特征)，数据每个样本的原始标签以及图像的名称。下面调用该函数可视化主成分降维的效果，运行程序后可获得可视化图像，如图6-4所示。

In[9]:## 在三维空间中可视化前三个主成分的数据分布散点图

　　　　plotdata3D(digitX_pca,digitY,"主成分特征")

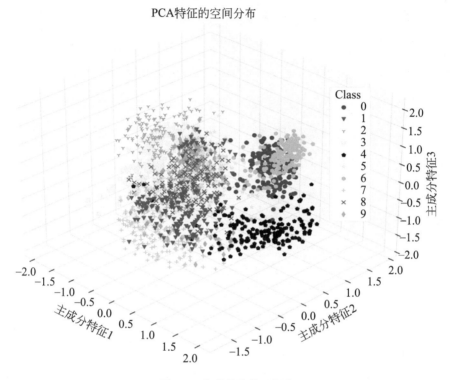

图6-4　主成分降维可视化

6.2.2　因子分析数据降维

因子分析数据降维则可以通过FactorAnalysis()来完成，下面的程序是通过因子分析，将手写数字数据集降维到三维空间中，然后使用可视化的方式绘制降维后的3D散点图，运行程序后可获得如图6-5所示的可视化结果。

In[10]:## 因子分析将数据降维到三维空间中

　　　　factor = FactorAnalysis(n_components=3, random_state = 123,

　　　　　　　　　　　　　　　rotation = "quartimax") # 因子载荷旋转方式

　　　　## 对数据进行降维

　　　　digitX_fa = factor.fit_transform(digitX)

```
        print(digitX_fa.shape)
Out[10]: (1797, 3)
In[11]:## 在三维空间中可视化前三个特征数据分布散点图
        plotdata3D(digitX_fa,digitY,"因子分析特征")
```

因子分析特征的空间分布

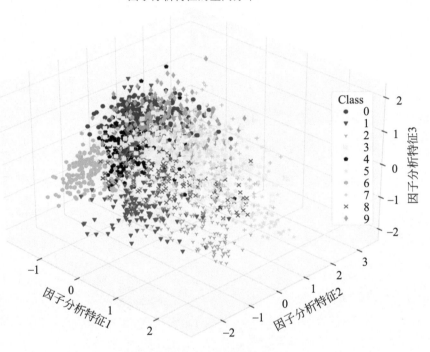

图6-5 因子分析数据降维可视化

6.2.3 流形学习——等距嵌入数据降维

流形学习中的等距嵌入降维算法，可以通过Isomap()来完成，下面的程序是通过流形学习，将手写数字数据集降维到三维空间中，然后使用可视化的方式绘制降维后的3D散点图，运行程序后可获得如图6-6所示的可视化结果。

```
In[12]:## 流形学习将数据降维到三维空间中
        isom = Isomap(n_neighbors=5, n_components=3)
        digitX_isom = isom.fit_transform(digitX)
        print(digitX_isom.shape)
Out[12]: (1797, 3)
```

```
In[13]:## 在三维空间中可视化前三个特征数据分布散点图
        plotdata3D(digitX_isom,digitY,"流形学习特征")
```

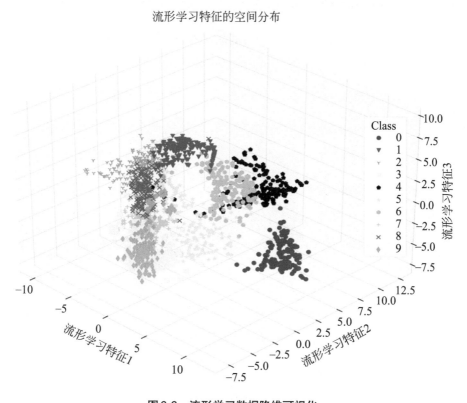

图6-6 流形学习数据降维可视化

6.2.4 局部线性嵌入数据降维

局部线性嵌入数据降维算法，可以通过LocallyLinearEmbedding()来完成，下面的程序是通过局部线性嵌入，将手写数字数据集降维到三维空间中，然后使用可视化的方式绘制降维后的3D散点图，运行程序后可获得如图6-7所示的可视化结果。

```
In[14]:## 局部线性嵌入算法对数据进行降维
        lle = LocallyLinearEmbedding(n_neighbors =10,n_components=3,
                                     random_state = 12)
        digitX_lle = lle.fit_transform(digitX)
```

```
            print(digitX_lle.shape)
Out[14]: (1797, 3)
In[15]:## 在三维空间中可视化前三个特征数据分布散点图
         plotdata3D(digitX_lle,digitY," 局部线性嵌入特征 ")
```

局部线性嵌入特征的空间分布

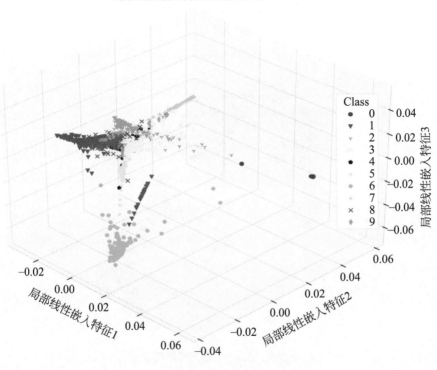

图6-7　局部线性嵌入数据降维可视化

6.2.5　MDS数据降维

多维尺度变换降维算法，可以通过MDS()来完成，下面的程序是通过多维尺度变换，将手写数字数据集降维到三维空间中，然后使用可视化的方式绘制降维后的3D散点图，运行程序后可获得如图6-8所示的可视化结果。

```
In[16]:## 多维尺度变换对数据进行降维
         mds = MDS(n_components=3,random_state = 12)
         digitX_mds = mds.fit_transform(digitX)
         print(digitX_mds.shape)
```

Out[16]: (1797, 3)

In[17]:## 在三维空间中可视化前三个特征数据分布散点图

　　　　plotdata3D(digitX_mds,digitY,"MDS 特征 ")

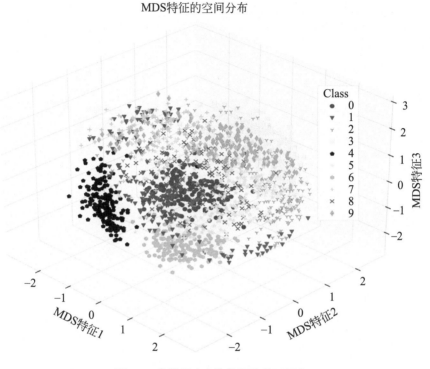

图6-8　多维尺度变换数据降维可视化

6.2.6　t-SNE 数据降维

　　t-SNE 降维算法，可以通过 TSNE() 来完成，下面的程序是通过 t-SNE 降维算法，将手写数字数据集降维到三维空间中，然后使用可视化的方式绘制降维后的 3D 散点图，运行程序后可获得如图 6-9 所示的可视化结果。

In[18]:## t-SNE 将数据降维到三维空间中

　　　　tsne = TSNE(n_components=3, perplexity=20,

　　　　　　　　early_exaggeration=5, random_state=123)

　　　　digitX_tsne = tsne.fit_transform(digitX)

　　　　print(digitX_tsne.shape)

Out[18]: (1797, 3)

In[18]:## 在三维空间中可视化前三个特征数据分布散点图
plotdata3D(digitX_tsne,digitY,"TSNE特征")

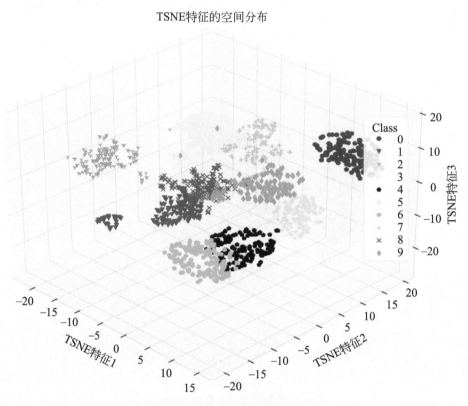

图6-9　t-SNE数据降维可视化

经过比较前面的几种数据降维算法的可视化情况，可以发现：t-SNE算法与流形学习的等距映射算法在数据降维后，不同类别的数据离散程度较明显，数据的降维效果较好。

6.3 常用聚类算法

"物以类聚，人以群分"。聚类分析是一类将数据所对应的研究对象进行分类的统计方法，它是将若干个个体集合，按照某种标准分成若干个簇，并且希望簇内的样本尽可能相似，而簇和簇之间要尽可能不相似。相似通常可以通过距离来度量，常用的距离有：欧氏距离、曼哈顿距离、切比雪夫距离、余弦相似性等。

欧氏距离是度量欧几里得空间中两点间直线距离，即对于n维空间中的两点：$X=(x_1, x_2, ..., x_n)$，$Y=(y_1, y_2, ..., y_n)$，它们之间的欧氏距离定义为：

$$\text{dist}(X,Y) = \sqrt{(x_1 - y_1)^2 + (x_2 - y_2)^2 + \cdots + (x_n - y_n)^2}$$

曼哈顿距离用以表明两个点在标准坐标系上的绝对轴距的总和，即对于n维空间中的两点：$X=(x_1, x_2, ..., x_n)$，$Y=(y_1, y_2, ..., y_n)$，它们之间的曼哈顿距离定义为：

$$\text{dist}(X,Y) = |x_1 - y_1| + |x_2 - y_2| + \cdots + |x_n - y_n|$$

切比雪夫距离即为两个点之间其各个坐标数值差的最大值，对于n维空间中的两点：$X=(x_1, x_2, ..., x_n)$，$Y=(y_1, y_2, ..., y_n)$，它们之间的切比雪夫距离定义为：

$$\text{dist}(X,Y) = \max_i |x_i - y_i|$$

余弦相似性是通过测量两个向量夹角的余弦值来度量它们之间的相似性，对于n维空间中的两点：$X=(x_1, x_2, ..., x_n)$，$Y=(y_1, y_2, ..., y_n)$，它们之间的余弦距离可以定义为：

$$\text{dist}(X,Y) = 1 - \frac{XY}{\sqrt{\sum x_i^2}\sqrt{\sum y_i^2}}$$

下面会介绍一些常用聚类算法和异常值检测算法的基本思想，帮助读者对相关算法有进一步的理解。

6.3.1　K均值聚类

K-means聚类（K均值聚类）是由麦奎因（Mac Queen，1967）提出的，其聚类思想为：假设数据中有p个变量参与聚类，并且要聚类为k个簇，则需要在p个变量组成的p维空间中，首先选取k个不同的样本作为聚类种子，然后根据每个样本到达这k个点的距离的大小，将所有样本分为k个簇，在每一个簇中，重新计算出簇的中心（每个特征的均值）作为新的种子，再把所有的样本分为k类。如此下去，直到种子的位置几乎不发生改变为止。

在K-means聚类中，如何寻找合适的k值对聚类的结果很重要，一种常用的方法是，通过观察k个簇的组内平方和与组间平方和的变化情况，来确定合适的聚类数目。该方法通过绘制簇的组内平方和随k值变化的曲线（形状类似于人的手肘），来确定出最佳的k值，而该k值点恰好处在手肘曲线的肘部点，因此称这种确定最佳k值的方法为肘方法。

6.3.2　密度聚类

K-kmeans聚类的缺陷之一就是无法聚类那些非凸的数据集，即聚类的形状一般只能是球状的，不能推广到任意的形状。而基于密度的聚类方法，可以聚类任意的形状。

密度聚类也称基于密度的聚类（Density-Based Clustering），其基本出发点是假设聚类结果可以通过样本分布的稠密程度来确定，主要目标是寻找被低密度区域（噪声）分离的高（稠）密度区域。与基于距离的聚类算法不同的是，基于距离的聚类算法的聚类结果是球状的簇，而基于密度的聚类算法可以发现任意形状的簇，所以对于带有噪声数据的处理比较好。

DBSCAN（Density-Based Spatial Clustering of Applications with Noise）是一种典型的基于密度的聚类算法。该算法假定类别可以通过样本分布的紧密程度决定。同一类别的样本，它们之间是紧密相连的，也就是说，在该类别任意样本周围不远处一定有同类别的样本存在。通过将紧密相连的样本划为一类，就得到了一个聚类簇。将所有各簇紧密相连的样本划为各个不同的类别，这就得到了最终的所有聚类类别结果。那些没有划分为某一簇的数据点，则可看作为数据中的噪声数据。

DBSCAN密度聚类算法通常将数据点分为3种类型：核心点、边界点和噪声点。

① **核心点**：如果某个点的邻域内的点个数超过某个阈值，则该点为一个核心点，可以将该点即划分为对应簇的内部。邻域的大小由半径参数eps确定，阈值由MinPts参数决定。

② **边界点**：如果某个点不是核心点，但是它在核心点的邻域内，则可以将该点看作一个边界点。

③ **噪声点**：即不是核心点也不是边界点的点称为噪声点，噪声点也可以单独看作一个特殊的簇，只是该类数据可能是随机分布的。

在DBSCAN密度聚类算法中，会将所有的点先标记为核心点、边界点或者噪声点，然后将任意两个距离小于半径参数eps的点作为同一个簇。任何核心点的边界点也与相应的核心点归为同一个簇，而噪声点不归为任何一个簇，独立对待。

DBSCAN密度聚类具有如下几个优点：

① 相比k-means聚类，DBSCAN不需要预先声明聚类数量，即数据聚类数量会根据邻域和MinPts参数动态确定，从而能够更好地体现数据的簇分布的原始特点。

② DBSCAN密度聚类可以找出任何形状的聚类，甚至能找出某个聚类，它包围但不连接另一个聚类，所以该方法更适合于数据分布形状不规则的数据集。

6.3.3　系统聚类

系统聚类又叫层次聚类（Hierarchical Cluster），是一种常见的聚类方法，它是在不同层级上对样本进行聚类，逐步形成树状的结构。根据层次分解是自底向上（合并）还是自顶向下（分裂）可将其分为两种方式，即凝聚与分裂。

凝聚的层次聚类方法使用自底向上策略。即开始令每一个对象形成自己的簇，并且迭代地把簇合并成越来越大的簇(每次合并最相似的两个簇)，直到所有对象都在一个簇中，或者满足某个终止条件。在合并的过程中，根据指定的距离度量方式，它首先找到两个最接近的簇，然后合并它们，形成一个簇，这样的过程重复多次，直到聚类结束。

分裂的层次聚类算法使用自顶向下的策略。即开始将所有的对象看作一个簇，然后将簇划分为多个较小的簇(在每次划分时，将一个簇划分为差异最大的两个簇)，并且迭代把这些簇划分为更小的簇，在划分过程中，直到最底层的簇都足够凝聚或者仅包含一个对象，或者簇内对象彼此足够相似。

系统聚类除了会涉及样本点之间的距离度量，还会涉及观测点与簇间、簇间与簇间的距离度量，前一种方式通常使用欧氏距离等，而后一种涉及簇之间距离的度量方式，通常有以下几种：

① 最近邻（单链法，single linkage）：簇与簇之间的距离使用两个簇中距离最近的点距离表示。

② 最远距离（maximum linkage）：簇与簇之间的距离使用两个簇中距离最远的点距离表示。

③ 组间平均法（average linkage）：将两个簇中的样本点连线，两个簇之间的距离就是所有连线距离的平均值。

④ 重心法：簇各自重心间的距离为簇之间的距离。

⑤ 离差平方法（ward最小方差法）：如果分簇合理，则同簇样本间离差平方和应该较小，簇与簇之间离差平方和应该较大，每次合并簇时，选择使得样本间离差平方和增加值最小的两类进行合并。

6.3.4 模糊聚类

事物间的界线，有些是明确的，有些则是模糊的，而模糊聚类则是利用了"模糊"的概念，将数据样本进行一种软聚类。例如：假设有A与B两个集合，有一成员a，传统的分类概念a要么属于A，要么属于B，但是在模糊聚类的概念中a可以0.3属于A，0.7属于B，即类似一种概率的软聚类形式。

模糊C-均值（Fuzzy C-means，FCM）是众多模糊聚类算法中，应用最广泛的算法之一。其是一种基于划分的聚类算法，思想是使得被划分到同一簇的对象之间相似度最大，而不同簇之间的相似度最小，通过优化该思想的目标函数，得到每个样本点对所有类中心的隶属度，可以根据隶属度的大小对样本进行自动分类。相较于K均值聚类这样的硬聚类算法，模糊C-均值聚类则是提供了更加灵活的聚类结果。通常情况下，模糊C-均值聚类算法对于满足正态分布的数据聚类效果会很好，而且该算法对孤立点敏感。

6.4 数据聚类案例实战

前面介绍了几种数据聚类算法的基础理论，本小节会使用两个数据集用于聚类算法应用实战，这两个数据集分别是降维后的手写体数字数据与同心圆数据，其中手写数字的数据在二维空间中更接近于球形分布，而同心圆数据在二维空间中则是分布为两个圆形。首先读取这两个数据集，程序如下所示：

```
In[19]:## 读取降维后的手写数字数据
        digit2d = pd.read_csv("data/chap06/Digit2D.csv")
        digit2d
        ## 读取同心圆数据
        circles = pd.read_csv("data/chap06/circles.csv")
        circles
Out[19]:
```

	X	Y	label			X	Y	label
0	-5.45	-68.45	0		**0**	4.442	-2.742	1
1	12.96	20.66	1		**1**	-5.326	-1.656	1
2	11.53	-4.49	2		**2**	-5.555	-9.086	0
3	-8.28	-24.51	3		**3**	5.877	8.602	0
4	12.05	51.81	4		**4**	-4.028	2.785	1
...	...	...	...		...	...	...	...
1792	-24.46	-18.95	9		**495**	8.973	-1.009	0
1793	1.83	-63.39	0		**496**	3.989	-0.861	1
1794	3.23	2.87	8		**497**	-5.820	-2.235	1
1795	-24.40	-14.90	9		**498**	-6.800	-6.760	0
1796	-0.26	-2.34	8		**499**	-2.849	3.706	1

1797 rows × 3 columns   500 rows × 3 columns

如果忽略两个数据集对应的类别标签，可以将它们看作是无标签的数据，用于聚类分析。下面忽略数据的类别标签，可视化出两个数据集的数据分布情况，运行下面的程序可获得可视化图像，如图6-10所示。

```
In[20]:## 忽略数据的类别标签可视化两个数据的数据分布情况
        plt.figure(figsize=(14,6))
        plt.subplot(1,2,1)
        plt.plot(digit2d.X,digit2d.Y,"ro")
        plt.title("手写数字数据集")
```

```
plt.subplot(1,2,2)
plt.plot(circles.X,circles.Y,"ro")
plt.title("同心圆数据集")
plt.show()
```

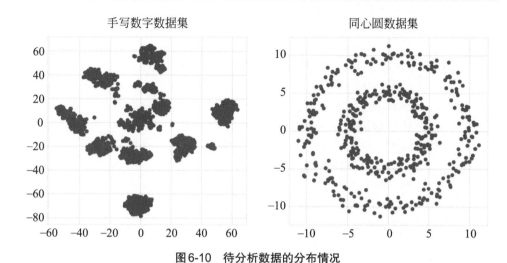

图6-10　待分析数据的分布情况

6.4.1　K均值聚类实战

下面使用K均值聚类对两个数据集分别进行聚类分析，首先判断出合适的聚类数目，可以使用pyclustering库中的elbow()函数，利用肘方法判断出合适的聚类数目，可以使用下面的程序：

```
In[21]:## pyclustering库中的elbow函数可以为K均值判断出合适的聚类数目
        datalist = [digit2d.values[:,0:2],circles.values[:,0:2]]
        bestk = []    # 保存最好的聚类数目k
        wces = []    #类内误差平方和
        kmin, kmax = 1, 12
        for dataset in datalist:
            elbow_instance = elbow(dataset, kmin, kmax)
            elbow_instance.process()
            bestk.append(elbow_instance.get_amount())
            wces.append(elbow_instance.get_wce())
        print("对每个数据集的最好聚类数目为:",bestk)
Out[21]:对每个数据集的最好聚类数目为: [4, 4]
```

从程序的输出中可以知道，一般情况下两个数据集判断出的较好聚类数目都为4。注意：由于聚类初始化具有随机性，所以在不同的运行程序中，针对最好聚类数目的判断结果，会有一些细微的差异。在获得最好聚类数目的同时，还输出了不同聚类数目下，类内误差平方和的情况，可以使用下面的程序进行可视化，运行程序后可获得如图6-11所示的结果。

```
In[22]:## 可视化两个数据集类内误差平方和变化趋势
         plt.figure(figsize=(13,6))
         plt.subplot(1,2,1)
         plt.plot(np.arange(kmin, kmax+1),wces[0],"r-o")
         plt.plot(bestk[0],wces[0][bestk[0]-1],"bD",markersize = 10)
         plt.xlabel("K 均值聚类数目 ")
         plt.ylabel(" 类内误差平方和 ")
         plt.title(" 手写数字数据集 ")
         plt.subplot(1,2,2)
         plt.plot(np.arange(kmin, kmax+1),wces[1],"r-o")
         plt.plot(bestk[1],wces[1][bestk[1]-1],"bD",markersize = 10)
         plt.xlabel("K 均值聚类数目 ")
         plt.ylabel(" 类内误差平方和 ")
         plt.title(" 同心圆数据集 ")
         plt.tight_layout()
         plt.show()
```

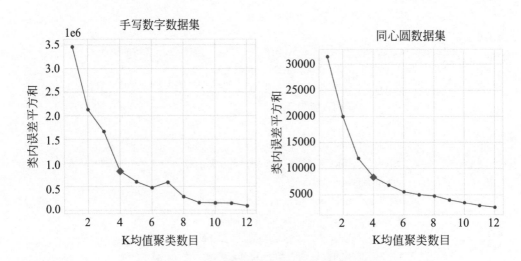

图6-11 不同数据集的类内误差平方和情况

针对前面的判断结果，将两个数据集都聚类为4个簇，并使用分类散点图可视化两个数据集上的聚类结果，运行程序后可获得图像，如图6-12所示。

```
In[23]:## 使用K均值聚类将两个数据集都聚类为4个簇并可视化聚类的结果
        pre_labs = []
        plt.figure(figsize=(14,6))
        fignames = ["手写数字数据集","同心圆数据集"]
        shapes = ["o", "v","1", "s", "p", "*","h","+","x","d"]
        colors = ["r","b","g","yellow","k","lightblue","y","cyan","m","orange"]
        for ii, dataset in enumerate(datalist):
            kmean = KMeans(n_clusters=bestk[ii])
            pre = kmean.fit_predict(dataset) # 对数据的聚类结果
            pre_labs.append(pre)
            ## 可视化聚类结果
            plt.subplot(1,2,ii+1)
            labelall = np.unique(pre)
            for jj in labelall:
                index = pre == jj
                plt.scatter(dataset[index,0],dataset[index,1],c = colors[jj],
                            marker = shapes[jj],s=40,label=str(jj),alpha = 1)
        plt.title(fignames[ii])
        plt.tight_layout()
        plt.show()
```

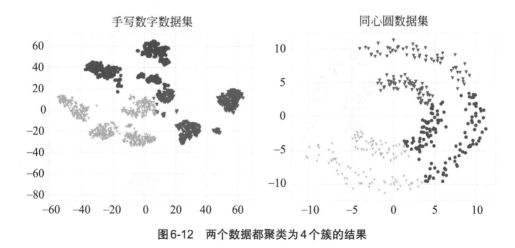

图6-12 两个数据都聚类为4个簇的结果

从图6-12可以发现：两个数据集上的聚类结果均不符合预期，而且我们前面知道手写数字数据集有10个簇，同心圆数据集有两个簇。因此，下面使用同样

171

的方法，将手写数字数据聚类为10个簇，将同心圆数据聚类为2个簇，并观察数据的聚类效果。运行程序可获得可视化结果如图6-13所示。

```
In[24]:## 手写数字数据聚类为10个簇，将同心圆数据聚类为2个簇
       bestk = [10,2]
       pre_labs = []
       plt.figure(figsize=(14,6))
       fignames = ["手写数字数据集","同心圆数据集"]
       shapes = ["o", "v","1", "s", "p", "*", "h", "+", "x","d"]
       colors = ["r","b","g","yellow","k","lightblue","y","cyan","m","orange"]
       for ii, dataset in enumerate(datalist):
           kmean = KMeans(n_clusters=bestk[ii])
           pre = kmean.fit_predict(dataset) # 对数据的聚类结果
           pre_labs.append(pre)
           ## 可视化聚类结果
           plt.subplot(1,2,ii+1)
           labelall = np.unique(pre)
           for jj in labelall:
               index = pre == jj
               plt.scatter(dataset[index,0],dataset[index,1],c = colors[jj],
                           marker = shapes[jj],s =40,label = str(jj),alpha=1)
       plt.title(fignames[ii])
       plt.tight_layout()
       plt.show()
```

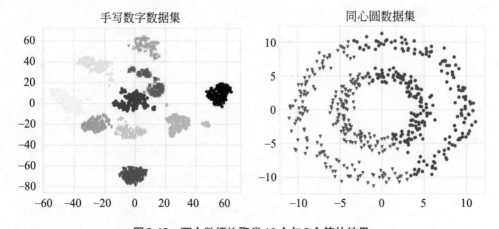

图6-13　两个数据均聚类10个与2个簇的结果

从图6-13可以发现：手写字体的聚类效果较好，符合我们的预期，但是在同心圆数据上的聚类效果较差，这是因为K均值聚类算法并不擅长该分布类型的数据聚类。

由于两个数据集都包含每个样本的真实标签，因此可以使用有标签情况下聚类效果的度量方法。例如：使用V测度得分，下面的程序则是计算了两个数据集上的聚类效果，从输出的结果上可以发现，手写数字数据集使用K均值聚类能获得较好的聚类效果，而同心圆数据的聚类效果和原始的簇标签相比相差很多，说明其聚类效果很差。

```
In[25]:## 通过原始数据的监督标签，评价数据的聚类效果
        print("手写字体数据,聚类效果V测度：%.4f"%v_measure_score(digit2d.label,
pre_labs[0]))
        print("同心圆数据,聚类效果V测度：%.4f"%v_measure_score(circles.label,
pre_labs[1]))
Out[25]: 手写字体数据,聚类效果V测度：0.9048
         同心圆数据,聚类效果V测度：0.0000
```

6.4.2 密度聚类实战

前面使用了K均值聚类对两个数据集进行聚类分析，本小节将会使用密度聚类算法，对两个数据集进行聚类并将结果进行对比分析。下面的程序使用DBSCAN()对两个数据集进行密度聚类，并输出聚类的V测度得分。从输出的结果中可以发现：对于两个数据集，通过调整合适的参数获得了较好的数据聚类结果，而且对于手写数字数据集，还有几个样本被识别为异常值，对于同心圆数据则是聚类标签和真实标签完全一致。

```
In[26]:## 对两个数据集进行密度聚类，判断密度聚类效果
        pre_labs = []
        ## 对手写数字数据进行密度聚类
        db = DBSCAN(eps=4.5,min_samples = 12)
        pre = db.fit_predict(digit2d[["X","Y"]].values)
        pre_labs.append(pre)
        print("每簇包含的样本数量：",np.unique(pre,return_counts = True))
        print("手写字体数据,聚类效果V测度：%.4f"%v_measure_score(digit2d.label,
pre))
```

```
db = DBSCAN(eps=1.6,min_samples = 7)
pre = db.fit_predict(circles[["X","Y"]].values)
pre_labs.append(pre)
print("每簇包含的样本数量：",np.unique(pre,return_counts = True))
print("手写字体数据，聚类效果 V 测度：%.4f"%v_measure_score(circles.label,
pre))
Out[26]:每簇包含的样本数量：(array([-1,  0,  1,  2,  3,  4,  5,  6,  7,  8,  9]), array([ 14,
178, 365, 171, 178, 144, 182, 191, 166, 181,  27]))
        手写字体数据，聚类效果 V 测度：0.8918
        每簇包含的样本数量：(array([0, 1]), array([250, 250]))
        手写字体数据，聚类效果 V 测度：1.0000
```

　　下面针对密度聚类的结果，可视化出聚类标签下的数据分布情况，运行程序可获得可视化图像，如图6-14所示。从图像中可以发现，同心圆数据的聚类结果很好。

```
In[27]:## 可视化两种数据聚类效果
        plt.figure(figsize=(14,6))
        fignames = ["手写数字数据集","同心圆数据集"]
        shapes = ["o", "v","1", "s", "p", "*", "h", "+", "x",
                  "d","o", "v","1", "s", "p",]
        colors = ["r","b","g","yellow","k","lightblue","y","cyan",
                  "m","orange","r","b","g","yellow","k","lightblue"]
        for ii, dataset in enumerate(datalist):
            ## 可视化聚类结果
            plt.subplot(1,2,ii+1)
            pre = pre_labs[ii]
            labelall = np.unique(pre)
            for jj in labelall:
            index = pre == jj
            plt.scatter(dataset[index,0],dataset[index,1],c = colors[jj],
                    marker = shapes[jj],s = 40,label = str(jj),alpha = 1)
            plt.title(fignames[ii])
        plt.tight_layout()
        plt.show()
```

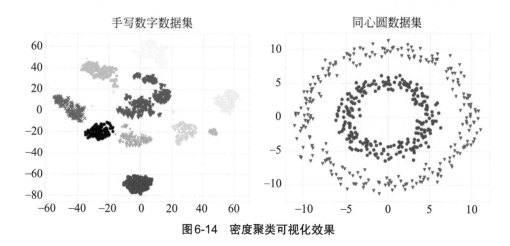

图6-14 密度聚类可视化效果

6.4.3 系统聚类实战

下面使用系统聚类算法，对两个数据集进行聚类，并可视化出系统聚类树，运行下面的程序可获得如图6-15所示的图像。可以发现：针对手写数字数据，根据200的距离进行切分数据，可以将数据大约切分为10个簇；针对同心圆数据根据80的距离，可以将数据切分为2个簇。

```
In[28]:## 对数据进行系统聚类并绘制系统聚类树
        Z1 = hierarchy.linkage(digit2d.values[:,0:2],
                               method="ward", metric="euclidean")
        Z2 = hierarchy.linkage(circles.values[:,0:2],
                               method="ward", metric="euclidean")
        fig = plt.figure(figsize=(14,6))
        plt.subplot(1,2,1)
        hierarchy.dendrogram(Z1,truncate_mode = "lastp")
        plt.title("手写数字数据集")
        plt.axhline(y = 200,color="k",linestyle="solid")
        plt.xlabel("样本数量")
        plt.ylabel("距离")
        plt.subplot(1,2,2)
        hierarchy.dendrogram(Z2,truncate_mode = "lastp")
        plt.axhline(y = 80,color="k",linestyle="solid")
        plt.title("同心圆数据集")
        plt.xlabel("样本数量")
        plt.ylabel("距离")
        plt.show()
```

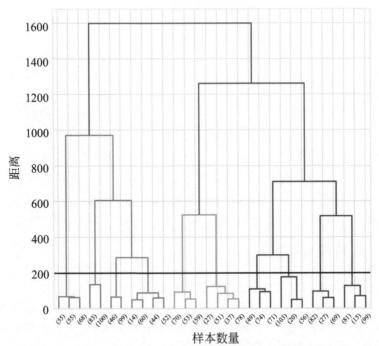

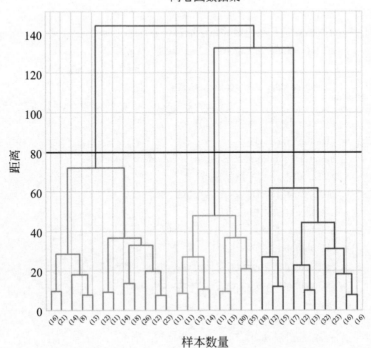

图6-15　系统聚类树可视化

下面的程序是将系统聚类对两个数据集的结果，分别切分为10个簇和2个簇，并输出聚类的V测度得分。从输出的结果中可以发现：对于两个数据集，对于手写数字数据集，获得了较好的聚类效果，而对于同心圆数据集则是聚类效果很差。

```
In[29]:## 将手写数字数据切分为10个簇
        dig10 = hierarchy.fcluster(Z1,t = 10, criterion="maxclust")
        print("聚为10个簇,每簇包含的样本数量:\n",np.unique(dig10,return_counts =
True))
        print("聚为10个簇,聚类效果V测度: %.4f"%v_measure_score(digit2d.label,
dig10))
        ## 将同心圆数据切分为2个簇
        cil2 = hierarchy.fcluster(Z2,t = 2, criterion="maxclust")
        print("聚为2个簇,每簇包含的样本数量:\n",np.unique(cil2,return_counts =
True))
        print("聚为2个簇,聚类效果V测度: %.4f"%v_measure_score(circles.label, cil2))
        Out[29]:聚为10个簇,每簇包含的样本数量:
(array([ 1,  2,  3,  4,  5,  6,  7,  8,  9, 10], dtype=int32), array([178, 183, 145, 170,
182, 193, 194, 179, 178, 195]))
        聚为10个簇,聚类效果V测度: 0.9103
        聚为2个簇,每簇包含的样本数量:
(array([1, 2], dtype=int32), array([188, 312]))
        聚为2个簇,聚类效果V测度: 0.0008
```

为了更直观地分析系统聚类对两个数据集的聚类效果，下面的程序可视化出聚类散点图，运行程序后可获得如图6-16所示的图像。从结果中可以直观地发现，手写数字数据集的聚类效果很好，同心圆数据的聚类效果并不符合预期。

```
In[30]:## 可视化两种数据聚类效果
        pre_labs = [dig10,cil2]
        plt.figure(figsize=(14,6))
        fignames = ["手写数字数据集","同心圆数据集"]
        shapes = ["o", "v","1", "s", "p", "*", "h", "+", "x","d","o","v"]
        colors=["r","b","g","yellow","k",'lightblue',"y","cyan","m","orange", "r","b"]
        for ii, dataset in enumerate(datalist):
            ## 可视化聚类结果
            plt.subplot(1,2,ii+1)
```

```
            pre = pre_labs[ii]
            labelall = np.unique(pre)
            for jj in labelall:
                index = pre == jj
                plt.scatter(dataset[index,0],dataset[index,1],c = colors[jj],
                            marker = shapes[jj],s = 40,label= str(jj),alpha=1)
            plt.title(fignames[ii])
        plt.tight_layout()
        plt.show()
```

手写数字数据集   同心圆数据集

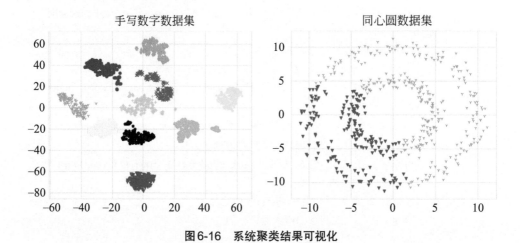

图6-16　系统聚类结果可视化

6.4.4　模糊聚类实战

下面使用模糊聚类对两个数据集进行聚类分析，并可视化出聚类效果。运行程序后可获得如图6-17所示的可视化结果。从结果中可以直观地发现，手写数字的数据集的聚类效果很好，同心圆数据的聚类效果并不符合预期。

```
In[31]:## 对两个数据进行模糊聚类
        cluster_num = [10,2]
        np.random.seed(123)
        fignames = ["手写数字数据集","同心圆数据集"]
        shapes = ["o", "v","1", "s", "p", "*", "h", "+", "x","d"]
        colors = ["r","b","g","yellow","k","lightblue","y","cyan","m","orange"]
        plt.figure(figsize=(14,6))
        for ii,dataset in enumerate(datalist):
```

```
## 随机选择n个样本作为初始化聚类中心
index = np.random.permutation(len(dataset))[0:cluster_num[ii]]
initial_centers = dataset[index,:]
fcmcluster = fcm(data = dataset,initial_centers=initial_centers)
fcmcluster.process()  # 算法训练数据
fcmcluster_pre = fcmcluster.get_clusters() # 获取聚类结果
## 可视化聚类结果
plt.subplot(1,2,ii+1)
for jj,fcmindex in enumerate(fcmcluster_pre):
    plt.scatter(dataset[fcmindex,0],dataset[fcmindex,1],c=colors[jj],
                marker = shapes[jj],s= 40,label =str(jj),alpha = 1)
    plt.title(fignames[ii])
plt.tight_layout()
plt.show()
```

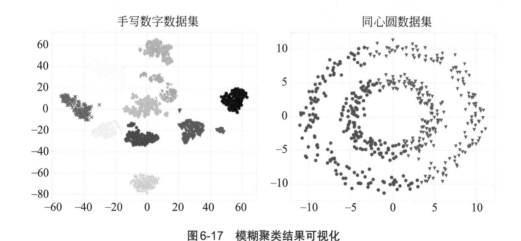

图6-17　模糊聚类结果可视化

　　经过前面几种聚类算法的应用，可以发现：针对不同分布类型的数据，使用不同的聚类方式可以获取不一样的聚类效果，因此在选择合适的算法进行数据聚类之前，应该先探索分析数据的分布情况，然后再选择合适的聚类算法。

6.5　关联规则挖掘

　　关联规则挖掘通过分析一些事物同时出现的频率，试图在很大的一个数据集中找出规则或者相关的关系。例如：啤酒和尿不湿同时出现的频率较高，这种方法也称为购物篮分析。

179

6.5.1　模型简介

关联规则的适用范围很广，除了常用的购物篮数据、问卷调查等以分类变量为主的情况，还可以对连续的数据变量离散化进行关联规则分析。下面介绍关联规则分析中常用的术语。

项目：交易数据库中的一个字段，对超市的交易来说一般是指一个客户在一次交易中的一个物品（或者一类物品），例如：啤酒。

事务：某个客户在一次（购物）交易中，（购买的）发生的所有项目的集合，比如｛面包，啤酒，尿不湿，苹果｝。

项集：一次事务中包含若干个项目的集合，一般项集中的项目会大于0个。

频繁项集：某个项集的支持度大于设定阈值（预先给定或者根据数据分布和经验来设定），表明该项集的出现次数满足分析要求，即称这个项集为频繁项集。

频繁模式：频繁地出现在数据中的模式（如项集、子序列或者子结构）。例如，频繁出现在交易数据中的商品（面包和牛奶）的集合就是频繁项集。一个子序列，如先买了一件T恤，然后买了短裤，最后买了双凉鞋，如果它频繁地出现在所有客户购物的历史数据中，则称它为一个频繁的序列模式。

关联规则：假设I是项目的集合，给定一个(商品)交易数据库D，其中的每项事务d_i都是I的一个非空子集，每一个事务都有唯一的标识符对应。关联规则是形如

$$X \Rightarrow Y$$

的蕴含式，其中X与Y属于项目的集合I，并且X与Y的交集为空集，X和Y分别称为规则的先导和后继(或左项和右项，或前项和后项等)。

支持度：关联规则$X \Rightarrow Y$的支持度（support）是D中事务包含X和Y同时出现的百分比，它就是概率P（$Y \cup X$)，即

$$\text{support}(X \Rightarrow Y) = P(Y \cup X)$$

置信度：关联规则$X \Rightarrow Y$的置信度(confidence)是D中包含X的事务同时也包含Y的事务的百分比，它就是条件概率$P(Y|X)$。即：

$$\text{confidence}(X \Rightarrow Y) = P(Y \mid X) = \frac{\text{support}(X \cup Y)}{\text{support}(X)}$$

规则的置信度可以通过规则的支持度计算出来，得到对应的关联规则$X \Rightarrow Y$和$Y \Rightarrow X$，可以通过如下步骤找出强关联规则：

① 找出所有的频繁项集，即找到满足最小支持度的所有频繁项集；

② 由频繁项集产生强关联规则，这些规则必须同时满足给定的最小置信度和最小支持度。

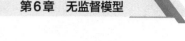

提升度：是关联规则的一种相关性度量，$X \Rightarrow Y$的提升度（lift）即在含有X的条件下同时含有Y的概率与Y总体发生的概率之比，即

$$\text{lift}(X,Y) = \frac{P(Y \mid X)}{P(Y)} = \frac{\text{support}(X \cup Y)}{\text{support}(X)\,\text{support}(Y)}$$

如果lift(X, Y)的值小于1，则表明X的出现和Y的出现是负相关的，即一个出现可能导致另一个不出现；如果值等于1，则表明X和Y是独立的，它们之间没有关系；如果值大于1，则X和Y是正相关的，即每一个的出现都蕴含着另一个的出现。

6.5.2 实战案例：购物篮分析

下面将会使用购物篮数据，介绍如何使用Python中的mlxtend库进行关联规则分析。首先导入数据，导入的数据有三列，分别是时间（date）、事务的ID（transaction_id，是每次交易）以及每个事务所对应的项目（item，交易中包含的商品），在分析时只需要使用到事务和项目两列即可，导入数据的程序如下所示，并且从简单的统计中可知，数据中共有1139个交易事务，这些事务一共包含38个项目。

```
In[32]:## 读取数据
        shopdf = pd.read_csv("data/chap06/dataset_group.csv", header=None,
                             names=["date", "transaction_id", "item"])
        print(shopdf.head())
Out[32]:
                date   transaction_id              item
        0   2000-01-01               1            yogurt
        1   2000-01-01               1              pork
        2   2000-01-01               1     sandwich bags
        3   2000-01-01               1        lunch meat
        4   2000-01-01               1       all- purpose
In[33]:## 计算数据中交易的数量与商品的数量
        print(len(shopdf["transaction_id"].unique()))
        print(len(shopdf["item"].unique()))
Out[33]:1139
        38
```

针对每个项目出现的频次，可以使用条形图可视化每个商品出现的频次，运行下面的程序可获得条形图6-18。

In[34]:## 计算每个商品出现的次数

freq_items = shopdf["item"].value_counts()

freq_items.plot(kind = "bar",figsize = (10,6),width = 0.8)

plt.ylabel(" 频次 ")

plt.title(" 商品出现频次 ")

plt.show()

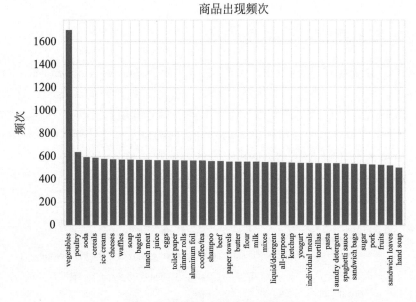

图6-18 数据中商品出现的频次

为了方便使用mlxtend库进行关联规则分析，需要将导入的数据进行预处理。首先是将每个交易的事件处理为列表，然后将列表数据使用函数TransactionEncoder()进行数据变换，处理后的数据中的每个商品作为列名，每个交易事务对应着行，如果交易事务中有某种商品，则对应的取值为True，否则为False。使用的程序如下所示：

In[35]:## 对数据进行预处理,将每个交易的事件处理为列表

trans_id = shopdf["transaction_id"].unique()

items_list = [list(shopdf.loc[shopdf["transaction_id"] == id, "item"])

for id in trans_id]

为了使用mlxtend库进行关联规则的相关分析,对列表数据进行处理

te = TransactionEncoder()

```
shop_array = te.fit(items_list).transform(items_list)
df = pd.DataFrame(shop_array , columns=te.columns_)
df
```
Out[35]:

	all- purpose	aluminum foil	bagels	beef	butter	...	toilet paper	tortillas	vegetables	waffles	yogurt
0	True	True	False	True	True	...	False	False	True	False	True
1	False	True	False	False	False	...	True	True	True	True	True
2	False	False	True	False	False	...	True	False	True	False	False
3	True	False	False	False	False	...	True	False	False	False	False
4	True	False	False	False	False	...	True	True	True	True	True
...	...	...	...	...	...	...	...	...	...	...	...
1134	True	False	False	True	False	...	False	False	False	False	False
1135	False	False	False	False	False	...	False	False	True	False	False
1136	False	False	True	True	False	...	False	True	True	False	True
1137	True	False	False	True	False	...	True	False	True	True	True
1138	False	False	False	False	False	...	False	False	True	False	False

1139 rows × 38 columns

　　mlxtend库中同时提供了FPGrowth和Apriori两种关联规则算法，下面利用 apriori()函数完成Apriori算法的关联规则挖掘，首先是通过最小支持度对发现的频繁项集进行筛选，运行下面的程序后，一共可以发现找到了556条频繁项集。

In[36]:## 使用Apriori算法发现频繁项集
```
iterm_fre = apriori(df, min_support=0.15,use_colnames=True)
iterm_fre
```
Out[36]:

	support	itemsets
0	0.374890	(all- purpose)
1	0.384548	(aluminum foil)
2	0.385426	(bagels)
3	0.374890	(beef)
4	0.367867	(butter)
...	...	...
551	0.158033	(lunch meat, poultry, vegetables)
552	0.157155	(lunch meat, waffles, vegetables)
553	0.156277	(mixes, poultry, vegetables)
554	0.151888	(sugar, poultry, vegetables)
555	0.152766	(yogurt, poultry, vegetables)

556 rows × 2 columns

针对上面利用Apriori算法获得的频繁项集iterm_fre，可以使用association_rules()函数从中发现关联规则，下面的程序中只输出提升度大于等于1.2的规则，一共发现了80条规则。

In[37]:## 发现数据中的关联规则，使用提升度来筛选
rule = association_rules(iterm_fre, metric="lift", min_threshold=1.2)
计算获得的规则中相关项集的长度
rule["antecedent_len"] = rule["antecedents"].apply(lambda x: len(x))
rule["consequent_len"] = rule["consequents"].apply(lambda x: len(x))
rule

Out[37]:

	antecedents	consequents	antecedent support	consequent support	support	...	lift	leverage	conviction	antecedent_len	consequent_len
0	(dishwashing liquid/detergent)	(mixes)	0.388060	0.375768	0.179982	...	1.234274	0.034162	1.164179	1	1
1	(mixes)	(dishwashing liquid/detergent)	0.375768	0.388060	0.179982	...	1.234274	0.034162	1.174486	1	1
2	(soda)	(eggs)	0.390694	0.389816	0.187006	...	1.227892	0.034708	1.170397	1	1
3	(eggs)	(soda)	0.389816	0.390694	0.187006	...	1.227892	0.034708	1.171134	1	1
4	(individual meals)	(sandwich loaves)	0.375768	0.349429	0.159789	...	1.216937	0.028485	1.131887	1	1
...	...	...	...	...	...	...	...	...	...	...	...
75	(poultry)	(vegetables, mixes)	0.421422	0.295874	0.156277	...	1.253351	0.031590	1.119141	1	2
76	(sugar, vegetables)	(poultry)	0.297629	0.421422	0.151888	...	1.210957	0.026460	1.181553	2	1
77	(poultry, vegetables)	(sugar)	0.331870	0.360843	0.151888	...	1.268342	0.032135	1.178543	2	1
78	(sugar)	(poultry, vegetables)	0.360843	0.331870	0.151888	...	1.268342	0.032135	1.153787	1	2
79	(poultry)	(sugar, vegetables)	0.421422	0.297629	0.151888	...	1.210957	0.026460	1.098169	1	2

80 rows × 11 columns

在获取的输出结果中：antecedents表示规则中的前项、consequents表示规则中的后项、support表示支持度、confidence表示置信度、lift表示提升度、leverage和conviction分别表示杠杆率和确信度。其中杠杆率跟提升度类似，杠杆率大于0说明有一定关系，越大说明两者的相关性越强，确信度也用来衡量前项和后项的独立性，这个值越大，前项和后项越关联。

针对发现的规则，可以通过可视化方式，将发现的规则进行可视化分析。如果想要分析的是规则中支持度、置信度和提升度之间的关系，针对三个数值型评价指标，可以使用矩阵散点图进行可视化分析。运行下面的程序可获得如图6-19所示的图像。

In[38]:## 使用散点图分析可视化支持度、置信度和提升度的关系
colnames = ["support","confidence","lift"]
plotdata = rule[["support","confidence","lift"]].values
scatterplotmatrix(plotdata, figsize=(14, 8),
                  names=colnames,color = "blue")

```
plt.tight_layout()
plt.show()
```

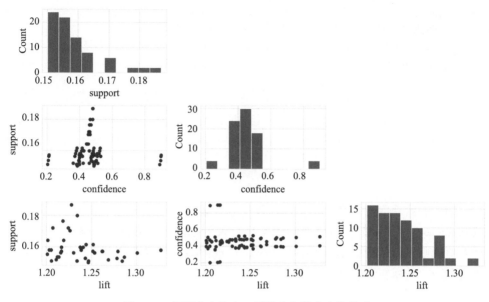

图6-19　规则中支持度、置信度和提升度的关系

通过图6-19可以发现：规则的支持度普遍较小，主要分布在0.15～0.18之间，支持度主要集中在0.4附近，提升度普遍小于1.3。

针对获取的关联规则，可以通过不同的条件对规则进行筛选，例如：下面的程序是获得规则中，前项的项目个数都大于1的规则，此时还剩下31条规则。

In[39]:## 对获得的规则根据项集的长度进行筛选

rule2 = rule[rule["antecedent_len"] > 1]

rule2

Out[39]:

	antecedents	consequents	antecedent support	consequent support	support	...	lift	leverage	conviction	antecedent_len	consequent_len
18	(yogurt, vegetables)	(aluminum foil)	0.319579	0.384548	0.152766	...	1.243075	0.029872	1.179077	2	1
19	(aluminum foil, vegetables)	(yogurt)	0.310799	0.384548	0.152766	...	1.278191	0.033249	1.210389	2	1
22	(cereals, vegetables)	(eggs)	0.310799	0.389816	0.151010	...	1.246424	0.029855	1.186842	2	1
24	(laundry detergent, cereals)	(vegetables)	0.169447	0.739245	0.151010	...	1.205543	0.025747	2.396463	2	1
25	(laundry detergent, vegetables)	(cereals)	0.309043	0.395961	0.151010	...	1.234051	0.028641	1.181231	2	1
...	...	...	...	...	...	...	...	...	...	...	...
69	(waffles, vegetables)	(lunch meat)	0.315189	0.395083	0.157155	...	1.262030	0.032630	1.206473	2	1
72	(vegetables, mixes)	(poultry)	0.295874	0.421422	0.156277	...	1.253351	0.031590	1.226294	2	1
73	(poultry, vegetables)	(mixes)	0.331870	0.375768	0.156277	...	1.253165	0.031571	1.179798	2	1
76	(sugar, vegetables)	(poultry)	0.297629	0.421422	0.151888	...	1.210957	0.026460	1.181553	2	1
77	(poultry, vegetables)	(sugar)	0.331870	0.360843	0.151888	...	1.268342	0.032135	1.178543	2	1

31 rows × 11 columns

下面的程序是获得规则中，挑选出前项的项目为指定元素的规则，此时挑选出了4条规则。

```
In[40]:## 从规则中挑选出前项某些项集中为指定元素的规则
        rule[rule["antecedents"] == {"vegetables"}]
Out[40]:
```

	antecedents	consequents	antecedent support	consequent support	support	...	lift	leverage	conviction	antecedent_len	consequent_len
29	(vegetables)	(laundry detergent, cereals)	0.739245	0.169447	0.151010	...	1.205543	0.025747	1.043770	1	2
37	(vegetables)	(eggs, dinner rolls)	0.739245	0.173837	0.156277	...	1.216092	0.027770	1.047635	1	2
47	(vegetables)	(dishwashing liquid/detergent, eggs)	0.739245	0.171203	0.153644	...	1.213990	0.027083	1.046248	1	2
63	(vegetables)	(eggs, yogurt)	0.739245	0.174715	0.157155	...	1.216779	0.027998	1.048100	1	2

4 rows × 11 columns

如果想要获取的规则，指定的项集中包含某些项目的规则。可以先定义一个函数findset()，该函数可以挑选某个集合是否包含某个小的集合，从而可以更灵活地对规则进行筛选。运行下面的程序，从规则的后项中挑选出包含某个小集合的规则，一共获得了31条规则。

```
In[41]:## 挑选某个集合是否包含某个小的集合
        def findset(set1,set2):
            "set1: 大的集合 ;set2: 小的集合 "
            return(set2.issubset(set1))
        ## 获取后项同时包含 {"vegetables"} 的规则
        set2 = {"vegetables"}
        rule3 = rule[rule["consequents"].apply(findset,set2 = set2)] # 后项条件
        rule3
Out[41]:
```

	antecedents	consequents	antecedent support	consequent support	support	...	lift	leverage	conviction	antecedent_len	consequent_len
20	(yogurt)	(aluminum foil, vegetables)	0.384548	0.310799	0.152766	...	1.278191	0.033249	1.143447	1	2
21	(aluminum foil)	(yogurt, vegetables)	0.384548	0.319579	0.152766	...	1.243075	0.029872	1.128881	1	2
23	(eggs)	(cereals, vegetables)	0.389816	0.310799	0.151010	...	1.246424	0.029855	1.125019	1	2
24	(laundry detergent, cereals)	(vegetables)	0.169447	0.739245	0.151010	...	1.205543	0.025747	2.396463	2	1
27	(laundry detergent)	(cereals, vegetables)	0.378402	0.310799	0.151010	...	1.284020	0.033403	1.146894	1	2
...	...	...	...	...	...	...	...	...	...	...	...
71	(waffles)	(lunch meat, vegetables)	0.394205	0.311677	0.157155	...	1.279093	0.034291	1.144656	1	2
74	(mixes)	(poultry, vegetables)	0.375768	0.331870	0.156277	...	1.253165	0.031571	1.143838	1	2
75	(poultry)	(vegetables, mixes)	0.421422	0.295874	0.156277	...	1.253351	0.031590	1.119141	1	2
78	(sugar)	(poultry, vegetables)	0.360843	0.331870	0.151888	...	1.268342	0.032135	1.153787	1	2
79	(poultry)	(sugar, vegetables)	0.421422	0.297629	0.151888	...	1.210957	0.026460	1.098169	1	2

31 rows × 11 columns

针对获得的规则还可以使用图进行可视化，可视化时一条规则的前项指向后项可以作为有向图的一条边。下面的程序则是将前面挑选出的规则relu3，使用有向图进行可视化分析。在可视化时根据置信度是否大于0.4，使用两种边来表示规则的连接，运行程序可获得如图6-20所示的图像。

```
In[42]:## 使用网络图可视化得到的规则，获取规则的前项和后项
        antecedents = []
        consequents = []
        weights = []
        for ii in range(len(rule3)):
            antecedents.append(list(rule3.antecedents.values[ii]))
            consequents.append(list(rule3.consequents.values[ii]))
            weights.append(rule3.confidence.values[ii])
        ## 可视化
        np.random.seed(1)
        plt.figure(figsize=(12,8))
        ## 生成网络图
        G=nx.DiGraph()
        ## 为图像添加边
        for ii in range(len(antecedents)):
            G.add_edge(antecedents[ii][0], consequents[ii][0],
                        weight = weights[ii])
        ## 定义两种边
        elarge=[(u,v) for (u,v,d) in G.edges(data=True) if d['weight'] >0.4]
        esmall=[(u,v) for (u,v,d) in G.edges(data=True) if d['weight'] <= 0.4]
        ## 图的布局方式
        pos=nx.spring_layout(G)
        # 设置节点的大小
        nx.draw_networkx_nodes(G,pos,alpha=0.3,node_size= 500)
        # 设置边的形式
        nx.draw_networkx_edges(G,pos,edgelist=elarge,width=2,
                        alpha=0.8,edge_color='r',style = "--",
                        arrowsize=20)
        nx.draw_networkx_edges(G,pos,edgelist=esmall,width=2,
                        alpha=0.8,edge_color='b',arrowsize=20)
        # 为节点添加标签
        nx.draw_networkx_labels(G,pos,font_size=14)
        plt.axis("off")
        plt.title("前项和后项长度均为1的规则网络图")
        plt.show()
```

前项和后项长度均为1的规则网络图

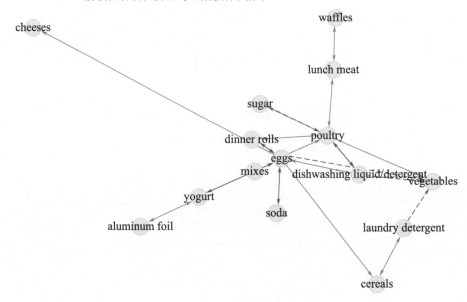

图6-20　关联规则有向图可视化

6.6　本章小结

　　本章主要介绍一些无监督学习模型的应用，并使用真实的数据案例进行分析。针对数据的降维算法，则是介绍了主成分分析、流形学习、t-SNE等降维算法的应用。针对数据的聚类算法，则是介绍了K均值聚类、密度聚类、系统聚类等算法的应用。最后介绍了针对购物篮数据，如何进行关联规则挖掘与分析。

## 第7章

分类模型

数据分类算法是监督学习中较重要的一类算法，分类模型主要从有标记数据中学习，在学习到数据中的分类模式后，根据该模式将未标记的新数据重新赋予新的标签。分类算法的应用通常会有以下几个步骤：

① 数据准备：准备用于分类的数据，而且数据需要带有标签；

② 数据切分：通常会将数据切分为训练集和测试集，其中训练集用于分类模型的训练，测试集用于检测模型的泛化性能；

③ 训练模型：利用训练集数据训练出效果较好的分类模型；

④ 测试模型：使用测试集测试模型的效果，并根据测试效果进行相应的调整；

⑤ 模型应用：将训练好的模型部署并进行应用。

在机器学习算法中，分类模型有很多种，本章将会对一些常用的算法，使用经典的数据集，介绍如何使用 Python 进行分类模型的建立与应用。主要介绍的分类算法有：决策树、随机森林、逻辑回归、支持向量机与全连接神经网络等。

下面首先导入本章会使用到的相关库和模块：

```
In[1]:## 进行可视化时需要的一些设置
        %config InlineBackend.figure_format = "retina"
        %matplotlib inline
        import seaborn as sns
        sns.set_theme(font= "KaiTi",style="whitegrid",font_scale=1.4)
        import matplotlib
        matplotlib.rcParams["axes.unicode_minus"]=False
        ## 导入需要的库
        import numpy as np
        import pandas as pd
        import matplotlib.pyplot as plt
        import plotly.express as px
        from sklearn.metrics import *
        from sklearn.model_selection import train_test_split,GridSearchCV
```

```
from sklearn.preprocessing import StandardScaler
from sklearn.decomposition import PCA
from mlxtend.plotting import *
import missingno as msno
from sklearn.tree import DecisionTreeClassifier,export_graphviz
from sklearn.ensemble import RandomForestClassifier
from sklearn.linear_model import LogisticRegression
from sklearn.svm import SVC,LinearSVC
from sklearn.neural_network import MLPClassifier
import graphviz
from dtreeviz import trees
from IPython.display import Image
import pydotplus
```

导入会使用到的库和模块后，由于在介绍决策树、随机森林以及逻辑回归模型时，会使用到泰坦尼克号分类数据集，因此下面首先对预处理好的泰坦尼克号数据集进行数据可视化探索与分析，增强我们对数据内容的理解。

（1）泰坦尼克号数据导入

先使用下面的程序导入会使用到的泰坦尼克号数据，导入的数据集中包含891个训练数据样本，一共有11个特征。针对数据中每个特征的含义，可以总结为表7-1。

```
In[2]:## 读取数据
       Titanic = pd.read_csv("data/chap07/Titanic_train_clear.csv")
       Titanic
Out[2]:
```

	Survived	Pclass	Name	Sex	Age	SibSp	Parch	Fare	Embarked	FamilySize	Age_Pclass
0	0	3	2	1	22.0	1	0	7.2500	2	2	3.0
1	1	1	3	0	38.0	1	0	71.2833	0	2	2.0
2	1	3	1	0	26.0	0	0	7.9250	2	1	3.0
3	1	1	3	0	35.0	1	0	53.1000	2	2	2.0
4	0	3	2	1	35.0	0	0	8.0500	2	1	6.0
...	...	...	...	...	...	...	...	...	...	...	...
886	0	2	4	1	27.0	0	0	13.0000	2	1	2.0
887	1	1	1	0	19.0	0	0	30.0000	2	1	1.0
888	0	3	1	0	30.4	1	2	23.4500	2	4	3.0
889	1	1	2	1	26.0	0	0	30.0000	0	1	1.0
890	0	3	2	1	32.0	0	0	7.7500	1	1	3.0

891 rows × 11 columns

表7-1　泰坦尼克号数据特征含义

特征名称	表示的含义	特征属性
Survived	是否存活(待预测特征)	分类变量
Pclass	船票的等级	分类变量
Name	处理后乘客称谓	分类变量
Sex	处理后乘客性别	分类变量
Age	处理后乘客年龄	连续变量
SibSp	船上兄弟姐妹或者配偶数量	连续变量
Fare	乘客票价	连续变量
Parch	船上父母或者孩子数量	连续变量
Embarked	登船的港口	分类变量
FamilySize	船上家庭成员数量	连续变量
Age_Pclass	分组后年龄与Pclass乘积	分类变量

（2）泰坦尼克号数据可视化探索

下面对数据集中一些感兴趣的信息，通过数据可视化的方式进行展示。首先展示的是在存活特征Survived不同取值的情况下，数据中的两个连续数值特征的数据分布情况，分析是否存活对数据分布的影响。针对这种情况，可以使用填充的分组密度曲线图进行可视化，运行下面的程序可获得如图7-1所示的图像。

```
In[3]:## 可视化两个连续变量的分组密度曲线图
       plt.figure(figsize=(12,6))
       plt.subplot(1,2,1)
```

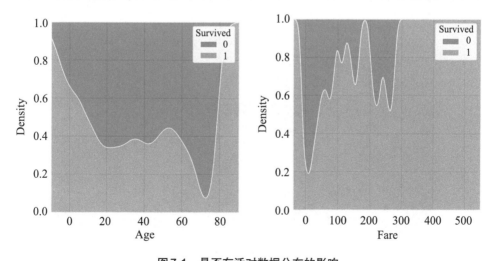

图7-1　是否存活对数据分布的影响

```
sns.kdeplot(data = Titanic, x="Age", hue="Survived",multiple="fill")
plt.subplot(1,2,2)
sns.kdeplot(data = Titanic, x="Fare", hue="Survived",multiple="fill")
plt.tight_layout()
plt.show()
```

从图7-1可以发现：是否存活在不同特征下的数据分布有很大差异。例如：
在年龄上低龄和高龄更容易存活，而且票价更高的乘客，更容易存活。

下面针对数据中的多个分类特征（离散特征），可以使用矩形树图，可视化
数据的关系，该图像可以使用plotly库进行可视化，运行下面的可视化程序，可
获得如图7-2所示的图像。通过图7-2可以更方便地分析，是否存活下一些特征
的取值差异情况，其中图中矩形的大小表示所包含样本数量的多少。

```
In[4]:## 使用矩形树图可视化数据中的离散特征，数据准备
      treepaths=["Survived","Name","Pclass","Age_Pclass"]
      Titanic2 = Titanic[treepaths]
      for name in treepaths:
          Titanic2[name] = Titanic2[name].apply(lambda x: name+":"+str(int(x)))
      ## 可视化
      fig = px.treemap(Titanic2,path=treepaths,width=900,height=600,
                      title = "矩形树图可视化")
      fig.update_layout(title={"x":0.5,"y":0.88})
      plt.show()
```

矩形树图可视化

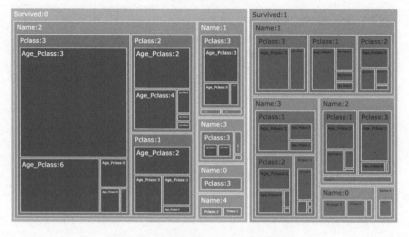

图7-2 是否存活与分类特征的关系

（3）数据切分

在对数据有了一定的认识与了解之后，下面将数据切分为训练集和测试集，便于后面建立分类模型，其中有 668 条数据用于分类模型的训练，223 条数据用于检测训练模型的泛化能力。

```
In[5]:# 定义预测目标变量名
        Target = "Survived"
        ## 定义模型的自变量名
        train_x = Titanic.columns.values[1:]
        ## 将数据集切分为训练集和测试集
        X_train,X_test,y_train,y_test = train_test_split(Titanic[train_x],
        Titanic[Target],test_size = 0.25,random_state = 123)
        print("X_train.shape :",X_train.shape)
        print("X_test.shape :",X_test.shape)
Out[5]:X_train.shape : (668, 10)
        X_test.shape : (223, 10)
```

7.1　决策树算法

决策树（Decision Tree，DT）算法通过学习析取表达式，找到针对目标的学习规则，是应用最广的归纳推理算法之一，该方法学习得到的函数被表示为一棵决策树，并且针对带有缺失值的数据仍然可以使用。

7.1.1　算法简介

决策树是把实例从根节点排列到某个叶子节点来分类实例（样本），在分析数据时和流程图很相似，模型包含一系列的逻辑决策，决策节点的不同分支表明作出的不同选择，最终到达叶子节点得到逻辑规则，叶子节点即为实例所属的类别（待预测的变量的某类取值）。决策树上的每一个节点指定了实例的某个特征（预测变量），并且该节点的每一个后继分支对应于该特征变量的一个可能值。决策树方法的核心内容包括节点的选择、决策树的剪枝和决策树算法的选取等。

（1）节点的选择

决策树在选择使用哪个特征作为当前节点来划分数据时，可以有不同的方式来判断，其中信息增益是用来衡量在给定的属性(特征)来区分训练样本的常用方式，而信息增益的定义则是利用到了熵。熵是一种度量随机变量不确定性的方法，假设离散值随机变量X的分布列为：

$$P(X=x_i)=p_i,\quad i=1, 2, 3, ..., n$$

则X的熵可定义为：

$$\text{Ent}(X) = \sum_{i=1}^{n} p_i \log_2 p_i$$

$\text{Ent}(X)$的值越小，则表明变量的不确定性程度越弱。

信息增益（information gain）表示在知道特征a的条件下，使得数据集的类别Y的信息不确定性减少的程度。假设数据集D中的一个离散的特征a，该特征有v个属性，则使用特征a作为一个节点时，会有v个分支，每个分支会包含N_v个样本。针对特征a对训练数据集D的信息增益$\text{Gain}(D, a)$可以使用下面的公式计算：

$$\text{Gain}(D,a)=\text{Ent}(D) - \text{Ent}(D\,|\,a) = \text{Ent}(D) - \sum_{v=1}^{v} \frac{N_v}{N} \text{Ent}(D_v)$$

因为不同的特征对数据集会有不同的信息增益，所以信息增益越大，表明使用该特征作为节点划分数据时，将数据切分得越好，分类能力越强。信息增益并不是唯一的分隔标准，其它常用的还有基尼系数、卡方统计量和增益比等。

（2）决策树的剪枝

由于过深的决策树会导致对数据的过拟合，模型只能在训练集上有很好的预测效果，在测试集上预测效果会很差，从而模型没有泛化能力。但如果决策树生长不充分，同样会导致模型的欠拟合，这样模型会没有判别能力。针对该问题，常用解决方案就是对决策树模型进行剪枝处理，从而获得一个正常拟合的决策树模型。

剪枝可分为预剪枝和后剪枝。预剪枝是指在决策树的生成过程中，对每个节点进行划分之前就进行相应的估计，如果当前节点的划分对决策树模型的泛化能力没有提升，则不对当前节点进行划分，将它看作叶节点。而后剪枝表示如果决策树生长的过大，就根据节点处的错误率，使用修剪准则减小到更合适的大小，如果减去某个子树能够提升模型的泛化能力，那么就减去得到新的叶子节点，从而避免决策树的过拟合问题。

（3）常用的决策树算法

ID3(Iterative Dichotomiser 3)算法，是由澳大利亚计算机科学家Quinlan在1986年提出的，它是经典的决策树算法之一。ID3算法在选择划分节点的属性时，使用信息增益来选择。由于ID3算法不能处理非离散型特征，而且由于没有考虑每个节点的样本大小，所以可能导致叶子节点的样本数量过小，往往会带来过拟合的问题。

C4.5 算法是对 ID3 算法的进一步改进，它能够进行处理不连续的特征，在选择划分节点的属性时，使用信息增益率来选择。因为信息增益率考虑了节点分裂信息，所以不会过分偏向于取值数量较多的离散特征。

ID3 算法和 C4.5 算法主要用来解决分类问题，不能用来解决回归问题，而 CART(Classification And Regression Tree) 算法则能同时处理分类问题和回归问题。CART 算法在解决分类问题时，使用 Gini 系数 (基尼系数) 的下降值，选择划分节点属性的度量指标；在解决回归问题时，根据节点数据目标特征值的方差下降值，作为节点分类的度量标准。

表 7-2 对上述三种决策树算法的使用场景和划分节点选择情况进行了归纳总结。

表 7-2　常见决策树算法的对比

算法	数据集特征	预测值类型	划分节点指标	适用场景
ID3	离散值	离散值	信息增益	分类
C4.5	离散值、连续值	离散值	信息增益率	分类
CART	离散值、连续值	离散值、连续值	Gini 系数、方差	分类、回归

在 Python 中，可以通过 Sklearn 库进行决策树建模分析，针对决策树的可视化可以使用 dtreeviz 库。

7.1.2　实战案例：决策树算法实战

首先使用 Sklearn 库 tree 模块中的 DecisionTreeClassifier() 函数，建立泰坦尼克号数据分类模型，建立模型是使用默认的参数建立一个决策树模型 (该模型由于深度较深，所以有过拟合的风险)，并计算在训练集和测试集上的预测精度，程序如下所示：

```
In[6]:## 先使用默认的参数建立一个决策树模型
        dtc1 = DecisionTreeClassifier(random_state=1)
        ## 使用训练数据进行训练
        dtc1 = dtc1.fit(X_train, y_train)
        ## 输出其在训练数据和测试数据集上的预测精度
        dtc1_lab = dtc1.predict(X_train)
        dtc1_pre = dtc1.predict(X_test)
        print(" 训练集上的精度 ",accuracy_score(y_train,dtc1_lab))
        print(" 测试集上的精度 ",accuracy_score(y_test,dtc1_pre))
Out[6]: 训练集上的精度 : 0.9880239520958084
        测试集上的精度 : 0.7802690582959642
```

从程序的输出结果中可以发现：建立的决策树模型在训练数据集上的精度为0.988，而在测试集上的精度就只有0.78，这是很明显的模型过拟合信号，说明模型过拟合了。为了更直观地展示决策树的拟合情况，可以将树结构进行可视化，使用下面的程序获得如图7-3所示的决策树结构。

```
In[7]:## 将获得的决策树结构可视化
       dot_data=export_graphviz(dtc1,out_file=None,
                                feature_names=X_train.columns,
                                class_names=True, filled=True, rounded=True,
                                special_characters=False)
       graph = pydotplus.graph_from_dot_data(dot_data)
       Image(graph.create_png())
```

图7-3   默认参数获得的决策树

从图7-3可以发现：该决策树模型非常复杂，而且决策树的层数超过15层，导致该决策树获得的规则会非常的复杂。通过模型的可视化进一步证明了获得的决策树模型具有严重的过拟合问题，需要对模型进行剪枝，精简模型。下面将会介绍两种对决策树模型的剪枝方式，分别是：网格参数搜索剪枝与利用最小代价复杂度剪枝。

（1）决策树剪枝：网格参数搜索

网格参数搜索的剪枝方式，则是对决策树模型中的多个可调整的参数进行网格参数搜索，利用不同参数组合下的决策树模型，在测试数据集上的预测精度，来选择较合适的模型。该方式搜索的参数组合较多，因此比较费时费力，适合数据量不是很多的情况。下面的程序则是对决策树模型中的最大深度(max_depth参数)、最大叶子节点数量(max_leaf_nodes参数)两个参数进行参数网格搜索，并输出不同参数组合下在测试集上的预测精度。

In[8]:## 借助参数网格搜索找到合适的决策树模型参数

```
depths = np.arange(1,20,1)
leafnodes = np.arange(10,30,5)
tree_depth = []
tree_leafnode = []
test_acc = []
for depth in depths:
    for leaf in leafnodes:
        dtc2 = DecisionTreeClassifier(max_depth=depth, ## 最大深度
                                      max_leaf_nodes=leaf,## 最大叶节点数
                                      random_state=1)
        dtc2 = dtc2.fit(X_train,y_train)
        ## 计算在测试集上的预测精度
        dtc2_pre = dtc2.predict(X_test)
        test_acc.append(accuracy_score(y_test,dtc2_pre))
        tree_depth.append(depth)
        tree_leafnode.append(leaf)
## 将结果组成数据表并输出较好的参数组合
DTCdf = pd.DataFrame(data = {"tree_depth":tree_depth,
                             "tree_leafnode":tree_leafnode,
                             "test_acc":test_acc})
## 根据在测试集上的精度进行排序
print(DTCdf.sort_values("test_acc",ascending=False).head(10))
```

Out[8]:	tree_depth	tree_leafnode	test_acc
26	7	20	0.834081
31	8	25	0.834081
51	13	25	0.829596
30	8	20	0.829596
34	9	20	0.829596
35	9	25	0.829596
39	10	25	0.829596
42	11	20	0.829596
43	11	25	0.829596
46	12	20	0.829596

从输出的结果中可以发现：较好的参数组合是最大深度为 7，最大叶节点数量为 20，下面使用这组参数，建立剪枝后的决策树新模型，并输出在训练集和测试集上的预测精度。程序如下所示：

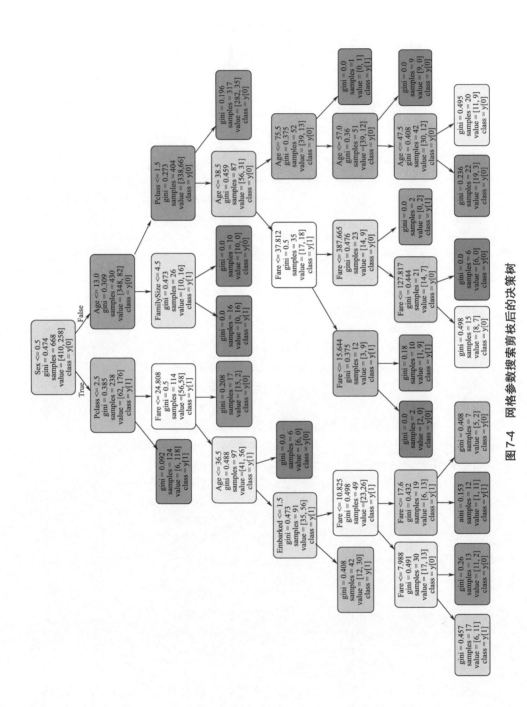

图7-4　网格参数搜索剪枝后的决策树

In[9]:## 使用较合适的参数建立决策树分类器

```
dtc2 = DecisionTreeClassifier(max_depth=7, ## 最大深度
                              max_leaf_nodes=20, ## 最大叶节点数量
                              random_state=1)
dtc2 = dtc2.fit(X_train,y_train)
## 输出其在训练数据和测试数据集上的预测精度
dtc2_lab = dtc2.predict(X_train)
dtc2_pre = dtc2.predict(X_test)
print("训练集上的精度:",accuracy_score(y_train,dtc2_lab))
print("测试集上的精度:",accuracy_score(y_test,dtc2_pre))
```
Out[9]:训练集上的精度: 0.8712574850299402
      测试集上的精度: 0.8340807174887892

从上面程序的输出结果中可以发现：此时在训练集上的精度为 0.87＜0.98，在测试集上的精度为 0.834＞0.78，说明决策树的过拟合问题已经得到了一定程度的缓解。同样使用下面的程序获得剪枝后决策树模型的树结构，运行程序可获得可视化图像，如图7-4所示。

In[10]:## 将获得的决策树结构可视化

```
dot_data = export_graphviz(dtc2, out_file=None,
                           feature_names=X_train.columns,
                           class_names=True, filled=True, rounded=True,
                           special_characters=False)
graph = graphviz.Source(dot_data,format = "png")
graph
```

从图7-4剪枝后决策树模型中可以发现：该模型和未剪枝的模型相比简化很多，而且根节点为 Sex（性别）特征，即如果 Sex≤0.5，则到左边的分支查看 Pclass（船票的等级）特征，否则查看右边分支 Age（年龄）特征。剪枝后的决策树模型比未剪枝的模型更加直观明了，更容易分析和解释。

（2）决策树剪枝：利用最小代价复杂度剪枝

针对决策树模型剪枝，还可以利用缩小最小代价复杂度(Cost-Complexity)的方式对其剪枝，下面的程序首先针对默认的决策树模型，利用训练数据集，分析模型的复杂程度，然后根据不同的复杂度参数(ccp_alpha)取值的大小，建立新的决策树模型，并计算出在训练集和测试集上的预测精度，然后输出在测试集上精度较高时所对应的参数大小。

In[11]:## 利用最小代价复杂度(Cost-Complexity)剪枝

dtc1path = dtc1.cost_complexity_pruning_path(X_train,y_train)

ccp_alphas: 修剪树时的 alpha 值

ccp_alphas = dtc1path.ccp_alphas

ccp_alphas = ccp_alphas[:-1]   ## 最后 alpha 对应着只用一个根节点的树

使用不同 alpha 在训练集上训练决策树分类模型

train_acc = []

test_acc = []

for ccp_alpha in ccp_alphas:

    dtc = DecisionTreeClassifier(random_state=1, ccp_alpha=ccp_alpha)

    dtc.fit(X_train,y_train) # 训练模型

    dtc_lab = dtc.predict(X_train)

    dtc_pre = dtc.predict(X_test)

    train_acc.append(accuracy_score(y_train,dtc_lab))

    test_acc.append(accuracy_score(y_test,dtc_pre))

将结果组成数据表并输出较好的参数组合

DTCdf = pd.DataFrame(data = {"ccp_alpha":ccp_alphas,

"train_acc":train_acc,

"test_acc":test_acc})

根据在测试集上的精度进行排序

print(DTCdf.sort_values("test_acc",ascending=False).head(8))

Out[11]:		ccp_alpha	train_acc	test_acc
	47	0.002470	0.898204	0.838565
	52	0.002806	0.877246	0.838565
	51	0.002748	0.884731	0.838565
	42	0.001782	0.914671	0.834081
	43	0.001882	0.910180	0.834081
	44	0.001901	0.910180	0.834081
	45	0.001925	0.908683	0.834081
	46	0.002322	0.907186	0.834081

从输出的结果中可以知道：当参数 ccp_alpha =0.002470时，获得的剪枝后决策树模型在测试集上的预测精度较高。在针对不同的模型复杂度参数 ccp_alpha 的不同取值大小约束下，决策树回归模型在训练集和测试集上预测精度的变化情况，运行下面的程序可获得7-5所示的图像。

In[12]:## 可视化不同alpha下在训练集和测试集上的预测精度

```
fig = plt.figure(figsize=(10,6))
plt.plot(ccp_alphas, train_acc, "b--s",markersize = 5,label = "训练集")
plt.plot(ccp_alphas, test_acc,"r-o",markersize = 5,label = "测试集")
plt.xlabel("alpha")
plt.ylabel("精度")
plt.legend()
plt.title("决策树剪枝")
## 添加局部放大图像
inset_ax = fig.add_axes([0.37, 0.45, .35, .4],
                facecolor="lightblue",alpha = 0.5)
inset_ax.plot(ccp_alphas, train_acc, "b--s",markersize = 5)
inset_ax.plot(ccp_alphas, test_acc,"r-o",markersize = 5)
inset_ax.set_xlim([0.0014,0.005])
inset_ax.set_ylim([0.80,0.9])
plt.show()
```

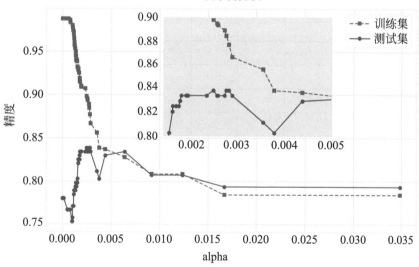

图7-5 复杂度参数对模型精度的影响

从图7-5可以发现：在参数ccp_alpha(alpha)开始增加的初期，在训练集上的精度一直减小，测试集上的精度有一个先增加后减小的趋势。

下面使用最合适的参数ccp_alpha取值来约束决策树回归模型，获得剪枝后的决策树分类模型，运行下面的程序可以发现，最好的模型在训练集上的精度差为0.8772，在测试集上的精度为0.8385。

In[13]:## 使用较合适的参数建立决策树分类器

　　　　dtc3 = DecisionTreeClassifier(random_state=1, ccp_alpha=0.002806)

　　　　dtc3 = dtc3.fit(X_train, y_train)

　　　　## 输出其在训练数据和测试数据集上的预测精度

　　　　dtc3_lab = dtc3.predict(X_train)

　　　　dtc3_pre = dtc3.predict(X_test)

　　　　print("训练集上的精度 :",accuracy_score(y_train,dtc3_lab))

　　　　print("测试集上的精度 :",accuracy_score(y_test,dtc3_pre))

Out[13]:训练集上的精度 : 0.8772455089820359

　　　　测试集上的精度 : 0.8385650224215246

　　　针对决策树模型的树结构可视化，除了可以使用Sklearn库中提供的方法，还可以使用dtreeviz库进行可视化，运行下面的程序则可以获得新的剪枝后的决策树的结构，如图7-6所示。同样可以发现：此时树的结构复杂度大大减小，模型泛化能力增强。

In[14]:## 通过 dtreeviz 库可视化获得的决策树

　　　　features = list(X_train.columns.values)

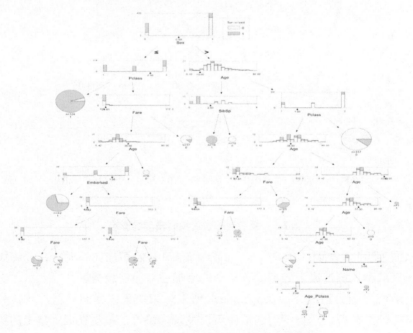

图7-6　利用复杂度参数剪枝后的决策树模型

```
target = "Surivived"
trees.dtreeviz(dtc3, X_train, y_train, features,
                  target, class_names=[0, 1],scale=1.5)
```

7.2 随机森林算法

随机森林(Random forest, RF)算法可以看作是一个包含多个决策树的分类器,其输出的类别是由所有决策树输出类别的众数而定(即通过所有单一的决策树模型投票来决定),同时每个决策树在建立时使用的特征数量也引入了随机选择的因素。

7.2.1 算法介绍

传统决策树算法在选择划分属性时,从当前节点属性集合中选择一个最优属性,而在随机森林中,对决策树的每个节点,先从该节点的属性集合中随机选择一个包含k个属性的子集,然后从这个子集中选择一个最优属性用于划分。这里的参数k控制了随机性的引入程度:若$k=d$(所有特征数量),则决策树的构建与传统决策树相同;若令$k=1$,则随机选择一个特征用于划分;一般情况下,推荐$k=\log_2 d$。

随机森林算法简单、容易实现、计算开销小,具有很多优点:

① 对于很多种数据,它可以产生高精度的分类器;

② 可以处理大量的输入变量,而且数据特征越多,模型会越稳定;

③ 可以在决定类别的同时,评估变量的重要性;

④ 随机森林模型由于综合了很多决策树的结果,所以泛化能力更强;

⑤ 可以使用带有缺失值的数据,即使有很大一部分的数据缺失时,也可以维持其一定的精度;

⑥ 对类别不平衡的数据集,可以平衡误差,使模型更稳定。

在Python中,使用sklearn库就可以完成随机森林分类模型的建立,下面同样会以泰坦尼克号数据为例,建立随机分类模型,针对建模的结果也可以对比分析两种算法的差异。

7.2.2 实战案例:随机森林算法实战

下面继续使用处理好的泰坦尼克号数据,介绍如何使用随机森林分类算法。在程序中使用RandomForestClassifier()函数建立了包含200棵决策树,最大深度为3，并且对类别权重进行平衡（class_weight＝"balanced"）的随机森林模型，针对使用训练集训练好的模型，计算出其它训练集和测试集上的预测精度。运行程序后可发现在训练集上的预测集精度为0.8203，在测试集上的预测精度是0.8475。针对精度和前面介绍的剪枝前的决策树模型进行对比可知，随机森林算法更不容易出现过拟合问题，而且能够获得更高的精度。

```
In[15]:## 使用随机森林对泰坦尼克数据进行分类
        rfc1 = RandomForestClassifier(n_estimators = 200, # 树的数量
                                      max_depth= 3,      # 子树最大深度
                                      oob_score=True,  # 输出 OOB 得分
                                      class_weight = "balanced",
                                      random_state=12)
        rfc1.fit(X_train,y_train)
        ## 输出其在训练数据集和测试数据集上的预测精度
        rfc1_lab = rfc1.predict(X_train)
        rfc1_pre = rfc1.predict(X_test)
        print(" 训练集上的精度 :",accuracy_score(y_train,rfc1_lab))
        print(" 测试集上的精度 :",accuracy_score(y_test,rfc1_pre))
Out[15]: 训练集上的精度 : 0.8203592814371258
         测试集上的精度 : 0.8475336322869955
```

针对使用随机森林建立的分类器，可以使用混淆矩阵表示预测值和真实值之间的差异，运行下面的程序可获得如图7-7所示的混淆矩阵热力图。通过混淆矩阵热力图可以更加直观地展示预测值错误与正确的情况。

```
In[16]:## 可视化在训练数据和测试数据上的混淆矩阵
        train_confm = confusion_matrix(y_train,rfc1_lab)
        test_confm = confusion_matrix(y_test,rfc1_pre)
        plt.figure(figsize=(12,5))
        plt.subplot(1,2,1)
        sns.heatmap(train_confm, square=True, annot=True, fmt='d',
                    cbar=False,cmap="YlGnBu")
        plt.xlabel(" 预测的标签 ")
        plt.ylabel(" 真实的标签 ")
        plt.title(" 混淆矩阵 ( 训练集 )")
        plt.subplot(1,2,2)
        sns.heatmap(test_confm, square=True, annot=True, fmt='d',
```

```
                    cbar=False,cmap="YlGnBu")
        plt.xlabel("预测的标签")
        plt.ylabel("真实的标签")
        plt.title("混淆矩阵(测试集)")
        plt.tight_layout()
        plt.show()
```

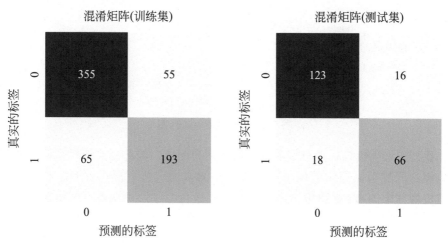

图7-7　混淆矩阵热力图

随机森林算法相较于其它机器学习算法的其中一个优势，是可以计算出每个特征对模型的重要性，该重要性还可以通过feature_importances_属性获取，获得的数值表示了每个特征在模型中的重要性，下面的程序在获得每个特征重要性的同时，使用条形图将其可视化，可获得可视化图7-8。从可视化的条形图中可以发现：性别（Sex）特征对分类的重要性最大，然后是Name、Fare等特征，而最不重要的特征是Parch。

```
In[17]:## 使用条形图可视化每个变量的重要性
        importances = pd.DataFrame({"feature":X_train.columns,
                                "importance":rfc1.feature_importances_})
        importances = importances.sort_values("importance",ascending = True)
        importances.plot(kind="barh",figsize=(10,6),x = "feature",
                        y = "importance",legend = False)
        plt.xlabel("重要性得分")
        plt.ylabel("")
        plt.title("随机森林分类器")
        plt.show()
```

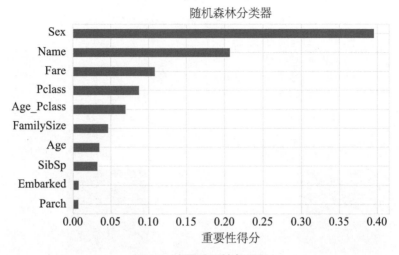

图7-8　变量重要性条形图

我们知道随机森林是有很多棵决策树组合而成，因此针对随机森林中的某棵决策树，同样可以使用前面可视化决策树的方式进行可视化。下面的程序则是对随机森林中的第1棵决策树进行可视化，运行程序后可获得可视化图像，如图7-9所示。从图像中可以知道，单棵决策树比前面剪枝后的决策树更简单。

In[18]:## 可视化随机森林模型中的某个决策树的情况
```
small_rfc1 = rfc1.estimators_[1]
features = list(X_train.columns.values)
```

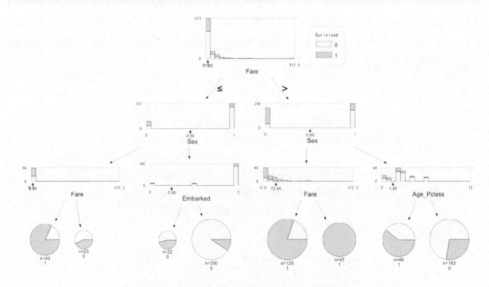

图7-9　随机森林中的某棵决策树可视化图

```
target = "Surivived"
trees.dtreeviz(small_rfc1, X_train, y_train, features,
                target, class_names=[0, 1],scale=1.5)
```

　　由于随机森林是由多棵决策树组成的，因此不同数量的决策树组建的模型，对数据的预测精度是不同的，下面通过参数搜索的方式，分析不同数量的决策树对预测精度的影响，运行下面的程序后，可视化出了不同的决策树数量在训练集和测试集精度的变化情况，运行程序可获得图像，如图7-10所示，从可视化图像上可知，在测试集上的精度随决策树数量的增加，其预测精度波动较小，得到的模型较稳定。

```
In[19]:## 可视化不同的决策树数量在训练集和测试集精度的变化情况
        train_acc = []
        test_acc = []
        numbers = np.arange(50,1001,50)
        for n in numbers:
            rfc1.set_params(n_estimators = n,max_depth= 3,
                            class_weight = "balanced",random_state=12)
            rfc1.fit(X_train,y_train)
            ## 输出其在训练数据集和测试数据集上的预测精度
            rfc1_lab = rfc1.predict(X_train)
            rfc1_pre = rfc1.predict(X_test)
            train_acc.append(accuracy_score(y_train,rfc1_lab))
```

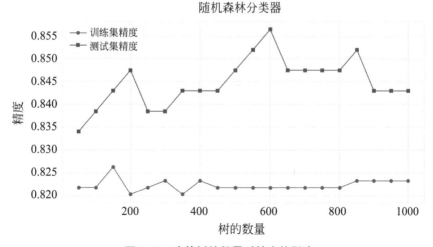

图7-10　决策树的数量对精度的影响

```
          test_acc.append(accuracy_score(y_test,rfc1_pre))
## 可视化
plt.figure(figsize=(12,6))
plt.plot(numbers,train_acc,"b-o",label = " 训练集精度 ")
plt.plot(numbers,test_acc,"r-s",label = " 测试集精度 ")
plt.xlabel(" 树的数量 ")
plt.ylabel(" 精度 ")
plt.title(" 随机森林分类器 ")
plt.legend()
plt.show()
```

7.3 Logistic回归算法

第 5 章介绍的多元线性回归模型，主要用来处理因变量是连续值的预测问题，而广义线性回归模型中的 Logistic 回归，则可以处理因变量是分类变量的分类问题。

7.3.1 算法简介

广义线性模型（Generalize Dlinear Model，GLM）是常见正态线性模型的直接推广，它可以适用于连续数据和离散数据，特别是后者，如属性数据、计数数据等。广义线性回归模型中，Logistic 回归模型是最重要的模型之一。

对于一系列有两个结果的随机试验，最简单的概率模型就是 Bernoulli 分布，即成功的概率为 p，失败的概率为 $1-p$。在实际生活中，各种不同的其它因素干扰试验结果，这样成功和失败的概率就是不固定的，而是其它自变量的一个函数。

Logistic 回归（简称逻辑回归）主要研究两元分类响应变量（"成功"和"失败"，分别用 1 和 0 表示）与诸多自变量间的相互关系，建立相应的模型并进行预测等。

假设对响应变量 y 有影响的 p 个自变量记为 x_1，x_2，$\cdots$，x_p，在这 p 个自变量的作用下出现"成功"的条件概率记为 $p=P\{y=1|x_1, x_2, \cdots, x_p|\}$，则 Logistic 回归模型可表示为

$$p = \frac{\exp(\beta_0 + \beta_1 x_1 + \beta_2 x_2 + \cdots + \beta_p x_p)}{1 + \exp(\beta_0 + \beta_1 x_1 + \beta_2 x_2 + \cdots + \beta_p x_p)}$$

其中，β_0, β_1, $\cdots\beta_p$ 是待估计的模型回归系数。对上述的公式做logit变换，则Logistic回归模型可写成线性形式

$$\operatorname{logit}(p) = \ln\frac{p}{1-p} = \beta_0 + \beta_1 x_1 + \beta_2 x_2 + \cdots + \beta_p x_p$$

这样就可以使用线性回归模型对各参数进行估计，这也是Logistic回归模型属于广义线性模型的原因。简单地说，Logistic回归就是将多元线性回归分析的结果映射到logit函数 $z=1/(1+\exp(y))$ 上，然后根据阈值对数据进行二值化，来预测二分类变量。

7.3.2　实战案例：Logistic回归算法实战

前面介绍了如何使用决策树与随机森林对泰坦尼克号数据进行分类，接下来将会介绍如何使用逻辑回归模型，对泰坦尼克号数据进行建模与分类。逻辑回归模型可以使用Python中Sklearn库中的LogisticRegression()函数来完成，下面的程序使用训练集训练模型，测试集分析模型的泛化能力，运行程序后可以知道，逻辑回归模型在训练数据和测试数据上的精度很接近，都在80%附近。该精度高于剪枝前的决策树模型，比随机森林模型稍差。

```
In[20]:## 使用Logistic回归算法对泰坦尼克号数据进行分类
        logis = LogisticRegression(random_state = 123)
        logis.fit(X_train,y_train)
        ## 输出其在训练数据集和测试数据集上的预测精度
        logis_lab = logis.predict(X_train)
        logis_pre = logis.predict(X_test)
        print("训练集上的精度 :",accuracy_score(y_train,logis_lab))
        print("测试集上的精度 :",accuracy_score(y_test,logis_pre))
Out[20]:训练集上的精度 : 0.8068862275449101
        测试集上的精度 : 0.8026905829596412
```

由于逻辑回归模型针对每个特征，都会获得一个回归系数，因此可以通过可视化的方式，对比分析每个回归系数的取值情况，运行下面的程序可获得如图7-11所示的图像。

```
In[21]:## 可视化每个特征的回归系数
        plotdata = pd.DataFrame(data = {"Feature":X_train.columns.values,
                                        "coef":logis.coef_[0]})
```

```
plt.figure(figsize=(10,7))
ax = plt.subplot(1,1,1)
plotdata.plot(kind = "scatter",x = "coef",y = "Feature",
              ax = ax,s = 50,c = "r",marker = "D")
plt.vlines(x = 0,ymax=10,ymin = 0)
plt.title("LogisticRegression 自变量的系数大小")
plt.show()
```

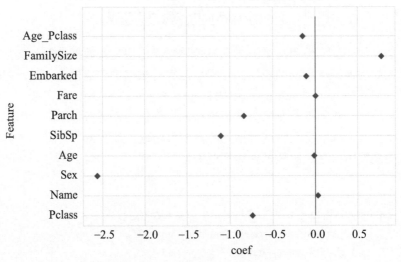

图7-11　回归系数的取值情况

逻辑回归模型的预测效果，还可以使用ROC曲线来表示，运行下面的程序后，可获得如图7-12所示的图像。从图中可以发现模型的AUC值达到0.8611，说明逻辑回归获得的预测效果可以接受。

```
In[22]:## 可视化在 Logistic 回归算法测试集上的 Roc 曲线
        pre_y = logis.predict_proba(X_test)[:, 1]
        fpr_Nb, tpr_Nb, _ = roc_curve(y_test, pre_y)
        auctest = auc(fpr_Nb, tpr_Nb)    # 计算 auc 的取值
        plt.figure(figsize=(10,8))
        plt.plot([0, 1], [0, 1], 'k--')
        plt.plot(fpr_Nb, tpr_Nb,"r",linewidth = 3)
        plt.xlabel(" 假正率 ")
        plt.ylabel(" 真正率 ")
```

```
plt.xlim(0, 1)
plt.ylim(0, 1)
plt.title("LogisticRegression ROC 曲线 ")
plt.text(0.1,0.9,"AUC = "+str(round(auctest,4)))
plt.show()
```

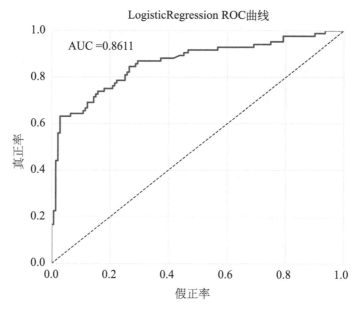

图 7-12　逻辑回归 ROC 曲线

7.4 支持向量机算法

支持向量机是深度神经网络流行之前，应用最广的深度学习算法，其在机器学习、计算机视觉、自然语言处理等方面发挥着重要的作用。

7.4.1 算法简介

支持向量机（Support Vector Machine，SVM）是一种有监督的学习模型，常用于数据的分类和回归问题（也可用于无监督学习，如异常值检测），是深度学习提出之前的重要算法之一。

SVM分类的基本思想是：求解能够正确划分数据集并且几何间隔最大的分离超平面，利用该超平面使得任何一类的数据划分相当均匀。对于线性可分的训

211

练数据而言，线性可分离超平面有无穷多个，但是几何间隔最大的分离超平面是唯一的。间隔最大化的直观解释是：对训练数据集找到几何间隔最大的超平面，意味着以充分大的确信度对训练数据进行分类。图7-13给出了在二维空间中，二分类问题的支持向量、最大间隔以及分隔超平面的位置示意图。

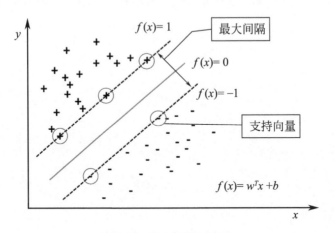

图7-13　最大间隔示意图

支持向量机中可以使用核函数将需要处理的问题映射到一个更高维度的空间，从而对在低维空间不好处理的问题转在高维空间中进行处理，进而得到精度更高的分类器，这种方式又称为核技巧的使用。例如：在图7-14所示中，原始的二维空间中无法线性区分的数据，经过核函数的映射将数据在高维空间中变得线性可分。

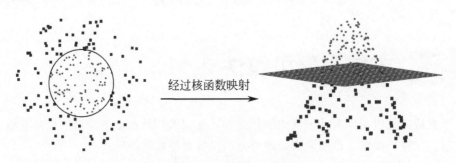

图7-14　核函数作用示意图

在实际应用中，SVM的分类和回归的效果都很好，其优点是：①可应用于分类和回归问题；②不会过多地受到噪声数据的影响，而且不容易过拟合；③可以用于分类问题、回归问题以及无监督的异常值检测等问题。其缺点是：①较优参数不容易确定，通常需要测试多种核函数和参数组合才能找到效果较优的模型；②训练速度慢，尤其是数据量较大时；③使用核函数会得到一个复杂的黑箱模型，不容易理解。

7.4.2 实战案例：支持向量机算法实战

本小节将会使用手写数据MNIST数据集，介绍如何使用支持向量机分类器，对数据进行分类。MNIST数据集包含两个数据集，分别是包含6万张图像的训练数据，与包含1万张图像的测试数据集，每个图像为28像素×28像素的灰度图像，一共有784个像素。因此在使用该数据集建立分类模型之前，会首先使用主成分降维算法将其降维，然后再训练SVM分类器。

（1）数据导入和降维

首先从文件夹中导入训练数据集和测试数据集，并且将像素值的取值范围处理到0～1之间，程序如下所示：

```
In[23]:## 手写数字数据导入
        MNIST_train = pd.read_csv("data/chap07/mnist_train.csv")
        MNIST_test = pd.read_csv("data/chap07/mnist_test.csv")
        MNIST_train_x = MNIST_train.iloc[:,1:]/255
        MNIST_train_y = MNIST_train.label
        MNIST_test_x = MNIST_test.iloc[:,1:]/255
        MNIST_test_y = MNIST_test.label
        print("MNIST_train_x.shape",MNIST_train_x.shape)
        print("MNIST_train_y.shape",MNIST_train_y.shape)
        print("MNIST_test_x.shape",MNIST_test.shape)
        print("MNIST_test_y.shape",MNIST_test_y.shape)
Out[23]:MNIST_train_x.shape (60000, 784)
        MNIST_train_y.shape (60000,)
        MNIST_test_x.shape (10000, 785)
        MNIST_test_y.shape (10000,)
```

读取数据后，可以使用下面的程序可视化数据中的一些图像样本，运行程序后可获得可视化图像，如图7-15所示，通过该图像可以查看数据汇总手写数字的数据形式。

```
In[24]:## 可视化数据中的几个样本
        plt.figure(figsize=(14,7))
        for ii in range(200):
            plt.subplot(10,20,ii+1)
            plt.imshow(MNIST_train_x.values[ii,:].reshape(28,-1))
            plt.axis("off")
```

```
plt.grid()
plt.subplots_adjust(hspace=0.05,wspace = 0.05)
plt.show()
```

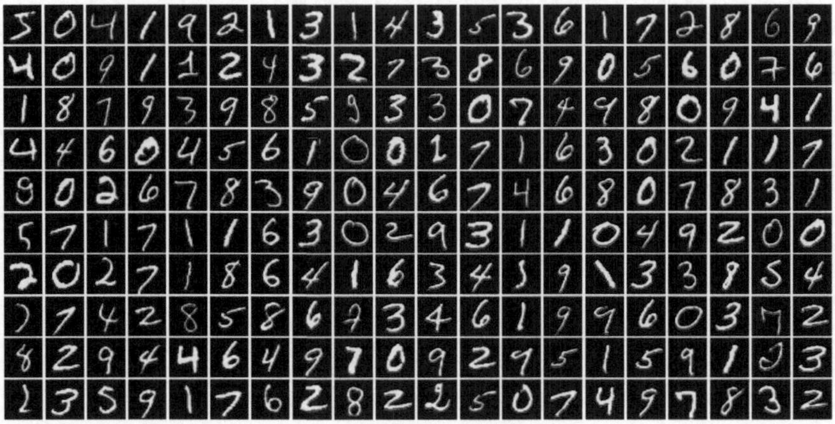

图7-15　数据中的一些样本

　　数据导入并预处理后，使用下面的程序进行主成分数据降维，在程序中只提取了数据中的前50个主成分，并且针对主成分分析的结果，可视化分析每个主成分的解释方差和解释方差累计百分比，运行程序后可获得可视化图像，如图7-16所示。

```
In[25]:## 利用主成分分析进行数据降维
        pca = PCA(n_components = 50, # 获取的主成分数量
        random_state = 123) # 设置随机数种子，保证结果的可重复性
        ## 对数据进行降维
        MNIST_train_pca = pca.fit_transform(MNIST_train_x)
        MNIST_test_pca = pca.transform(MNIST_test_x)
        print("MNIST_train_pca.shape",MNIST_train_pca.shape)
        print("MNIST_test_pca.shape",MNIST_test_pca.shape)
Out[25]:MNIST_train_pca.shape (60000, 50)
        MNIST_test_pca.shape (10000, 50)
In[26]:## 可视化分析每个主成分的解释方差和解释方差累计百分比
        x = np.arange(MNIST_train_pca.shape[1])+1
        plt.figure(figsize=(12,6))
        plt.subplot(1,2,1)
        plt.plot(x,pca.explained_variance_,"r-o")
```

```
plt.xlabel(" 主成分个数 ")
plt.ylabel(" 解释方差 ")
plt.title(" 解释方差变化情况 ")
plt.subplot(1,2,2)
plt.plot(x,np.cumsum(pca.explained_variance_ratio_),"b-s")
plt.xlabel(" 主成分个数 ")
plt.ylabel(" 解释方差 ")
plt.title(" 累计解释方差贡献率变化情况 ")
plt.tight_layout()
plt.show()
```

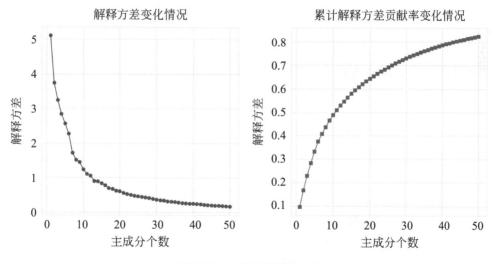

图 7-16　主成分的解释方差

从图 7-16 中可以发现：使用前 50 个主成分就获得了原始数据中超过 80% 的数据信息，因此我们使用前 50 个主成分建立 SVM 分类器是合理的。

（2）线性 SVM 分类

支持向量机算法使用不同的核函数，可以获取不同的数据投影方式，因此可以获得不同效果的 SVM 模型。在对数据进行预处理与数据降维后，下面先建立线性支持向量机模型，可以使用 Sklearn 库中的 LinearSVC() 对数据建立分类模型。先定义一个基础的线性 SVM 模型，并使用训练集进行训练，然后利用测试集进行测试模型泛化能力，从输出的结果中可以发现，在训练集和测试集上的预测精度分别为 0.89 和 0.90。这两个的结果差异并不是很大，说明建立的模型并没有出现过拟合的情况，而且模型的精度也较高，可以认为模型是正常拟合。

In[27]:## 建立线性SVM模型

      Lsvm = LinearSVC(penalty = "l2",C=5, ## 惩罚范数和参数

                    random_state= 1)

      ## 训练模型

      Lsvm.fit(MNIST_train_pca,MNIST_train_y)

      ## 计算在训练集和测试集上的预测精度

      Lsvm_lab = Lsvm.predict(MNIST_train_pca)

      Lsvm_pre = Lsvm.predict(MNIST_test_pca)

      print(" 训练集预测精度 :",accuracy_score(MNIST_train_y,Lsvm_lab))

      print(" 测试集预测精度 :",accuracy_score(MNIST_test_y,Lsvm_pre))

Out[27]:训练集预测精度 : 0.894583

      测试集预测精度 : 0.903

    针对多分类的数据预测效果，通过混淆矩阵分析更加方便，因此下面的程序中绘制出了模型在测试集上的混淆矩阵热力图，如图7-17所示。

In[28]:## 可视化测试数据集混淆矩阵

      test_confm = confusion_matrix(MNIST_test_y,Lsvm_pre)

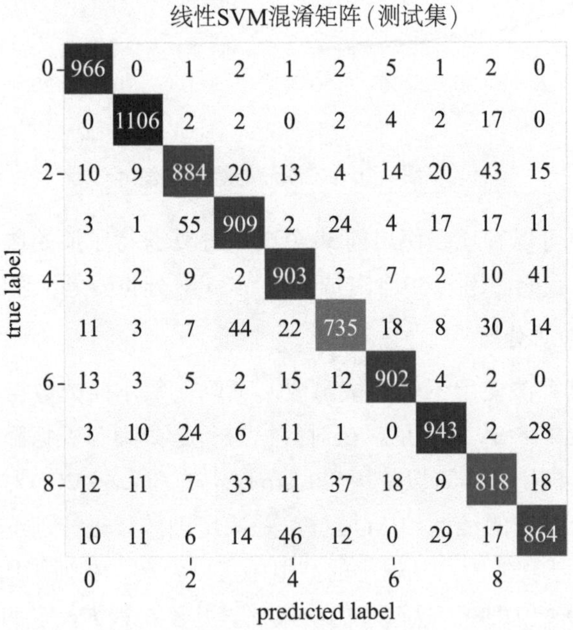

线性SVM混淆矩阵（测试集）

	0		2		4		6		8	
0	966	0	1	2	2	5	1	2	0
	0	1106	2	2	0	2	4	2	17	0
2	10	9	884	20	13	4	14	20	43	15
	3	1	55	909	2	24	4	17	17	11
4	3	2	9	2	903	3	7	2	10	41
	11	3	7	44	22	735	18	8	30	14
6	13	3	5	2	15	12	902	4	2	0
	3	10	24	6	11	1	0	943	2	28
8	12	11	0	33	11	37	18	9	818	18
	10	11	6	14	46	12	0	29	17	864

predicted label (0 2 4 6 8)

true label

图7-17 支持向量机测试集混淆矩阵热力图

```
plot_confusion_matrix(test_confm,figsize = (8,8))
plt.title("线性SVM混淆矩阵 ( 测试集 )")
plt.show()
```

（3）非线性SVM分类

通常情况下使用非线性核获得的SVM模型通常都不是精度最高的模型，而使用参数 kernel = "rbf"，建立的 rbf 核函数的SVM模型，通过会具有较高的预测精度，下面的程序则是使用SVC() 建立使用 rbf 核的SVM模型，并且从输出结果中可知其在训练集和测试集的预测精度都很高，远远超过非线性的SVM模型。

```
In[29]:## 建立非线性SVM模型，使用rbf核
        rbfsvm = SVC(kernel = "rbf",gamma=0.05, ## rbf核和对应的参数
                         random_state= 1)
        ## 训练模型
        rbfsvm.fit(MNIST_train_pca,MNIST_train_y)
        ## 计算在训练集和测试集上的预测精度
        rbfsvm_lab = rbfsvm.predict(MNIST_train_pca)
        rbfsvm_pre = rbfsvm.predict(MNIST_test_pca)
        print("训练集预测精度:",accuracy_score(MNIST_train_y,rbfsvm_lab))
        print("测试集预测精度:",accuracy_score(MNIST_test_y,rbfsvm_pre))
Out[29]: 训练集预测精度: 0.9974
         测试集预测精度: 0.986
```

同样针对非线性核的SVM模型，在训练集与测试集上的分类效果，通过混淆矩阵热力图的形式进行可视化分析，运行下面的程序可获得可视化图像，如图7-18所示。图中展示了在训练集和测试集上的混淆矩阵热力图。

```
In[30]:## 可视化在训练数据集和测试数据集上的混淆矩阵
        train_confm = confusion_matrix(MNIST_train_y,rbfsvm_lab)
        test_confm = confusion_matrix(MNIST_test_y,rbfsvm_pre)
        plt.figure(figsize=(12,6))
        ax = plt.subplot(1,2,1)
        plot_confusion_matrix(train_confm,axis = ax)
        plt.title("非线性SVM混淆矩阵 ( 训练集 )")
        ax = plt.subplot(1,2,2)
        plot_confusion_matrix(test_confm,axis = ax)
```

```
plt.title(" 非线性SVM混淆矩阵（测试集）")
plt.tight_layout()
plt.show()
```

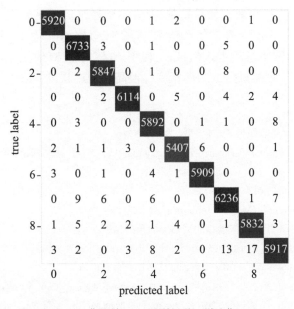

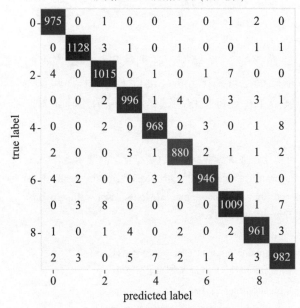

图7-18　非线性核支持向量机混淆矩阵热力图

7.5 人工神经网络算法

人工神经网络（Artificial Neural Network，ANN）简称神经网络，是机器学习和认知科学领域中一种模仿生物神经网络（动物的中枢神经系统，特别是大脑）结构和功能的数学模型或计算模型，用于对函数进行估计或近似。

7.5.1 算法简介

全连接神经网络（Multi-Layer Perception，MLP）或者叫多层感知机，是一种连接方式较为简单的人工神经网络结构，属于前馈神经网络的一种，主要由输入层、隐藏层和输出层构成。影响 MLP 性能的因素主要是激活函数与网络结构。

（1）激活函数

将神经元的净输入信号转换成单一的输出信号，以便进一步在网络中传播。它是人工神经元处理信息并将信息传递到整个网络的机制，是模仿生物神经元的模型。

常用的激活函数有：sigmoid 函数、tanh 函数与 ReLU 函数，如图 7-19 所示。

sigmoid 函数也叫 logistic 函数，计算方式为：

$$f(x) = \frac{1}{1 + e^{-x}}$$

其输出是在（0,1）这个开区间内。该函数在神经网络早期也是很常用的激活函数之一，但是存在一些缺点：当输入稍微远离坐标原点，函数的梯度就变得很小，几乎为零。

tanh 函数也叫双曲正切函数。计算公式为：

$$\tanh(x) = \frac{e^x - e^{-x}}{e^x + e^{-x}}$$

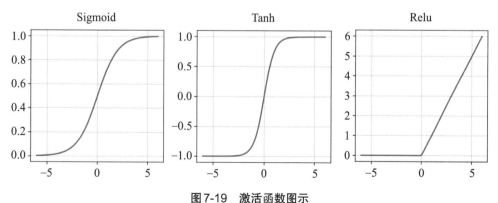

图 7-19　激活函数图示

tanh函数和sigmoid函数的曲线是比较相近的，这两个函数在输入很大或是很小的时候，输出都几乎平滑，梯度很小，不利于权重更新；tanh与sigmoid不同的是输出区间，tanh的输出区间是在（−1,1）之间，而且整个函数是以0为中心的，这个特点比sigmoid要好很多。

ReLU函数又叫修正线性单元，计算方式为：

$$f(x)=\max(0, x)$$

ReLU函数的优点主要有：在输入正数的时候，不存在梯度饱和问题；计算速度相对于其它类型激活函数要快很多，因为ReLU函数只有线性关系，所以不管是前向传播还是反向传播，都比sigmoid和tanh要快很多。

（2）网络结构

网络结构主要是模型中神经元的层数、每层神经元的个数以及它们的连接方式。

神经网络的学习能力主要来源于网络结构，而且根据层的数量不同、每层神经元的数量的多少以及信息在层之间的传播方式，可以组合成无数的神经网络模型。针对全连接神经网络，主要由输入层、隐藏层和输出层构成。输入层仅接受外界的输入，不进行任何函数处理，隐藏层和输出层神经元对信号进行加工，最终结果由输出层神经元输出。根据隐藏层的数量可以分为单隐藏层MLP和多隐藏层MLP，它们的网络拓扑结构如图7-20所示。

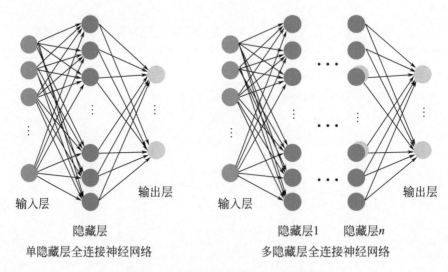

图7-20　全连接神经网络MLP拓扑结构

针对单隐藏层MLP和多隐藏层MLP，每个隐藏层的神经元的数量也是可以变化的，而且通常来说，并没有一个很好的标准来确定每层神经元的数量和隐藏层的个数。从经验上讲，更多的神经元通常会有更好的效果，同时也更容易造成网络的过拟合。所以在使用全连接神经网络时，对模型泛化能力的测试也很重要。最好的方式是在训练模型时，使用验证集来验证模型的泛化能力，而且尽可能去尝试多种网络结构，寻找更优的模型，但是这往往需要耗费大量的时间。

7.5.2　人工神经网络算法实战

下面将会继续使用MNIST数据集，利用全连接神经网络分类模型，建立分类器进行分析，同样会使用主成分降维提取的前50个主成分特征。

（1）单隐藏层MLP分类器

全连接神经网络MLP可以使用Sklearn库中的MLPClassifier()来建立，并且只使用了一个包含50个神经元的隐藏层，从输出的预测精度上可知，MLP分类器在训练集上的预测精度为0.9944，在测试集上的预测精度也达到了0.9735，说明获得的模型预测精度较高。

```
In[31]:## 定义单隐藏层神经网络模型的参数
        MLP = MLPClassifier(hidden_layer_sizes=(50,), #隐藏层有 50 个神经元
                            activation = "relu", ## 隐藏层激活函数
                            alpha = 0.01, ## 正则化 L2 惩罚的参数
                            solver = "adam", ## 求解方法
                            learning_rate = "adaptive",## 学习权重更新的速率
                            random_state = 10,verbose = False)
        ## 训练模型
        MLP.fit(MNIST_train_pca,MNIST_train_y)
        ## 计算在训练集和测试集上的预测精度
        MLP_lab = MLP.predict(MNIST_train_pca)
        MLP_pre = MLP.predict(MNIST_test_pca)
        print("训练集预测精度：",accuracy_score(MNIST_train_y,MLP_lab))
        print("测试集预测精度：",accuracy_score(MNIST_test_y,MLP_pre))
Out[31]: 训练集预测精度：0.994483
        测试集预测精度：0.9735
```

通过观察模型训练过程中损失函数的变化情况，可以分析算法是否收敛。下面的程序中通过 MLP.loss_curve_，获取模型训练过程中损失函数的变化情况，并使用折线图进行可视化，运行程序后可获得如图7-21所示的图像。可以发现在迭代的前20次，损失函数大小迅速地下降，然后缓慢地收敛，在迭代次数达到50次之后，损失函数取值的变化量很小。

In[32]:## 可视化迭代次数和损失之间的关系

　　　　plt.figure(figsize=(12,6))

　　　　plt.plot(np.arange(1,MLP.n_iter_ +1),MLP.loss_curve_,"r-o",lw = 3)

　　　　plt.xlabel(" 迭代次数 ")

　　　　plt.ylabel(" 损失函数 ")

　　　　plt.title(" 全连接神经网络 ")

　　　　plt.show()

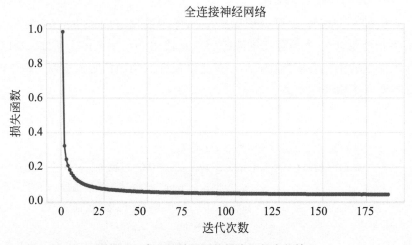

图7-21　全连接神经网络损失函数变化情况

　　针对训练好的MLP模型，可以使用MLP.coefs_方法输出每个神经元的权重，其中MLP.coefs_[0]输出的结果为输入层到第一隐藏层的权重，针对训练好的MLP输入层到第一隐藏层权重矩阵的维度等于50×50，第一个50表示数据特征的数量，第二个50表示第一隐藏层神经元的个数，使用下面的程序可以利用热力图将输入层到第一隐藏层权重矩阵可视化，运行程序后可获得如图7-22所示的图像。通过热力图可以方便地查看输入特征到每个神经元的权重大小，帮助我们更充分地理解神经网络。

In[33]:## 可视化输入层到隐藏层的权重

　　　　mat = MLP.coefs_[0]

　　　　## 绘制图像

　　　　plt.figure(figsize = (15,12))

　　　　sns.heatmap(mat ,annot=False,cmap="YlGnBu")

　　　　## 设置X轴标签

```
xticks = ["neuron "+str(i+1) for i in range(mat.shape[1])]
plt.xticks(np.arange(mat.shape[1])+0.5,xticks,rotation=90)
## 设置 Y 轴标签
yticks = ["PCA "+str(i+1) for i in range(mat.shape[0])]
plt.yticks(np.arange(mat.shape[0])+0.5,yticks,rotation=0)
plt.title("MLP 输入层到隐藏层的权重 ")
plt.show()
```

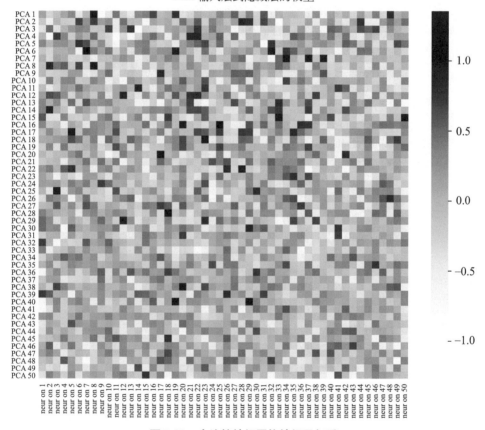

图7-22 全连接神经网络神经元权重

  针对隐藏层使用不同的神经元数量，会获得不同分类能力的MLP分类器，因此下面分析不同的神经元数量的MLP模型，在训练集与测试集上的预测精度，并将结果可视化，运行程序后可获得可视化图像，如图7-23所示。从图像中可以发现：当神经元的数量增加时，在训练集和测试集上的精度在迅速地增减，但是在神经元数量超过100时，预测精度的增加很缓慢，最终几乎保持不变，同时也说明了，神经元的数量并不是越多就越好。

In[34]:## 分析隐藏层中神经元的数量对数据预测精度的影响

```
train_acc = []
test_acc = []
numbers = [5,10,20,30,40,50,70,100,150]
for n in numbers:
    MLP = MLPClassifier(hidden_layer_sizes=(n),
                activation = "relu",alpha = 0.01,
                learning_rate = "adaptive",random_state = 10)
    MLP.fit(MNIST_train_pca,MNIST_train_y)
    MLP_lab = MLP.predict(MNIST_train_pca)
    MLP_pre = MLP.predict(MNIST_test_pca)
    train_acc.append(accuracy_score(MNIST_train_y,MLP_lab))
    test_acc.append(accuracy_score(MNIST_test_y,MLP_pre))
## 可视化
plt.figure(figsize=(12,6))
plt.plot(numbers,train_acc,"b-o",label = " 训练集精度 ")
plt.plot(numbers,test_acc,"r-s",label = " 测试集精度 ")
plt.xlabel(" 神经元的数量 ")
plt.ylabel(" 精度 ")
plt.title("MLP 分类器 ")
plt.legend()
plt.show()
```

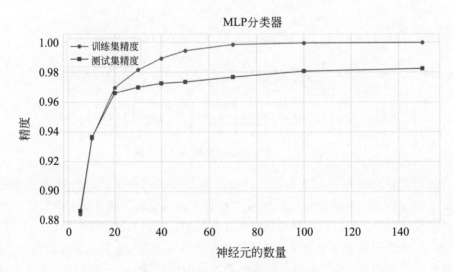

图7-23　神经元数量对精度的影响

（2）多隐藏层MLP分类器

下面分析增加隐藏层的数量，分析是否会继续提高预测精度，因此下面的程序则是建立了包含3个隐藏层，每个隐藏层包含100个神经元的MLP分类器，从输出的结果中可以发现，增加了神经元和隐藏层的数量，但是模型在训练集和测试集上的预测精度，并没有明显提升，说明针对使用的MNIST数据集，不需要那么多的神经元和深度，也可获得较高的精度。

```
In[35]:## 定义多隐藏层神经网络模型的参数
        MLP = MLPClassifier(hidden_layer_sizes=(100,100,100), # 各有100个神经元
                            activation = "relu", ## 隐藏层激活函数
                            alpha = 0.01, ## 正则化L2惩罚的参数
                            solver = "adam", ## 求解方法
                            learning_rate = "adaptive",## 学习权重更新的速率
                            random_state = 10,verbose = False)
        ## 训练模型
        MLP.fit(MNIST_train_pca,MNIST_train_y)
        ## 计算在训练集和测试集上的预测精度
        MLP_lab = MLP.predict(MNIST_train_pca)
        MLP_pre = MLP.predict(MNIST_test_pca)
        print("训练集预测精度:",accuracy_score(MNIST_train_y,MLP_lab))
        print("测试集预测精度:",accuracy_score(MNIST_test_y,MLP_pre))
Out[35]:训练集预测精度: 0.9983833
        测试集预测精度: 0.979
```

7.6　本章小结

本章主要介绍了Python中经典的分类算法的应用，并结合使用真实的数据集，介绍算法模型的建立和优化。主要介绍了使用决策树算法、随机森林算法与逻辑回归分类算法对泰坦尼克号数据分类。使用支持向量机与全连接神经网络对手写数字数据分类。

第8章

高级数据回归算法

在第5章中，我们已经介绍了多元回归模型与时间序列ARIMA系列算法的应用，在机器学习算法中，这些算法由于相对简单，在进行数据预测时，结果通常精度较低，而且不适用于数据量较大的数据集，因此可以将第5章的内容看成普通的回归分析算法应用。本章将会介绍一些较高级的回归算法应用，同样针对有多个特征的待回归预测数据集，可以使用第7章介绍过的一些机器学习分类算法，例如：随机森林算法、支持向量机算法、神经网络算法等，这些算法同样可以用于连续性数值的预测。而针对时间序列类型数据的回归预测，可以使用Prophet算法、VAR算法、VARMA算法等。

本章会以实战案例为主，进行高级数据回归算法的应用。针对多个特征的回归数据进行预测，将会介绍随机森林回归、梯度提升机GBDT回归、支持向量机回归、人工神经网络回归等实战应用。针对一元时间序列数据预测，将会介绍Prophet算法预测用户数量。针对多元时间序列数据预测，会介绍VAR算法与VARMA算法同时预测用户数量和网络流量。

进行回归预测算法实战应用之前，首先导入本章会使用到的库和模块，程序如下所示：其中导入的prophet库用于Prophet算法的应用，kats库用于VAR算法的应用，statsmodels库则可以应用VARMA算法，sklearn库用于机器学习回归算法的应用。

```
In[1]:## 进行可视化时需要的一些设置
       %config InlineBackend.figure_format = "retina"
       %matplotlib inline
       import seaborn as sns
       sns.set_theme(font= "KaiTi",style="whitegrid",font_scale=1.4)
       import matplotlib
       matplotlib.rcParams["axes.unicode_minus"]=False
       ## 导入需要的库
```

```
import numpy as np
import pandas as pd
import matplotlib.pyplot as plt
import plotly.figure_factory as ff
from prophet import Prophet
from sklearn.metrics import mean_absolute_error
from statsmodels.graphics.tsaplots import plot_acf, plot_pacf
from kats.models.var import VARModel,VARParams
from kats.consts import TimeSeriesData
import statsmodels.api as sm
from statsmodels.tsa.api import VARMAX,SARIMAX
from sklearn.ensemble import RandomForestRegressor, GradientBoostingRegressor
from sklearn.svm import SVR,LinearSVR
from sklearn.neural_network import MLPRegressor
from sklearn.preprocessing import StandardScaler
from sklearn.model_selection import train_test_split
```

8.1 高级数据回归算法模型实战

与多元线性回归算法相比，基于机器学习的回归算法，例如：随机森林、GBDT、支持向量机、人工神经网络等算法，应用于回归问题时，通常具有更好的预测效果。因此本章将会使用一个用于回归分析的数据集，使用4种机器学习回归算法进行回归预测实战，首先是对数据的预处理和探索性分析。

8.1.1 数据探索与可视化

我们使用的数据集是一个医学上的回归预测问题，数据来源于2021年数学建模，已经对该数据进行初步的预处理，该数据有1723个样本，一共有20个自变量和1个待预测变量 Y，导入的数据如下所示：

```
In[2]:## 导入数据
       regdata = pd.read_csv("data/chap08/RegressionDataClear.csv")
       regdata
Out[2]:
```

	MDEC-23	LipoaffinityIndex	minsssN	C1SP2	maxssO	maxHsOH	minHsOH	BCUTc-1l	minsOH	nHBAcc	...	MLFER_A	VC-5	nC	MLogP	TopoPSA	ATSc3	SHBint10	MDEO-12	SHsOH	Y
0	28.278	11.831	2.516	0	6.593	0.469	0.469	-0.361	9.969	1	...	0.546	0.230	26	3.77	67.23	-0.126	0.000	0.270	0.469	8.602
1	31.077	13.150	2.521	0	6.675	0.449	0.449	-0.361	10.059	1	...	0.546	0.230	28	3.99	67.23	-0.126	0.000	0.270	0.449	8.125
2	30.901	10.677	2.484	0	6.503	0.517	0.481	-0.361	9.753	1	...	1.089	0.174	27	3.77	87.46	-0.143	9.842	0.496	0.997	8.509
3	30.570	13.213	2.520	0	6.622	0.456	0.456	-0.361	10.025	1	...	0.546	0.123	28	3.99	67.23	-0.127	0.000	0.270	0.456	8.409
4	30.570	12.490	2.504	0	6.553	0.474	0.474	-0.361	9.993	1	...	0.546	0.123	28	3.99	67.23	-0.129	0.000	0.270	0.474	8.131
...																					
1718	44.466	10.371	0.000	0	6.281	0.514	0.505	-0.364	9.794	3	...	1.089	0.208	34	4.21	119.90	0.060	17.097	1.867	1.020	8.155
1719	41.374	10.214	0.000	0	6.266	0.518	0.510	-0.364	9.764	3	...	1.089	0.208	32	4.21	101.44	0.060	17.119	1.666	1.028	6.827
1720	44.466	7.965	0.000	0	6.247	0.545	0.510	-0.364	9.645	3	...	2.175	0.208	32	3.99	141.90	0.051	23.334	1.850	2.118	7.721
1721	32.179	6.237	0.000	0	6.182	0.536	0.529	-0.364	9.669	3	...	1.089	0.208	24	3.33	101.44	0.060	17.183	1.666	1.065	7.886
1722	44.466	10.371	0.000	0	6.281	0.514	0.505	-0.364	9.794	3	...	1.089	0.208	34	4.21	119.90	0.060	17.097	1.867	1.020	7.569

1723 rows × 21 columns

　　在导入数据后，首先对数据的内容进行可视化探索分析，首先分析每个自变量特征的分布情况，可以使用密度曲线进行可视化分析，运行下面的程序可获得可视化图像，如图8-1所示。

```
In[3]:## 可视化每个数据的数据分布情况
      featname = regdata.columns.values[:−1]
      plt.figure(figsize=(14,7))
      for ii,varname in enumerate(featname):
          plt.subplot(4,5,ii+1)
          sns.kdeplot(data=regdata, x=varname,lw = 3)
          plt.xlabel("");plt.ylabel("")
          plt.gca().axes.get_yaxis().set_visible(False)
          plt.title(varname)
      plt.subplots_adjust(hspace=0.8,wspace = 0.2)
      plt.show()
```

　　下面的程序中，则是利用散点图可视化每个自变量和因变量Y之间的关系，运行程序可获得图像，如图8-2所示。从可视化结果中可知，并不是每个特征都和因变量Y之间的关系都很明确。

```
In[4]:## 散点图可视化分析每个自变量和因变量Y之间的关系
      plt.figure(figsize=(14,7))
      for ii,name in enumerate(featname):
          ax = plt.subplot(4,5,ii+1)
          plotdf = pd.DataFrame({"x":regdata[name],"y":regdata["Y"]})
          sns.regplot(x="x", y = "y",data = plotdf, marker=".",ax = ax)
          plt.xlabel(name);plt.ylabel("Y");plt.grid()
      plt.suptitle("各个特征和因变量之间的散点图")
      plt.tight_layout()
      plt.show()
```

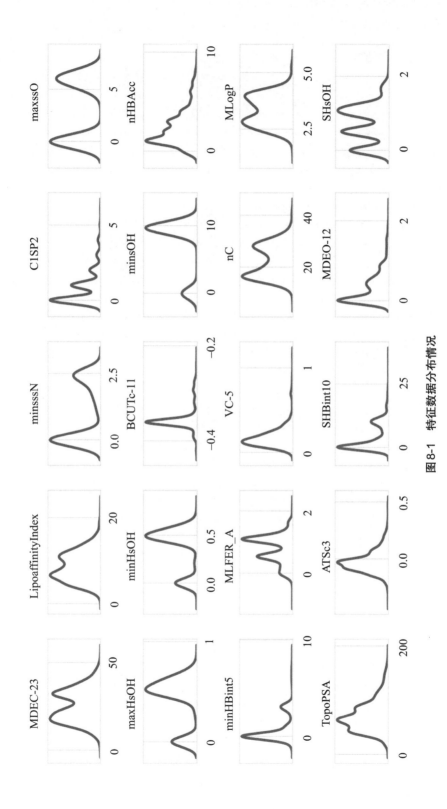

图 8-1 特征数据分布情况

第8章 高级数据回归算法

229

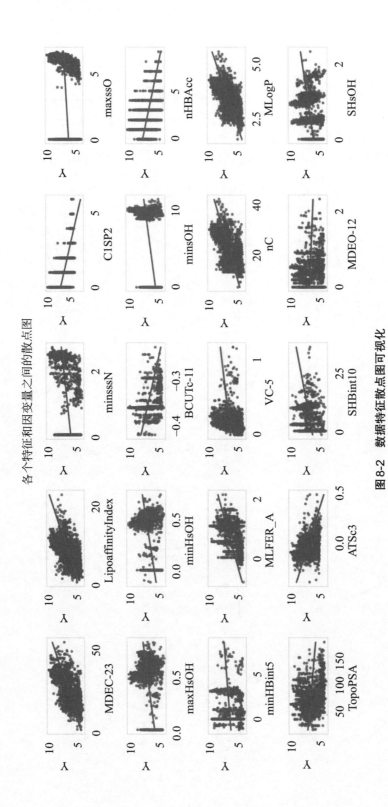

图8-2　数据特征散点图可视化

相关系数热力图则是可以可视化分析数据中两两特征之间的相关性，运行下面的程序可获得可视化图像，如图8-3所示。

```
In[5]:## 可视化这些特征之间的相关系数热力图
        seedcorr = regdata.corr()
        z_text = np.around(seedcorr.values, decimals=2)
        xyname = list(regdata.columns.values)
        fig = ff.create_annotated_heatmap(z = seedcorr.values,x = xyname,y = xyname,
                                           annotation_text = z_text)
        fig.update_layout(width=900,height=700,title={"x":0.5})
        fig.show()
```

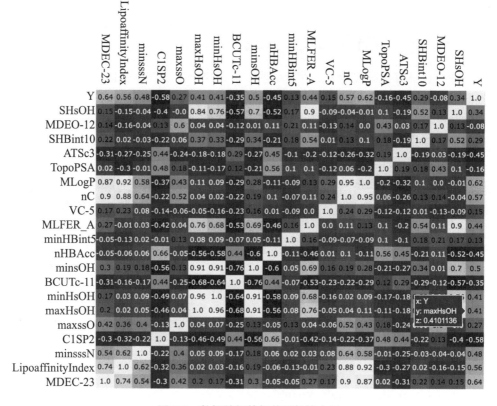

图8-3　数据特征的相关系数热力图

经过前面的数据可视化探索性分析，已经对数据有进一步的认识，因此下面在建立回归模型之前，会对数据进行标准化处理，以及切分为训练集和测试集。使用的程序如下所示，数据切分后，训练集有1292个样本，测试集有431个样本。

```
In[6]:## 数据切分为训练集和测试集
      X_train,X_test,y_train,y_test = train_test_split(
          regdata[featname].values,regdata["Y"].values,test_size = 0.25,
          random_state = 123)
      ## 数据标准化预处理
      Std = StandardScaler()
      X_train = Std.fit_transform(X_train)
      X_test = Std.transform(X_test)
      print(X_train.shape)
      print(X_test.shape)
Out[6]:(1292, 20)
      (431, 20)
```

8.1.2 随机森林回归预测实战

随机森林算法的应用方式非常灵活，可以应用于待预测变量是类别变量的分类问题，还可以用于待预测变量是连续值的回归问题。两者的差异主要在待预测值的计算方式上，如果是回归问题，那么预测值将会使用所有决策树预测结果的平均值；如果是分类问题，那么预测值使用所有决策树的投票来决定，因此随机森林回归应用与随机森林分类应用很相似。本小节将会使用随机森林回归算法模型，应用于前面已经预处理好的数据，进行建模与分析。

随机森林回归模型，同样可以使用 Sklearn 库中的 RandomForestRegressor() 来完成，下面的程序中同时还输出了随机森林模型，在训练集和测试集上的预测绝对值误差，从输出的结果上可知，使用随机森林模型获得的预测效果很好。

```
In[7]:## 使用数据建立随机森林回归模型
      rfr = RandomForestRegressor(n_estimators=100,n_jobs=4,random_state=12)
      rfr.fit(X_train,y_train)
      ## 计算在训练集和测试集上的预测绝对值误差
      rfr_lab = rfr.predict(X_train)
      rfr_pre = rfr.predict(X_test)
      print("训练集上的绝对值误差:",mean_absolute_error(y_train,rfr_lab))
      print("测试集上的绝对值误差:",mean_absolute_error(y_test,rfr_pre))
训练集上的绝对值误差: 0.1777520252469408
测试集上的绝对值误差: 0.45389038829963557
```

与随机森林分类相似，随机森林回归同样可以输出每个特征对模型的重要性，运行下面的程序，可获得条形图，如图8-4所示。从图中可知，对预测结果最重要的是MDEC-23特征，该特征的重要性是其它特征的5倍左右。

```
In[8]:## 使用条形图可视化每个变量的重要性
       importances = pd.DataFrame({"feature":featname,
                                   "importance":rfr.feature_importances_})
       importances = importances.sort_values("importance",ascending = True)
       importances = importances.reset_index(drop=True)
       importances.plot(kind = "barh",figsize=(10,6),x ="feature",
                        y = "importance",legend = False,width = 0.6)
       plt.xlabel(" 重要性得分 ");plt.ylabel("")
       plt.title(" 随机森林回归特征重要性 ")
       plt.show()
```

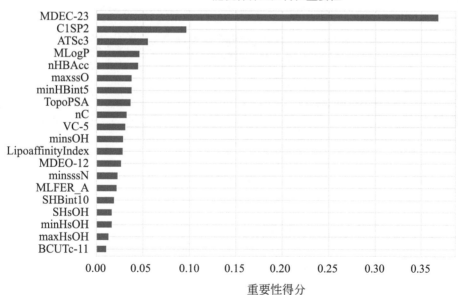

图8-4　回归模型中每个特征的重要性

针对随机森林回归模型在测试集上的预测效果，可以使用下面的程序进行可视化，运行程序后可获得可视化图像，如图8-5所示。从图像中可以发现：随机森林回归模型很好地预测了因变量Y的变化趋势，而且获得的预测精度较高。

```
In[9]:## 可视化模型在测试集的预测效果
       plt.figure(figsize=(14,7))
       rfrmae = round(mean_absolute_error(y_test,rfr_pre),4)
       index = np.argsort(y_test)
       plt.plot(np.arange(len(index)),y_test[index],"b.",
                    label = "原始数据")
       plt.plot(np.arange(len(index)),rfr_pre[index],"rs",
                    markersize=5,label = "预测值")
       plt.text(100,9.5,s = "绝对值误差:"+str(rfrmae))
       plt.legend();plt.xlabel("Index");plt.ylabel("Y")
       plt.title("随机森林回归(测试集)")
       plt.show()
```

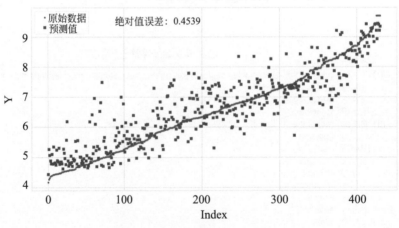

图8-5　随机森林回归的预测效果

8.1.3　GBDT回归预测实战

　　GBDT(Gradient Boosting Decision Tree)是一种迭代的决策树算法，该算法根据Boosting策略利用多棵决策树进行建模。Boosting策略的训练过程是阶梯状的，即每棵决策树(基模型)的训练是有顺序的，每个基模型都会在前一个基模型学习的基础上进行学习，最终综合所有基模型的预测值产生最终的预测结果，例如：使用加权法来综合每个基模型的预测结果。

　　该算法的核心在于累加所有树的结果作为最终结果，所以GBDT中的决策树都是回归树，而不是分类树。回归树在分枝时会穷举每一个特征的每个阈值以找到最好的分割点，衡量标准是最小化均方误差。因此，相较于分类问题的应用，GBDT更适合应用于回归问题。

下面同样会使用前面已经预处理好的数据集，使用GBDT回归算法建立预测模型。GBDT可以使用Sklearn库中的GradientBoostingRegressor()来完成。下面的程序中建立了包含200棵决策树的GBDT模型，并且输出了在训练集和测试集上预测的绝对值误差，从输出的结果中可知，GBDT模型对数据的预测精度和随机森林回归模型的预测精度相差很小。

```
In[10]:## 使用 GBDT 回归模型
       gbdtr = GradientBoostingRegressor(learning_rate = 0.1,
       max_depth = 5, n_estimators = 200,random_state=1)
       gbdt_r.fit(X_train, y_train) # 使用训练集进行训练
       ## 计算在训练集和测试集上预测的绝对值误差
       gbdtr_lab = gbdtr.predict(X_train)
       gbdtr_pre = gbdtr.predict(X_test)
       print(" 训练集上的绝对值误差：",mean_absolute_error(y_train,gbdtr_lab))
       print(" 测试集上的绝对值误差：",mean_absolute_error(y_test,gbdtr_pre))
Out[10]: 训练集上的绝对值误差：0.15022670497136797
        测试集上的绝对值误差：0.45968424544177344
```

同样针对GBDT回归模型在测试集上的预测效果，可以使用下面的程序进行可视化，运行程序后可获得可视化图像，如图8-6所示。从图像中可以发现：GBDT回归模型很好地预测了因变量Y的变化趋势，而且获得的预测精度较高，在测试集上的误差略高于随机森林回归。

```
In[11]:## 可视化模型在测试集上的预测效果
       plt.figure(figsize=(14,7))
       gbdtmae = round(mean_absolute_error(y_test,gbdtr_pre),4)
       index = np.argsort(y_test)
       plt.plot(np.arange(len(index)),y_test[index],"b.",
               label = " 原始数据 ")
       plt.plot(np.arange(len(index)),gbdtr_pre[index],"rs",
               markersize=5,label = " 预测值 ")
       plt.text(100,9.5,s = " 绝对值误差："+str(gbdtmae))
       plt.legend();plt.xlabel("Index");plt.ylabel("Y")
       plt.title("GBDT 回归 ( 测试集 )")
       plt.show()
```

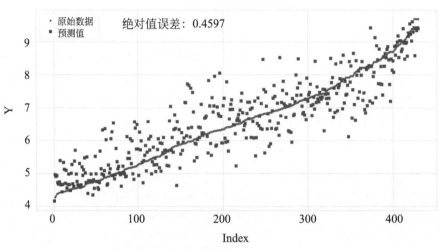

图8-6　GBDT回归的预测效果

8.1.4　支持向量机回归预测实战

支持向量回归(Support Vector Regression，SVR)是支持向量机(SVM)的重要应用分支。SVR回归的思想和SVM是相似的，即找到一个回归平面，让一个集合的所有数据到该平面的距离最近。SVR可以使用Sklearn库中的SVR()来完成，下面将会继续使用前面预处理好的回归数据集，建立支持向量机回归预测模型。

下面的程序建立了使用rbf核的支持向量机回归模型，并且输出了训练好的模型在训练集和测试集上的绝对值误差。从输出的结果可知：支持向量机回归模型的预测效果，和前面的随机森林回归、GBDT回归的预测结果相比稍差。

```
In[12]:## 建立一个rbf核支持向量机回归模型,探索回归模型的效果
        rbfsvr = SVR(kernel = "rbf",C=5,gamma = 0.05)
        rbfsvr.fit(X_train,y_train)
        ## 计算在训练集和测试集上预测的绝对值误差
        rbfsvr_lab = rbfsvr.predict(X_train)
        rbfsvr_pre = rbfsvr.predict(X_test)
        print("训练集上的绝对值误差：",mean_absolute_error(y_train,rbfsvr_lab))
        print("测试集上的绝对值误差：",mean_absolute_error(y_test,rbfsvr_pre))
Out[12]:训练集上的绝对值误差：0.3263482469974131
        测试集上的绝对值误差：0.4744403060944192
```

针对SVR在测试集上的预测结果，同样可以使用可视化的方式，查看预测值和真实值之间的差异，运行下面的程序可获得可视化图像，如图8-7所示。

```
In[13]:## 可视化模型在测试集的预测效果
        plt.figure(figsize=(14,7))
        svmmae = round(mean_absolute_error(y_test,rbfsvr_pre),4)
        index = np.argsort(y_test)
        plt.plot(np.arange(len(index)),y_test[index],"b.",
                label = "原始数据")
        plt.plot(np.arange(len(index)),rbfsvr_pre[index],"rs",
                markersize=5,label = "预测值")
        plt.text(100,9.5,s = "绝对值误差:"+str(svmmae))
        plt.legend();plt.xlabel("Index");plt.ylabel("Y")
        plt.title("支持向量机回归(测试集)")
        plt.show()
```

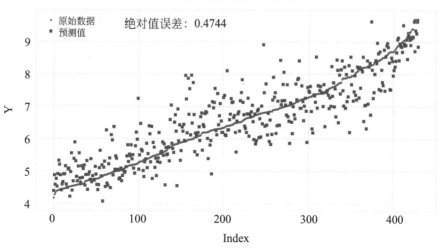

图8-7 支持向量机回归的预测效果

8.1.5 人工神经网络回归预测实战

全连接神经网络是最经典的人工神经网络之一，该算法同样在回归问题中有较好的表现，因此下面使用包含两个隐藏层的全连接神经网络，对前面使用的数据进行回归分析。该算法同样可以使用Sklearn库中的MLPRegressor()来完成。运行程序后，可输出网络在训练集和测试集上的预测绝对值误差，从输出的结果中可以发现：全连接神经网络回归的预测效果，相较于随机森林回归、GBDT回归以及SVM回归的预测结果稍差。

```
In[14]:## 利用MLP进行回归分析
        mlpr = MLPRegressor(hidden_layer_sizes = (50,50),
                           activation = "tanh",random_state = 12)
        mlpr.fit(X_train,y_train)
        ## 计算在训练集和测试集上预测的绝对值误差
        mlpr_lab = mlpr.predict(X_train)
        mlpr_pre = mlpr.predict(X_test)
        print("训练集上的绝对值误差：",mean_absolute_error(y_train,mlpr_lab))
        print("测试集上的绝对值误差：",mean_absolute_error(y_test,mlpr_pre))
Out[14]:训练集上的绝对值误差：0.44746375749518297
        测试集上的绝对值误差：0.504007597086028
```

针对全连接神经网络回归在测试集上的预测结果，同样可以使用可视化的方式，查看预测值和真实值之间的差异，运行下面的程序可获得可视化图像，如图8-8所示。

```
In[15]:## 可视化模型在测试集上的预测效果
        plt.figure(figsize=(14,7))
        mlprmae = round(mean_absolute_error(y_test,mlpr_pre),4)
        index = np.argsort(y_test)
```

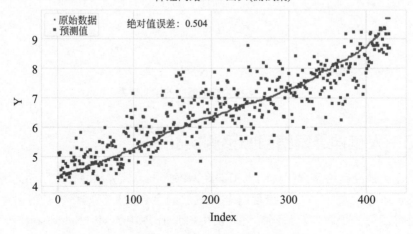

图8-8　MLP回归的预测效果

```
plt.plot(np.arange(len(index)),y_test[index],"b.",
        label = "原始数据")
plt.plot(np.arange(len(index)),mlpr_pre[index],"rs",
        markersize=5,label = "预测值")
plt.text(100,9.5,s = "绝对值误差:"+str(mlprmae))
plt.legend();plt.xlabel("Index");plt.ylabel("Y")
plt.title("神经网络MLP回归(测试集)")
plt.show()
```

经过前面的实战应用对比，可以知道：针对该数据集，使用的4种机器学习回归算法，均能获得不同的预测结果。

8.2 复杂时间序列预测模型

本章节将会介绍针对一元时间序列预测算法prophet，以及多元（多变量）时间序列预测算法VAR、VARMA算法的应用实战。

8.2.1 Prophet时序回归

prophet是Facebook的一款开源的时序预测工具，提供Python可调用的prophet库，该库提供的基本模型为：

$$y=g(t)+s(t)+h(t)+\varepsilon$$

公式中，将时间序列分为了三个部分：$g(t)$为增长函数，用来表示线性或非线性的增长趋势；$s(t)$表示周期性变化，变化的周期可以是年、季度、月、每天等；$h(t)$表示时间序列中那些潜在的具有非固定周期的节假日对预测值造成的影响；最后的ε为噪声项，表示随机的无法预测的波动。

与传统的时间序列处理的方式（如：ARIMA、SARIMA等）不同，使用prophet进行时间序列预测，是将时间序列的预测看作曲线拟合问题，这样在拟合时就有很多传统方法不具备的优点，具体有以下几点：

① 灵活度很高，许多具有不同周期以及不同假设的季节性趋势能很容易被引入；

② 在建立模型时，无须担心数据存在缺失值带来的影响，因此可以不考虑缺失值的填充问题，而传统的时间序列模型（如ARIMA等）办不到；

③ 序列拟合得非常快，允许分析人员交互式探索模型的拟合、预测效果；

④ 预测模型的参数非常容易解释，因此可以根据经验来设置一些参数。

8.2.2　多元时序回归

向量自回归模型（Vector Auto-Regressive model，VAR），可以看作是一元时间序列预测模型AR的多元形式的拓展，因此在应用时可以同时预测多个时序数据。该模型可以通过kats库中的VAR算法或者利用statsmodels库来完成。

向量自回归移动平均模型（Vector Auto-Regressive Moving Average model，VARMA），可以看作是一元时间序列预测模型ARMA的多元形式的拓展，因此在应用时可以同时预测多个时序数据。该模型可以通过statsmodels库的VARMA算法来完成。

下面的章节中将会以使用一组时间序列数据集为例，介绍如何使用Python，利用prophet、VAR、VARMA等模型对序列进行预测和分析。

8.3　时间序列回归模型实战

本章节是介绍如何使用Python，对时间序列回归进行建模和预测的实战内容。使用的数据是某个地方的上网用户数量以及对应的流量波动数据。

8.3.1　时序数据导入与可视化探索

在使用数据建立时间序列预测模型之前，首先导入数据并进行可视化探索分析。使用下面的程序导入数据后，可以发现数据中一共有三列数据，分别是时间数据Date，用户数量变量number，以及流量波动变量PDCP。

```
In[16]:## 数据导入与可视化
        tsdf = pd.read_csv("data/chap08/时序波动.csv",parse_dates=["Date"])
        print(tsdf.head())
Out[16]:                Date           number      PDCP
        0   2021-08-28   00:00:00      83.40      74.63
        1   2021-08-28   01:00:00      62.40      41.93
        2   2021-08-28   02:00:00      64.40      40.28
        3   2021-08-28   03:00:00      59.86      28.92
        4   2021-08-28   04:00:00      54.13      15.06
```

针对这两个时序数据，可以通过可视化的方式观察数据的波动情况，可以更好地分析数据的趋势。因此，运行下面的程序可获得两个序列取值随时间的变化情况，从图8-9中可以发现：两个事件序列有很强的周期性，而且这个周期可以认为是以24h为一个周期。

```
In[17]:## 可视化两个时间序列的变化情况
        ax = plt.subplot(1,1,1)
        tsdf.plot(x = "Date",y = "number",style = "b-o",figsize=(14,6),
                ax = ax,markersize = 3)
        tsdf.plot(x = "Date",y = "PDCP",style = "r-s",figsize=(14,6),
                ax = ax,markersize = 3)
        plt.title("时间序列数据的波动情况")
        plt.ylabel("Value")
        plt.show()
```

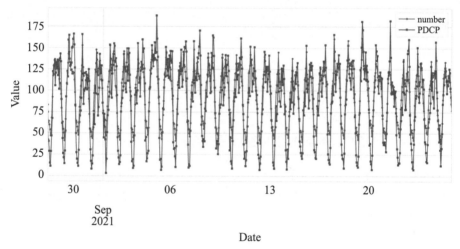

图8-9　两个时序的波动情况

　　时间序列也可以通过可视化序列的自相关系数对其周期性进行分析。下面的程序是可视化变量number和PDCP的自相关系数取值。从图8-10中可以知道：两个时间序列有很强的周期性，序列的周期性长度是24。

```
In[18]:## 时间序列也可以通过可视化序列的自相关系数对其周期性情况进行分析
        fig = plt.figure(figsize=(14,6))
        ax = fig.add_subplot(1,2,1)
        plot_acf(tsdf["number"], lags=70,ax = ax)
```

```
plt.title("number序列自相关系数")
ax = fig.add_subplot(1,2,2)
plot_acf(tsdf["PDCP"], lags=70,ax = ax)
plt.title("PDCP序列自相关系数")
plt.tight_layout()
plt.show()
```

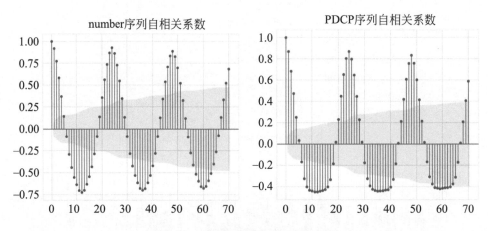

图8-10   时间序列的自相关系数情况

8.3.2 Prophet算法预测用户数量

Prophet算法是一元时间序列预测算法，因此针对上面的两个时间序列将会分别训练模型并进行预测，下面首先对时间序列number进行建模和预测。在程序中，先提取待使用的数据，并且将变量名称修改为Prophet()需要的名称，接着将数据切分为训练集和测试集，并使用后40个样本来测试模型的预测效果。最后则是使用Prophet()建立时间序列模型，并输出训练好的模型在测试集上的预测效果。从输出的结果中可知：在测试集上绝对值预测误差为4.291，预测的误差很小，说明建立的模型预测效果很好。

```
In[19]:## 数据切分为训练集和测试集
        usedf = tsdf[["Date","number"]]
        usedf.columns = ["ds","y"]
        # 使用后40个样本作为待预测的测试集
        train = usedf[0:-40]
        test = usedf[-40:]
```

```
## 构建模型
model = Prophet(growth = "linear",  # 线性增长趋势
                n_changepoints = 5, # 潜在变更点的数量
                yearly_seasonality = False, # 没有年周期的趋势
                weekly_seasonality = "auto",# 自动判断以周为周期的趋势
                daily_seasonality = True,  # 有以天为周期的趋势
                seasonality_mode = "additive", # 季节周期性模式
                seasonality_prior_scale = 24, # 周期性长度
                changepoint_prior_scale = 5, # 可调节的变化点数量
                interval_width = 0.95,   ## 获取95%的置信区间
                )
model.fit(train)  # 使用训练集训练模型
## 使用模型对测试集进行预测
forecast = model.predict(test)
## 输出部分预测结果
print(forecast[['ds', 'yhat', 'yhat_lower', 'yhat_upper']].head())
print("在测试集上绝对值预测误差为:",mean_absolute_error(test.y, forecast.yhat))
```

Out[19]:		ds	yhat	yhat_lower	yhat_upper
0	2021−09−24	08:00:00	86.656318	72.598411	102.002613
1	2021−09−24	09:00:00	104.359532	89.525102	119.092081
2	2021−09−24	10:00:00	117.884625	103.081650	131.258467
3	2021−09−24	11:00:00	125.073955	109.961108	140.217551
4	2021−09−24	12:00:00	125.918439	111.544923	140.634307

在测试集上绝对值预测误差为: 4.291939448977245

　　为了更好地查看模型的预测效果，下面的程序使用可视化的方式，将模型在测试集上的预测精度进行可视化对比分析，运行下面的程序可获得可视化图像，如图8-11所示。

```
In[20]:## 可视化原始数据和预测数据进行对比
       fig, ax = plt.subplots()
       train[580:].plot(x = "ds",y = "y",figsize=(14,7),label="训练数据",ax = ax)
       test.plot(x = "ds",y = "y",style = "g-s",label="测试数据",ax = ax)
       forecast.plot(x = "ds",y = "yhat",style = "r--o",linewidth = 3,
                label="预测数据",ax = ax)
       ## 可视化出置信区间
       ax.fill_between(test["ds"].values, forecast["yhat_lower"],
```

Python机器学习：基础、算法与实战

```
                    forecast["yhat_upper"],color='k',alpha=.2,
                    label = "95%置信区间")
        plt.xlabel("时间")
        plt.ylabel("number")
        plt.title("Prophet模型预测number波动")
        plt.legend(loc=2)
        plt.show()
```

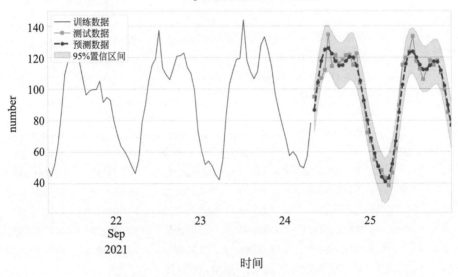

图8-11　Prophet模型预测number波动情况

在图8-11中为了可视化的效果，只可视化处理部分训练数据，从图像中可以发现，模型很好地学习到了数据的周期性以及波动情况，并且对未来的数据预测效果很好。

针对Prophet()建立的模型，可以使用prophet库中的prophet_plot_components()函数，可视化模型的组成部分，运行下面的程序可获得如图8-12所示的图像。

```
In[21]:## 可视化模型中每个部分的变化趋势
        forecast = model.predict(usedf)
        model.plot_components(forecast,figsize = (14,7))
        plt.suptitle("预测数据中的每个组成部分",y = 1.03)
        plt.show()
```

244

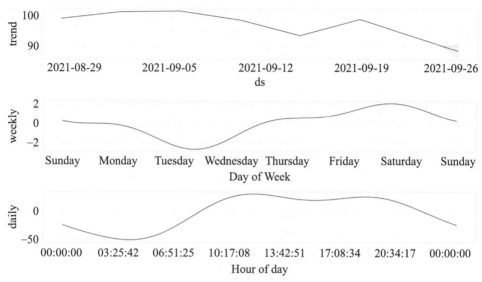

图8-12　模型中的每个组成部分

在可视化图像图8-12中，第一幅图表示模型中的线性变化趋势，第二幅图表示在一周的时间内数量的增长或减小的变化情况，即以周为周期的变化趋势。第三幅图表示在一天的时间内数量的增长或减小的变化情况，即以小时为周期的变化趋势。可以发现：随着时间的变化，线性变化趋势可以分为多个阶段；在一周时间上的变化趋势，则是先变小然后增加，然后变小的周期性；而在一天中的24h上的变化趋势，也是先变小，然后增加保持平稳性一段时间后继续变小。

8.3.3　Prophet算法预测流量

前面已经使用Prophet算法对用户数量，建立了时间序列模型，本小节将会使用同样的算法，对表示流量的时间序列进行建模和预测。在下面的程序中，同样是先对待预测的数据进行预处理，然后切分为训练集和测试集，并且建立Prophet预测模型，从输出的结果可以发现，此时在测试集上的绝对值预测误差为12.133。

```
In[22]:## 数据切分为训练集和测试集
        usedf = tsdf[["Date","PDCP"]]
        usedf.columns = ["ds","y"]
        train = usedf[0:-40]
        test = usedf[-40:]
```

```
## 构建模型
model = Prophet(growth = "linear",  # 线性增长趋势
                n_changepoints = 5, # 潜在变更点的数量
                yearly_seasonality = False, # 没有年周期的趋势
                weekly_seasonality = "auto",# 自动判断以周为周期的趋势
                daily_seasonality = True,  # 有以天为周期的趋势
                seasonality_mode = "additive", # 季节周期性模式
                seasonality_prior_scale = 24, # 周期性长度
                changepoint_prior_scale = 1, # 可调节的变化点数量
                interval_width = 0.95,   ## 获取95%的置信区间
                )
model.fit(train)
## 使用模型对测试集进行预测
forecast = model.predict(test)
## 输出部分预测结果
print(forecast[['ds', 'yhat', 'yhat_lower', 'yhat_upper']].head())
print("在测试集上绝对值预测误差为:",mean_absolute_error(test.y, forecast.yhat))
```

```
Out[22]:                      ds         yhat     yhat_lower   yhat_upper
        0   2021-09-24   08:00:00    65.056958    36.362186    95.127596
        1   2021-09-24   09:00:00    80.886985    49.336215   110.367231
        2   2021-09-24   10:00:00    96.647892    66.786497   128.565051
        3   2021-09-24   11:00:00   110.518975    80.422956   140.750568
        4   2021-09-24   12:00:00   118.357410    87.094247   149.735294
        在测试集上绝对值预测误差为: 12.13315725484128
```

同样使用下面的程序利用可视化的方式，查看对测试集的预测情况，运行程序后可获得如图8-13的可视化结果。

```
In[23]:## 可视化原始数据和预测数据进行对比
        fig, ax = plt.subplots()
        train[580:].plot(x="ds",y="y",figsize=(14,7),label="训练数据",ax = ax)
        test.plot(x = "ds",y = "y",style = "g-s",label="测试数据",ax = ax)
        forecast.plot(x = "ds",y = "yhat",style = "r--o",linewidth = 3,
                      label="预测数据",ax = ax)
        ## 可视化出置信区间
        ax.fill_between(test["ds"].values, forecast["yhat_lower"],
                        forecast["yhat_upper"],color='k',alpha=.2,
                        label = "95% 置信区间")
        plt.xlabel("时间")
```

```
plt.ylabel("PDCP")
plt.title("Prophet 模型预测 PDCP 波动 ")
plt.legend(loc=2)
plt.show()
```

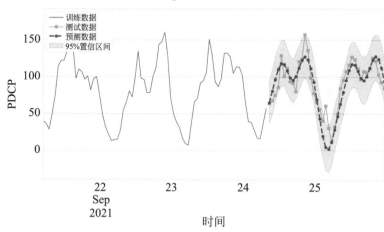

图 8-13　Prophet 模型预测 PDCP 波动情况

从图 8-13 中可以发现，模型很好地学习到了数据的周期性以及波动情况，并且对未来的数据预测效果很好。

通过前面的分析可以知道：使用 Prophet 模型分别预测两个时间序列都获得了很好的预测精度。由于前面两个时间序列数据的波动情况很相似，而且两者有很强的相关性，因此下面将会介绍同时能够预测两个时间序列的方法。

8.3.4　VAR 多变量时间序列的建模与预测

首先介绍使用 VAR 模型，对两个时间序列同时进行建模和预测，希望能够获得更好的预测精度。建立 VAR 模型会用到 kats 库用于 VARModel()，首先需要使用该库中的 TimeSeriesData() 对数据进行预处理，同样使用后面的 40 个样本作为测试集，数据准备程序如下所示：

```
In[24]:## 数据准备
        usedf = tsdf.copy(deep = True)
        usedf.columns = ["time","number","PDCP"]
        ## 数据切分为训练集和测试机
```

```
train =usedf.iloc[0:-40,:]
test = usedf.iloc[-40:,:]
train = TimeSeriesData(train)
test = TimeSeriesData(test)
train
```

Out[24]:

	time	number	PDCP
0	2021-08-28 00:00:00	83.40	74.63
1	2021-08-28 01:00:00	62.40	41.93
2	2021-08-28 02:00:00	64.40	40.28
3	2021-08-28 03:00:00	59.86	28.92
4	2021-08-28 04:00:00	54.13	15.06
...	...	...	...
651	2021-09-24 03:00:00	57.18	27.80
652	2021-09-24 04:00:00	51.22	17.32
653	2021-09-24 05:00:00	49.81	16.20
654	2021-09-24 06:00:00	57.08	37.38
655	2021-09-24 07:00:00	78.38	57.57

656 rows × 3 columns

在数据准备好后开始建立VAR模型，使用训练集进行训练获得varmodel，并使用varmodel.predict()方法预测未来的40个数据，并且将两个序列的预测结果和真实的数据进行比较，输出每个指标的绝对值误差。从输出的结果中可以发现：同时考虑两个序列对其建模和预测，和前面使用每次单独预测一个序列相比，预测效果没有变得更好，而是变得更差了一些，但是预测精度仍然是很小的。可能是因为VAR模型是AR模型的多变量拓展，而AR模型对具有周期性的序列的预测效果并不是很好。

```
In[25]:## Vector autoregression (VAR) 模型
        params = VARParams(maxlags = 100)
        varmodel = VARModel(train, params)
        varmodel.fit()  # 模型训练
        forecast = varmodel.predict(steps=40,freq = "H")  ## 模型预测
        # 计算预测结果和真实值的误差
        pre = forecast["number"].to_dataframe()["fcst"]
        lab = test.to_dataframe()["number"]
        print("VAR 模型预测的绝对值误差 :",mean_absolute_error(lab,pre))
```

```
            pre = forecast["PDCP"].to_dataframe()["fcst"]
            lab = test.to_dataframe()["PDCP"]
            print("VAR 模型预测的绝对值误差 :",mean_absolute_error(lab,pre))
Out[25]:VAR 模型预测的绝对值误差 : 6.897866832167712
         VAR 模型预测的绝对值误差 : 12.517201432142802
```

　　针对使用 VAR 模型获得的预测效果，同样可以使用可视化的方式进行分析，下面的程序则是将对两个序列的预测值进行可视化，从而和真实值进行可视化对比，运行程序可获得可视化图像（图 8-14）。从可视化结果可以发现：模型对序列的周期性以及变化趋势，都进行了很好的拟合和预测。

```
In[26]:## 可视化模型的预测效果
            fig = plt.figure(figsize = (14,8))
            ax = fig.add_subplot(2,1,1)
            plottrain = train.to_dataframe()
            plottest = test.to_dataframe()
            plotdata2 = forecast["number"].to_dataframe()
            plottrain[580:].plot(x= "time",y = "number",style = "bo-",ax = ax,
```

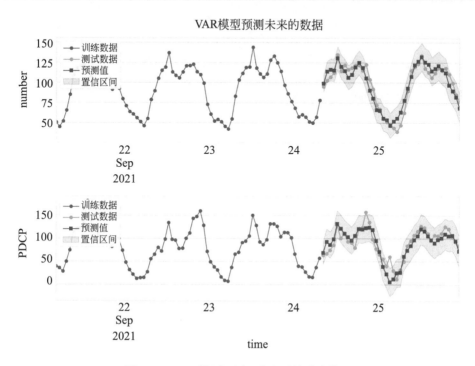

图 8-14　VAR 模型预测两个序列的波动情况

```
                                    label = "训练数据")
        plottest.plot(x= "time",y = "number",style = "go-",ax = ax,
                 label = "测试数据")
        plotdata2.plot(x= "time",y = "fcst",style = "r-s",ax = ax,
                 label = "预测值")
        ## 可视化出置信区间
        ax.fill_between(plottest["time"].values, plotdata2["fcst_lower"],
                      plotdata2["fcst_upper"],color='k',alpha=.2,
                      label = "置信区间")
        plt.legend(loc = 2)
        plt.ylabel("number")
        plt.title("VAR 模型预测未来的数据 ")
        ax = fig.add_subplot(2,1,2)
        plotdata2 = forecast["PDCP"].to_dataframe()
        plottrain[580:].plot(x= "time",y = "PDCP",style = "bo-",ax = ax,
                      label = "训练数据")
        plottest.plot(x= "time",y = "PDCP",style = "go-",ax = ax,
                 label = "测试数据")
        plotdata2.plot(x= "time",y = "fcst",style = "r-s",ax = ax,
                 label = "预测值")
        ax.fill_between(plottest["time"].values, plotdata2["fcst_lower"],
                      plotdata2["fcst_upper"],color='k',alpha=.2,
                      label = "置信区间")
        plt.legend(loc = 2)
        plt.ylabel("PDCP")
        plt.subplots_adjust()
        plt.show()
```

8.3.5　VARMA多变量时间序列的建模与预测

　　下面使用VARMA模型同时预测用户数量和流量的数据波动情况，针对VARMA模型可以使用statsmodels库中的VARMAX()进行建模和预测。同样需要先对数据进行预处理和切分，使用后40个样本作为测试集。

```
In[27]:## 数据准备
        usedf = tsdf[["number","PDCP"]]
        usedf.index = tsdf["Date"]
        ## 数据切分为训练集和测试集
```

```
train =usedf.iloc[0:-40,:]
test = usedf.iloc[-40:,:]
train
```

Out[27]:

	number	PDCP
Date		
2021-08-28 00:00:00	83.40	74.63
2021-08-28 01:00:00	62.40	41.93
2021-08-28 02:00:00	64.40	40.28
2021-08-28 03:00:00	59.86	28.92
2021-08-28 04:00:00	54.13	15.06
...	...	...
2021-09-24 03:00:00	57.18	27.80
2021-09-24 04:00:00	51.22	17.32
2021-09-24 05:00:00	49.81	16.20
2021-09-24 06:00:00	57.08	37.38
2021-09-24 07:00:00	78.38	57.57

656 rows × 2 columns

针对准备好的数据，使用下面的程序建立VARMA模型，并计算模型在测试集的预测值和真实值之间的差异，从计算的结果可以发现，VARMA模型获得的预测精度与VAR模型相比精度有增强，但是仍然没有Prophet算法的精度高。

```
In[28]:## 建立模型
       model = VARMAX(train,order=(25, 1))
       results = model.fit(disp=False)
       forecast = results.forecast(steps=40)
       # 计算预测结果和真实值的误差
       pre = forecast["number"]
       lab = test["number"]
       print("VAR 模型预测的绝对值误差:",mean_absolute_error(lab,pre))
       pre = forecast["PDCP"]
       lab = test["PDCP"]
       print("VAR 模型预测的绝对值误差:",mean_absolute_error(lab,pre))
Out[28]:VAR 模型预测的绝对值误差: 6.291206815995321
        VAR 模型预测的绝对值误差: 12.19874578453821
```

下面同样使用可视化的方式，可视化出在测试集上的预测值和真实值之间的差异，运行下面的程序可获得可视化图像，如图8-15所示。从图像中可以发现模型的预测效果很好。

```
In[29]:## 可视化模型的预测效果
        fig = plt.figure(figsize = (14,8))
        ax = fig.add_subplot(2,1,1)
        plotdata2 = forecast["number"]
        train[580:].plot(y = "number",style = "bo-",ax = ax,label = "训练数据")
        test.plot(y = "number",style = "go-",ax = ax,label = "测试数据")
        plotdata2.plot(y = "fcst",style = "r-s",ax = ax,label = "预测值")
        ## 可视化图例
        plt.legend(loc = 2)
        plt.ylabel("number")
        plt.title("VARMA 模型预测未来的数据")
        ax = fig.add_subplot(2,1,2)
        plotdata2 = forecast["PDCP"]
        train[580:].plot(y = "PDCP",style = "bo-",ax = ax,label = "训练数据")
```

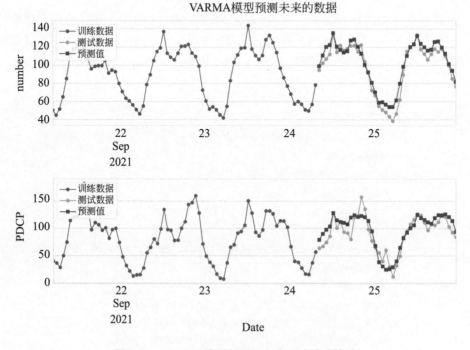

图 8-15　VARMA 模型预测两个序列的波动情况

```
test.plot(y = "PDCP",style = "go-",ax = ax,label = "测试数据")
plotdata2.plot(y = "fcst",style = "r-s",ax = ax,label = "预测值")
plt.legend(loc = 2)
plt.ylabel("PDCP")
plt.subplots_adjust()
plt.show()
```

8.4 本章小结

　　本章主要介绍了如何使用一些常用的机器学习算法，对数据进行回归预测分析，以及对时间序列数据的预测。其中针对多元数据的回归预测，介绍了随机森林、GBDT、支持向量机与人工神经网络等机器学习算法的应用。针对时间序列数据的预测问题，介绍了使用Prophet算法对一元时间序列的预测，使用VAR、VARMA算法对多元时间序列的预测。

第9章

非结构数据机器学习

　　文本数据是一种非结构类型的数据，文本数据分析有时也称为文本数据挖掘，一般指通过对文本数据进行处理，从中发现高质量的、可利用的信息。文本中的高质量信息通常通过分类和预测来产生，如：文本数据可视化、模式识别、文本聚类等。

　　网络图数据是一种非结构化的数据，社交网络分析是指基于信息学、数学、社会学、管理学、心理学等多学科的融合理论和方法，为理解人类各种社交关系的形成、行为特点以及信息传播的规律提供的一种可计算的分析方法。它主要是从网络图中挖掘出感兴趣的信息，内容包括网络数据可视化、网络图的分割等，其中网络图的分割主要用于研究网络图中节点的聚集性。

　　本章会以实战案例为主，介绍Python进行文本数据分析与网络图数据分析方法。首先导入本章会使用到的库和模块，程序如下所示：其中导入的jieba库主要用于中文文本的分词，wordcloud库用于词云的可视化，gensim与pyLDAvis库用于文本分析模型的建立，networkx库用于网络图数据的可视化与分析。

```
In[1]:## 进行可视化时需要的一些设置
      %config InlineBackend.figure_format = "retina"
      %matplotlib inline
      import seaborn as sns
      sns.set_theme(font= "KaiTi",style="whitegrid",font_scale=1.4)
      import matplotlib
      matplotlib.rcParams["axes.unicode_minus"]=False
      ## 导入需要的库
      import numpy as np
      import pandas as pd
      import matplotlib.pyplot as plt
      from sklearn.metrics import *
      from sklearn.model_selection import train_test_split
```

```
from sklearn.feature_extraction.text import *
from sklearn.preprocessing import LabelEncoder
from sklearn.cluster import KMeans
from sklearn.manifold import TSNE
from sklearn.naive_bayes import *
from mlxtend.plotting import *
import jieba
from wordcloud import WordCloud
import csv
from gensim.corpora import Dictionary
from gensim.models.ldamodel import LdaModel
import pyLDAvis
import pyLDAvis.gensim_models
import networkx as nx
import networkx.algorithms.community as nxcom
```

9.1 非结构数据分析简介

文本数据与网络图形式的数据，都是常见的非结构化数据集，本章将会主要侧重于这两种形式数据的分析与挖掘。

9.1.1 文本数据分析简介

文本数据分析与挖掘的内容可以简单地分为4个部分：数据收集、数据预处理、数据可视化和建立文本挖掘模型。

① 数据收集：文本数据无处不在，所以收集时非常方便，如：网络上的文本数据、电影评论、新闻等，还有书籍的内容也是文本数据，在数据收集时爬虫技术也非常有用。本小节将会主要使用已经收集好的数据进行分析。

② 数据预处理：在文本数据预处理阶段根据文本语言的不同，处理方式还会有些差异。针对英文文本，通常会包括：剔除文本中的数字、标点符号、剔除多余的空格；将所有的字母都转化为小写字母；剔除不能有效表达信息甚至会对分析起干扰作用的停用词；对文本进行词干化处理，只保留词语的词干；针对语料库获取所有文本的特征。而针对中文文本，除了要剔除不需要的字符外，还需要首先对文本进行分词操作，然后剔除数据中的停用词，最后是从语料库中获取特征。本小节将会主要使用中文文本数据进行分析，并且对数据已经进行了初步

的清洗工作。

③ 数据可视化：针对文本数据的可视化方式通常是可视化词语出现的次数，如使用词云、频数条形图等方式，数据可视化也是为了能够快速地从大量的文本数据中，对数据进行一些概括性的了解，方便后面的数据挖掘。

④ 数据挖掘：这个部分主要是使用一些有监督或者无监督的机器学习算法，从文本中获取更深层次的信息。如使用无监督的主题模型来分析文本中包含的主题；使用聚类算法分析文本内容的相似性；使用有监督的机器学习算法，对文本数据进行分类等。

9.1.2 网络图数据分析简介

图（Graph）是一个具有广泛含义的对象。在数学中，图是图论的主要研究对象；在计算机工程领域，图是一种常见的数据结构；在数据科学中，图被用来广泛描述各类关系型数据，本小节使用的图主要以数据科学领域的图为主，主要用于对关系的描述（因此本小节出现的网络图或者图均指同一事物，后面的内容不会详细区分）。网络图数据（或图数据）可看作是一种非结构化数据，常见的图结构有：人与人之间的社交网络、事物之间的各种联系图等，它们规模庞大、关系复杂、不易观察，因此网络数据的可视化成为数据挖掘的重要研究内容之一。

图可以表示为顶点和边的集合，记为 $G=(V, E)$，其中，V 是顶点集合，E 是边集合。网络图就是使用节点（顶点）和边（节点之间的连接线）来显示事物之间的连接关系，并帮助阐明一组实体之间的关系。图的类型主要有两种分类，一种是节点之间的连接没有方向的无向图，如图9-1中的左图，另一种是节点之间有方向的有向图，通常会使用箭头表示节点之间的指向，如图9-1中的右图。

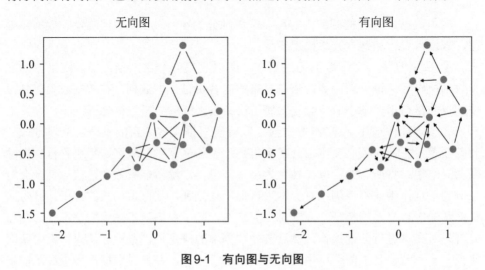

图9-1 有向图与无向图

针对网络图 $G=(V, E)$，其中的顶点集合 V 中的元素可以表示为 $V=\{v_1, v_2, v_3, \cdots v_i, \cdots v_n\}$ 表示 G 有 n 个顶点。一条连接顶点 $v_i, v_j \in V$ 的边可记为 (v_i, v_j) 或者 e_{ij}。如果存在一条边连接顶点 v_i 和 v_j，则称 v_j 是 v_i 的邻居，反之亦然。以 v_i 为端点的边的数目称为 v_i 的度（Degree），其中有向图还可以分为出度和入度，顶点 v_i 的出度是以 v_i 为起点的有向边的数目，顶点 v_i 的入度是以 v_i 为终点的有向边的数目，顶点的度等于入度和出度的和。

针对一个网络图，最常见的数据挖掘方式就是图中的社群分析。人们往往想要知道图中的关系可以分割为几个不重叠的小社群，这样更方便针对性地研究社群之间的联系。社群的特点是，社群内部的点与点之间的联系很紧密，而与其他社群的连接比较稀疏。网络图分割常用的方法是使用聚类算法对网络图进行聚类分析。

9.2　文本数据分析实战

本章节将会以一个中文语料为例，介绍如何使用 Python 中的库对文本数据进行分析，该语料库是由复旦大学提供的，有两个数据集组成，分别是：answer.rar 为测试语料，共 9833 篇文档；train.rar 为训练语料，共 9804 篇文档，分为 20 个类别。针对该数据已经进行了预处理和筛选，将数据中的英文和数字已经剔除，标点符号也使用空格代替，并且本章节将会主要使用训练语料数据集中样本数据较多的 7 类数据。并且在演示文本分类实验中，将会主要使用训练语料，经过筛选后一共有 7832 条文本数据。

针对文本数据分析，本章节将会主要介绍：中文文本分词预处理、TF-IDF 特征提取、文本数据的 K 均值聚类、文本数据的 LDA 主题模型，以及文本数据的朴素贝叶斯分类等。

9.2.1　文本数据预处理

首先读取待使用的文本数据集，该数据一共有 7832 条文本数据，数据读取后所包含的内容如下所示：

```
In[2]:## 读取中文分类数据集
       usedf = pd.read_csv("data/chap09/ 中文分类 train.csv")
       usedf
Out[1]:
```

	content	label
0	杭 间 清华大学美术学院艺术史论系主任 由清华大学主办 我院承办的 艺术与科学国际作品展 已...	Art
1	分类号 世纪的中国音乐 走过了一条既曲折艰辛 又充满了希望的道路 现代二胡艺术的发展 也经...	Art
2	来信摘登 言 其实 有些现象同行们司空见惯 但谁也拉不下脸来说实话 这很可悲 没人说 并不...	Art
3	一 科学的祛魅与返魅科学是由更好地理解自然的需求所驱动的 科学实践通常会带来巨大的技术成果和...	Art
4	中图分类号 文献标识码 文章编号 增刊 一无论如何鲁迅给我们留下的文字 留下的作品 都是另...	Art
...	...	...
7827	科技期刊湖泊水体中硫酸盐增高的环境效应研究 吴丰昌 万国江 黄荣贵 蔡玉蓉 中国科学院地球化...	Enviornment
7828	氨基联苯在大鼠体内与血红蛋白形成加合物的研究 秦 涛 赵立新 徐晓白摘要 研究了大鼠体内血...	Enviornment
7829	产业与环境 年 第 卷 第期 与温室效应斗争的能源生态效率志愿计划的制定 公司实例 摘要 ...	Enviornment
7830	广汉市生活垃圾生命周期评价徐 成 杨建新 王如松摘要 简要介绍了生命周期评价 的概念以及国...	Enviornment
7831	等稀土氧化物催化还原 的研究王世忠 俞启全摘要 进行了负载于氧化铝上的错 钕 锌 镧 钐等...	Enviornment

7832 rows × 2 columns

在读取的数据中label变量表示每条文本数据所属的类别信息，针对数据中每个类别所包含的样本数量，可以使用条形图进行可视化，运行下面的程序可获得如图9-2所示的图像。

```
In[3]:## 使用条形图查看每种类别包含的样本数据
      plt.figure(figsize=(10,6))
      usedf.label.value_counts().plot(kind = "bar")
plt.show()
```

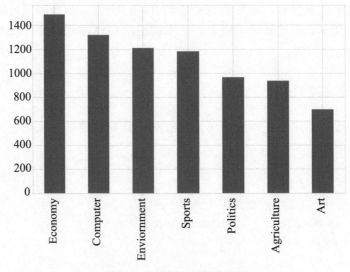

图9-2　每类样本数量条形图

针对整个文本数据中，所有文本词条的长度分布情况，可以使用直方图进行可视化，运行下面的程序可获得可视化图像，如图9-3所示。可以发现大部分的文本长度约3000。

In[4]:## 直方图可视化字符串长度的分布情况
　　　　plt.figure(figsize=(10,6))
　　　　usedf["content"].str.len().plot(kind = "hist",bins = 100)
　　　　plt.show()

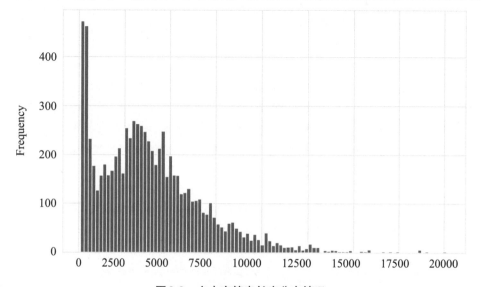

图9-3 文本字符串长度分布情况

下面针对导入的文本数据进行进一步的预处理操作，主要是针对每条文本使用jieba库进行分词操作，然后对分词的结果进行过滤，针对分词后的结果，剔除长度较短或者较长的文本，并且会剔除一些停用词，最后输出分词后的结果，使用的程序如下所示：

In[5]:## 对文本数据进行分词操作，导入中文停用词表
　　　　stopfile = open("data/chap09/综合停用词表 .txt","r")
　　　　stopword = stopfile.readlines()
　　　　stopword = [stopw.strip() for stopw in stopword]
　　　　## 对每一行的文本进行分词
　　　　usedf["cutword"] = "cutword"
　　　　for ii,txt in enumerate(usedf.content.values):

```
## 精确分词模式
cutwords = list(jieba.cut(txt, cut_all=False))
## 去除长度小于1大于8的词
cutwords = pd.Series(cutwords)
wordlen = cutwords.str.len().values
cutwords = cutwords[(wordlen > 1) & (wordlen < 8)]
## 去停用词
cutwords = cutwords[~cutwords.isin(stopword)]
usedf.cutword[ii] = cutwords.values
## 输出分词后的结果
usedf[["label","cutword"]]
```

Out[5]:

	label	cutword
0	Art	[艺术, 史论, 系主任, 清华大学, 主办, 我院, 承办, 艺术, 科学, 国际, 作品...
1	Art	[世纪, 中国, 音乐, 走过, 一条, 曲折, 艰辛, 充满, 希望, 道路, 二胡, 艺...
2	Art	[来信, 摘登, 现象, 同行, 司空见惯, 拉不下脸, 说实话, 可悲, 没人, 并不等于...
3	Art	[科学, 返魅, 科学, 更好, 理解, 自然, 需求, 驱动, 科学实践, 带来, 技术...
4	Art	[文献, 标识码, 文章, 编号, 增刊, 无论如何, 鲁迅, 留下, 文字, 留下, 作品...
...	...	...
7827	Enviornment	[科技期刊, 湖泊, 水体, 硫酸盐, 增高, 环境效应, 研究, 吴丰昌, 万国, 黄荣贵...
7828	Enviornment	[氨基, 联苯, 大鼠, 体内, 血红蛋白, 加合物, 研究, 立新, 徐晓白, 摘要, 研...
7829	Enviornment	[产业, 环境, 温室效应, 斗争, 能源, 生态, 效率, 志愿, 计划, 制定, 公司,...
7830	Enviornment	[广汉市, 生活, 垃圾, 生命周期, 评价, 建新, 王如松, 摘要, 简介, 介绍, 生...
7831	Enviornment	[稀土, 氧化物, 催化, 还原, 研究, 王世忠, 俞启全, 摘要, 负载, 氧化铝, 稀...

7832 rows × 2 columns

　　针对分词后的文本，可以使用词云可视化文本数据中的高频词，针对所有的样本，可以使用下面的程序进行词云可视化，运行程序后可获得可视化图像，如图9-4所示。

```
In[6]:## 可视化分词后的词云，连接切分后的词语
      cutwords = np.concatenate(usedf.cutword)
      ## 计算每个词出现的频率
      word, counts = np.unique(cutwords,return_counts = True)
      word_fre = dict(zip(word, counts))  # 词语和出现次数定义为字典
      ## 可视化分词后的词云
```

```
plt.figure(figsize=(16,10))
## 设置词云参数
WordC = WordCloud(font_path="/Library/Fonts/Microsoft/Kaiti.ttf",
                  margin=1,width=1800, height=1200,
                  max_words=800, min_font_size=10,
                  background_color="white",max_font_size=200,)
## 从文本数据中可视化词云
WordC.generate_from_frequencies(word_fre)
plt.imshow(WordC)
plt.axis("off")
plt.show()
```

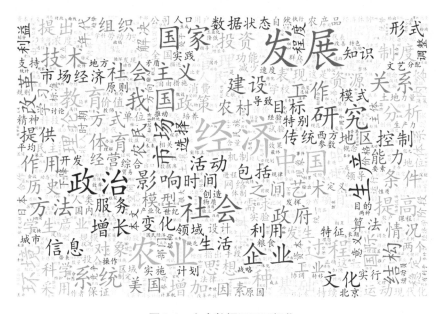

图9-4　文本数据词云可视化

　　文本中的高频词除了可以使用词云可视化，每个类别的高频词还可以使用条形图进行可视化，运行下面的程序可获得如图9-5所示可视化图像，展示了每类数据中的高频词情况。可以发现每种类别数据的高频词差异较大。

```
In[7]:## 可视化每类数据中的高频词
       uselabel = usedf.label.unique()   ## 获取数据的类别标签
       plt.figure(figsize=(16,10))
       for ii,lab in enumerate(uselabel):
```

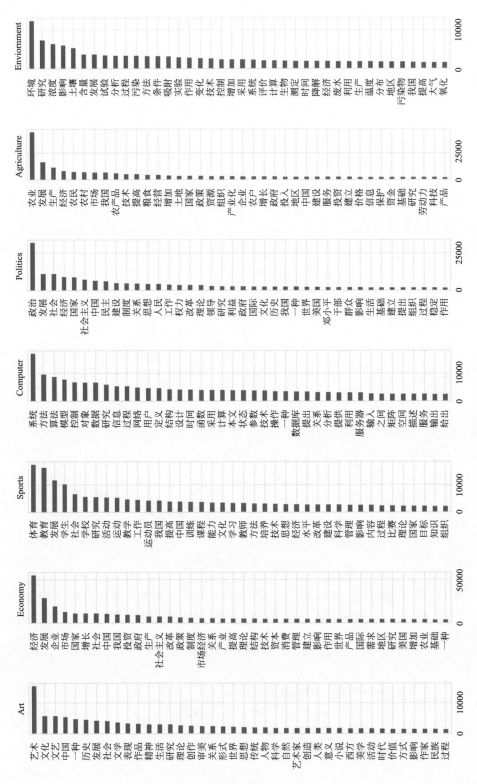

图9-5 每个类别数据的高频词

```
                ## 获取某个类别数据
                cutwords = np.concatenate(usedf.cutword[usedf.label == lab].values)
                word, counts = np.unique(cutwords,return_counts = True)
                plotdata = pd.DataFrame(data = {"word":word,"counts":counts})
                ## 数据表排序
                plotdata = plotdata.sort_values("counts",ascending = True)
                ## 可视化条形图
                ax = plt.subplot(1,7,ii+1)
                plotdata[-40:].plot(kind = "barh",x = "word",y = "counts",
                                    ax = ax,legend = False)
                plt.ylabel("")
                plt.title(lab)
        plt.tight_layout()
        plt.show()
```

9.2.2　文本获取TF-IDF特征

文本分析的应用中，最常用的特征是基于文本的n-gram模型提取的TF-IDF特征。

n-gram模型也称为n元语法，是一种基于统计语言模型的算法。它的基本思想是将文本内容按照字节进行大小为n的滑动窗口操作，形成了长度是n的字节片段序列。每一个字节片段称为gram，对所有gram的出现频度进行统计，并且按照事先设定好的阈值进行过滤，形成关键gram列表（语料库的向量特征空间），列表中的每一种gram就是一个特征向量维度。通常使用的方式有：1-gram就是将一个单词作为一个词项，2-gram就是将两个相邻的单词作为一个词项。

TF-IDF（Term Frequency-Inverse Document Frequency）是一种用于信息检索与数据挖掘的常用加权技术，经常用于评估一个词项对于一个文件集或一个语料库中的一份文件的重要程度。词的重要性随着它在文件中出现的次数成正比增加，但会随着它在语料库中出现的频率成反比下降。例如：在一份给定的文件里，词频（Term Frequency，TF）指的是某一个给定的词语在该文件中出现的频率。而逆向文件频率（Inverse Document Frequency，IDF）是一个词语普遍重要性的度量，而TF-IDF的取值是TF和IDF的乘积。

针对TF-IDF特征的提取，可以使用Sklearn库中的函数来完成。下面的程序中在提取特征之前，先对分词后的结果进行预处理操作，然后将数据切分为训练集和测试集。其中训练集包含5874个样本，测试集包含1958个样本。

In[8]:## 将所有分词后的结果使用空格连接为字符串，并组成列表

```
cutwords = []
for cutword in usedf.cutword:
    cutword = " ".join(cutword)
    cutwords.append(cutword)
## 数据切分为训练集和测试集
X_train, X_test, y_train, y_test = train_test_split(cutwords,
        usedf.label,test_size=0.25, random_state=123)
## 对类别标签进行编码
le = LabelEncoder()
y_train_le = le.fit_transform(y_train.values)
y_test_le = le.transform(y_test.values)
print(len(X_train))
print(len(X_test))
```
Out[8]: 5874
        1958

　　针对训练数据集和测试数据集，可以使用下面的程序获取对应的TF-IDF特征，在获取特征时将会使用1-gram模型，并且只使用最多5000个词组，进行特征的提取后，训练集是一个5874×5000的矩阵，测试集是一个1958×5000的矩阵。

In[9]:## 提取文本数据的TF-IDF特征

```
vectorizer = CountVectorizer(max_features=5000, #使用的词组数量
                            ngram_range=(1, 1)) #只使用1个词语组成词组
transformer = TfidfTransformer()  # 获取TF-IDF特征
## 对训练数据集获取特征
X_train_tfidf=transformer.fit_transform(vectorizer.fit_transform(X_train))
X_train_tfidf_array = X_train_tfidf.toarray()
## 获取测试数据的特征
X_test_tfidf = transformer.transform(vectorizer.transform(X_test))
X_test_tfidf_array = X_test_tfidf.toarray()
print("训练数据TF-IDF矩阵维度为:",X_train_tfidf_array.shape)
print("测试数据TF-IDF矩阵维度为:",X_test_tfidf_array.shape)
```
Out[9]: 训练数据TF-IDF矩阵维度为: (5874, 5000)
        测试数据TF-IDF矩阵维度为: (1958, 5000)

9.2.3 文本数据K均值聚类

针对前面提取到的文本TF-IDF特征，可以使用K均值聚类算法对文本进行聚类分析。由于我们知道数据集有7种类型的文本，因此下面将数据聚类为7个簇，并且计算出聚类结果在测试集上的V测度得分，从输出的结果可知：数据的聚类效果并不是很好。

```
In[10]:## 使用K均值聚类将数据聚类为7个簇
        kmean = KMeans(n_clusters=7,random_state=1)
        kmean.fit(X_train_tfidf_array) # 使用训练数据拟合模型
        k_pre = kmean.predict(X_test_tfidf_array) # 对测试集进行预测
        print("每簇包含的样本数量：",np.unique(k_pre,return_counts = True))
        print("聚类效果V测度 : %.4f"%v_measure_score(y_test_le,k_pre))
Out[10]:每簇包含的样本数量：(array([0, 1, 2, 3, 4, 5, 6], dtype=int32), array([151,
289, 319, 806, 158, 117, 118]))
        聚类效果V测度 : 0.5662
```

针对K均值聚类的结果，下面使用t-SNE算法将测试集降维到二维空间中，并且使用分组散点图可视化，对比测试集在聚类标签和真实标签下的数据分布差异情况，运行程序后，可获得可视化图像，如图9-6所示。

```
In[11]:## 通过tsne将数据降维到二维空间，然后可视化聚类的效果
        tsne = TSNE(n_components=2, random_state=123)
        test_tfidf_tsne = tsne.fit_transform(X_test_tfidf_array)
        ## 可视化每个章节在空间中的分布与聚集情况
        shape = ["s","x","*","^","o","D","h"]
        color = ["r","b","g","m","k","y","c"]
        plt.figure(figsize=(14,6))
        plt.subplot(1,2,1)
        uselabel_le = np.unique(y_test_le)
        for ii in uselabel_le:
            index = y_test_le == ii
            plt.scatter(test_tfidf_tsne[index,0],test_tfidf_tsne[index,1],
                    c=color[ii],marker = shape[ii],s = 50,label = ii)
        plt.ylim([-75,75])
        plt.legend(loc = 0)
        plt.title("原始数据分布")
```

```
plt.subplot(1,2,2)
for ii in uselabel_le:
    index = k_pre == ii
    plt.scatter(test_tfidf_tsne[index,0],test_tfidf_tsne[index,1],
                c=color[ii],marker = shape[ii],s = 50,label = ii)
plt.ylim([−75,75])
plt.legend(loc = 0)
plt.title(" 聚类为7簇 ")
plt.tight_layout()
plt.show()
```

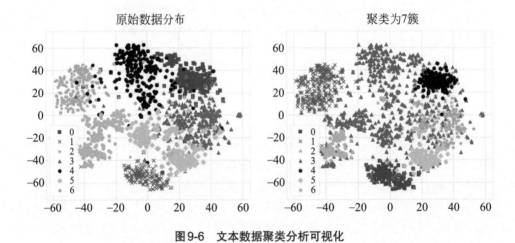

图9-6　文本数据聚类分析可视化

从图9-6中可以发现：K均值聚类的效果并不好。原始为0、1、2、3类的大部分样本预测正确，但是原始为4、5、6类的大部分样本预测错误，尤其是预测数据结果中的第3个簇，其包含了3、4、5、6类中的大部分样本。

9.2.4　文本数据LDA主题模型

主题模型(Topic Model)是机器学习和自然语言处理等领域的常用文本挖掘方法，主要用于在一系列文档中发现抽象主题，是统计模型的一种。它是一种无监督的文档分组方法，和聚类很相似，它是根据每个文档之间的相似性，将文档进行分组。接下来利用前面分词后的文本数据，利用LDA主题模型进行聚类分析。

Python中可以使用gensim库进行主题模型的应用，同时可以将主题模型的结果使用pyLDAvis库进行可视化。下面的程序中，针对分词后的数据集先使用Dictionary()进行处理，将单词集合转换为（word_id，word_frequency）二元组形式的列表作为分词后的语料库，再使用LdaModel()建立LDA主题模型，使用参数 num_topics=7 指定主题的个数，得到模型lda。针对获得的主题模型，可以使用 pyLDAvis 库将其可视化展示，并且支持可交互的操作。运行下面的程序可获得如图9-7所示的主题模型可视化图，注意在 Jupyter Notebook 中获得的是一个可以交互操作的可视化图像，图9-7展示的只是一幅截图。

```
In[12]:## 将分好的词语和它对应的ID规范化封装
        dictionary = Dictionary(usedf.cutword)
        ## 将单词集合转换为(word_id, word_frequency)2元组形式的列表。
        corpus = [dictionary.doc2bow(word) for word in usedf.cutword]
        ## LDA 主题模型
        lda = LdaModel(corpus=corpus, id2word=dictionary, num_topics=7,
        random_state=12)
        ## 主题模型可视化
        pyLDAvis.enable_notebook()
        pyLDAvis.gensim_models.prepare(lda, corpus, dictionary)
```

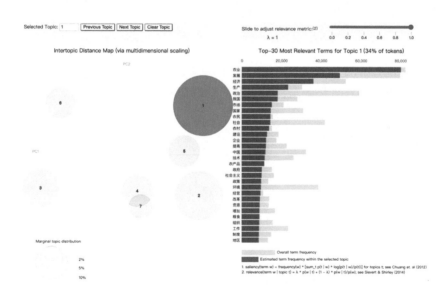

图9-7 文本LDA主题模型可视化

9.2.5 文本数据朴素贝叶斯分类

朴素贝叶斯方法是最常见的使用贝叶斯思想进行分类的方法，它是目前所知文本分类算法中最有效的一类，常常应用于文本分类。该算法的几个优点是：①容易理解、计算快速、分类精度高；②可以处理带有噪声和缺失值的数据；

③对待类别不平衡的数据集也能有效分类；④能够得到属于某个类别的概率。

Sklearn库中一共提供了3种朴素贝叶斯的分类算法，分别是：先验高斯分布的朴素贝叶斯（GaussianNB）、先验多项式分布的朴素贝叶斯（MultinomialNB）、先验伯努利分布的朴素贝叶斯（BernoulliNB）。下面分别使用三种朴素贝叶斯算法，基于前面得到的数据 TF-IDF 特征，建立分类模型并计算它们在测试集上的预测效果。

（1）GaussianNB

```
In[13]:## 建立先验为高斯分布的朴素贝叶斯模型
        gnb = GaussianNB().fit(X_train_tfidf_array, y_train_le)
        ## 输出其在训练数据集和测试数据集上的预测精度
        gnb_lab = gnb.predict(X_train_tfidf_array)
        gnb_pre = gnb.predict(X_test_tfidf_array)
        print("训练数据集上的精度：",accuracy_score(y_train_le,gnb_lab))
        print("测试数据集上的精度：",accuracy_score(y_test_le,gnb_pre))
Out[13]: 训练数据集上的精度：0.9821246169560777
         测试数据集上的精度：0.8682328907048008
```

上面的程序中使用 GaussianNB() 利用训练数据集进行训练得到模型 gnb，并计算训练好的模型在训练集与测试集上的预测精度。在输出结果中，测试集识别的精度为 0.868。

（2）MultinomialNB

```
In[14]:## 建立先验为多项式分布的朴素贝叶斯模型
        mnb = MultinomialNB().fit(X_train_tfidf_array, y_train_le)
        ## 输出其在训练数据集和测试数据集上的预测精度
        mnb_lab = mnb.predict(X_train_tfidf_array)
        mnb_pre = mnb.predict(X_test_tfidf_array)
        print("训练数据集上的精度：",accuracy_score(y_train_le,mnb_lab))
        print("测试数据集上的精度：",accuracy_score(y_test_le,mnb_pre))
Out[14]: 训练数据集上的精度：0.9346271705822268
         测试数据集上的精度：0.9141981613891726
```

上面的程序中使用 MultinomialNB() 利用训练数据集进行训练得到模型 mnb，并计算训练好的模型在训练集与测试集上的预测精度。在输出结果中，测试集识别的精度为 0.914，高于前面的 GaussianNB 模型。

（3）BernoulliNB

```
In[15]:## 建立先验为伯努利分布的朴素贝叶斯模型
        bnb = BernoulliNB().fit(X_train_tfidf_array, y_train_le)
        ## 输出其在训练数据集和测试数据集上的预测精度
        bnb_lab = bnb.predict(X_train_tfidf_array)
        bnb_pre = bnb.predict(X_test_tfidf_array)
        print("训练数据集上的精度：",accuracy_score(y_train_le,bnb_lab))
        print("测试数据集上的精度：",accuracy_score(y_test_le,bnb_pre))
Out[15]:训练数据集上的精度：0.7763023493360572
        测试数据集上的精度：0.7466802860061287
```

上面的程序中使用BernoulliN()利用训练数据集进行训练得到模型bnb，并计算训练好的模型在训练集与测试集上的预测精度。在输出结果中，测试集识别的精度为0.746，是三种模型中预测效果最差的模型。

经过前面的分析可以发现：针对该数据集，使用先验为多项式分布的朴素贝叶斯算法获得的预测精度最高。下面将三种模型在测试集上的预测情况，使用混淆矩阵进行可视化对比分析，运行下面的程序可获得可视化图像，如图9-8所示。

```
In[16]:## 使用混淆矩阵热力图，可视化三种算法在数据集上的预测效果
        gnb_confm = confusion_matrix(y_test_le,gnb_pre)
        mnb_confm = confusion_matrix(y_test_le,mnb_pre)
        bnb_confm = confusion_matrix(y_test_le,bnb_pre)
        plt.figure(figsize=(15,6))
        ax = plt.subplot(1,3,1)
        plot_confusion_matrix(gnb_confm,axis = ax,show_normed = True,
                                show_absolute = False)
        plt.title("GaussianNB(0.868)")
        ax = plt.subplot(1,3,2)
        plot_confusion_matrix(mnb_confm,axis = ax,show_normed = True,
                                show_absolute = False)
        plt.title("MultinomialNB(0.914)")
        ax = plt.subplot(1,3,3)
        plot_confusion_matrix(bnb_confm,axis = ax,show_normed = True,
                                show_absolute = False)
        plt.title("BernoulliNB(0.746)")
        plt.tight_layout()
        plt.show()
```

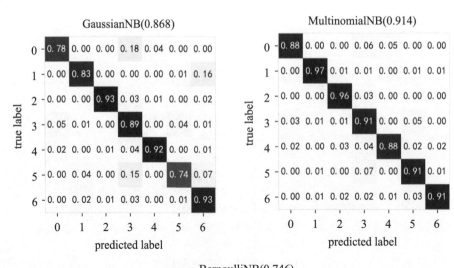

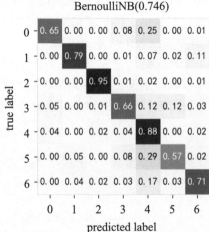

图9-8 朴素贝叶斯分类的混淆矩阵

最后我们针对朴素贝叶斯模型，分析使用不同的词语数量构建的TF-IDF特征，对模型预测精度的影响情况，从而分析使用的词组数量对朴素贝叶斯分类效果的影响，运行下面的程序，可获得可视化图像，如图9-9所示。

```
In[17]:## 分析使用的词组数量对朴素贝叶斯分类效果的影响
       max_feature = [500,1000,2000,3000,5000,7000,10000,15000,20000]
       transformer = TfidfTransformer()  # 获取TF-IDF特征
       train_acc = []
       test_acc = []
       for feature in max_feature:
           ## 获取特征
```

```
vectorizer=CountVectorizer(max_features=feature,ngram_range=(1, 1))
X_train_tfidf=transformer.fit_transform(vectorizer.fit_
              transform(X_train))
X_train_tfidf_array = X_train_tfidf.toarray()
X_test_tfidf = transformer.transform(vectorizer.transform(X_test))
X_test_tfidf_array = X_test_tfidf.toarray()
mnb = MultinomialNB().fit(X_train_tfidf_array, y_train_le)
## 输出其在训练数据集和测试数据集上的预测精度
mnb_lab = mnb.predict(X_train_tfidf_array)
mnb_pre = mnb.predict(X_test_tfidf_array)
train_acc.append(accuracy_score(y_train_le,mnb_lab))
test_acc.append(accuracy_score(y_test_le,mnb_pre))
## 可视化
plt.figure(figsize=(12,6))
plt.plot(max_feature,train_acc,"b-o",label = "训练集精度")
plt.plot(max_feature,test_acc,"r-s",label = "测试集精度")
plt.xlabel("使用的词组数量")
plt.ylabel("精度")
plt.xticks(max_feature,max_feature)
plt.title("朴素贝叶斯分类器")
plt.legend()
plt.show()
```

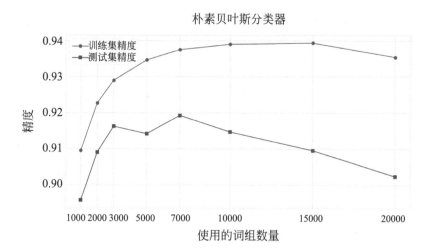

图9-9　词语数量对朴素贝叶斯分类精度的影响

从图9-9中可以发现：并不是使用越多的词组，模型的预测效果最好，而针对该数据集，使用7000个词组获得了较好的预测效果。

9.3 网络图数据分析实战

Python中对网络图数据进行分析时主要使用Networkx库，该库可以以多种数据形式存储网络、生成多种随机网络和经典网络、分析网络结构、建立网络模型、设计新的网络算法、进行网络可视化等。下面将主要介绍如何使用Networkx库，对网络图数据进行可视化，以及对网络数据进行聚类分割等内容。

9.3.1 网络图可视化

Networkx库中提供了对图进行可视化函数，通过相关参数的设置，可以获得美观的可视化图。针对可视化时使用的函数常用参数的设置，可以总结为表9-1。

表9-1 可视化时使用的函数常用参数的设置

函数	参数	功能描述
draw_networkx_nodes()	G、pos、ax	可视化图节点时使用的图、坐标与坐标系
	nodelist	只可视化指定的节点
	node_size	节点的大小
	node_color	节点的颜色
	node_shape	节点的形状
	alpha	节点颜色的透明度
	linewidths	节点边缘的粗细
	edgecolors	节点边缘的颜色
	label	设置图例时节点的标签
draw_networkx_edges()	G、pos、ax	可视化图节点时使用的图、坐标与坐标系
	edgelist	只可视化指定的边
	width	边的粗细
	edge_color	边的颜色
	style	边线的类型，例如：'-', '—', '-.', ':'
	alpha	边颜色的透明度
	arrows	是否可视化箭头
	arrowstyle	箭头的类型，默认为：'-|>'
	arrowsize	箭头的大小
draw_networkx_labels()	G、pos、ax	可视化图节点时使用的图、坐标与坐标系
	labels	节点的标签
	font_size	标签的字体大小
	font_color	标签的颜色
	font_weight	标签的字体粗细
	font_family	标签的字体
	alpha	标签的透明度
	horizontalalignment	水平对齐，可选：{ 'center', 'right', 'left' }
	verticalalignment	垂直对齐，可选：{ 'center', 'top', 'bottom', 'baseline', 'center_baseline' }

针对可视化时图中边标签的设置，还可以使用draw_networkx_edge_labels()函数，由于该函数的参数和draw_networkx_labels()中的参数大部分相同，这里就不再一一介绍了。此外在可视化图之前，会使用图的布局函数，确定节点的位置坐标(pos参数)，例如：使用的nx.spring_layout()函数通过力导向算法进行布局，使用nx.circular_layout()函数进行圆环布局等。Networkx库中还提供了更多的图布局算法可供使用，下面将常用布局算法对应的函数总结为表9-2。

表9-2　常用布局算法函数

函数	图布局方式
bipartite_layout	在两条直线上定位节点的布局
circular_layout	圆环布局
kamada_kawai_layout	使用Kamada-Kawai路径长度为损失函数的布局
planar_layout	没有交叉边的布局方式
random_layout	随机布局方式
shell_layout	使用同心圆的布局方式
spring_layout	使用Fruchterman-Reingold力导向算法的布局方式
spectral_layout	使用图拉普拉斯算子的特征向量为节点布局
spiral_layout	螺旋布局
multipartite_layout	每层使用直线的布局方式
graphviz_layout	使用Graphviz包中的算法为节点布局

在介绍了可视化图使用的布局算法和使用的可视化函数后，接下来会使用《三国演义》中部分主要人物关系数据为例，介绍如何可视化无向图和有向图。首先使用下面的程序导入数据，数据会使用两个数据表格，分别是表示节点相关信息的nodedf数据表，与表示边连接的edgedf数据表。

```
In[18]:## 网络图数据准备，读取节点数据表格和边数据表格
        nodedf = pd.read_csv("data/chap09/TK_nodedf.csv")
        edgedf = pd.read_csv("data/chap09/TK_edagedf.csv")
        print(nodedf.head())
        print(edgedf.head())
Out[18]:   name    group    freq    size
        0   曹操     曹魏      945     14
        1   曹洪     曹魏      93      9
        2   程普     孙吴      74      9
        3   程昱     曹魏      44      8
        4   典韦     曹魏      45      8
```

	from	to	cor
0	曹操	荀彧	0.431089
1	曹操	荀攸	0.488132
2	荀彧	荀攸	0.366668
3	曹操	张辽	0.442993
4	曹操	徐晃	0.389152

（1）无向图可视化

针对已经导入的两个数据表格，可以使用下面的程序可视化《三国演义》中关键人物关系网络图，其中程序中主要包含如下的可视化步骤：

① 使用 nx.Graph() 初始化一个空的无向图对象 G；

② 通过 for 循环利用 G.add_node() 为图添加节点，并指定相应的节点属性；

③ 通过 for 循环利用 G.add_edge() 为图添加边，并指定相应边的 weight 属性；

④ 利用 nx.kamada_kawai_layout() 函数计算图中节点的布局方式；

⑤ 通过 for 循环可视化每种分组的节点，并对节点进行相关属性的设置；

⑥ 可视化节点的标签以及节点的边，并对相关显示情况进行设置；

⑦ 可视化网络图的图例，并输出最终的《三国演义》关键人物关系网络图。

运行下面的可视化程序后，可获得如图9-10所示的图像：

```
In[19]:## 无向图可视化
        G = nx.Graph()  # 初始化一个无向图
        ## 通过节点数据表为图添加节点
        for ii in nodedf.index:
            G.add_node(nodedf.name[ii],group = nodedf["group"][ii],
                       size = 100* nodedf["size"][ii])
        ## 通过边数据表为图像添加边
        for ii in edgedf.index:
            G.add_edge(edgedf["from"][ii],edgedf["to"][ii],
                       weight = edgedf["cor"][ii])
        ## 计算图中节点位置的布局方式
        pos = nx.kamada_kawai_layout(G,weight = "weight")
        ## 定义一些属性、节点颜色、形状
        nodecolor = ["cyan","tomato","lightblue","bisque","pink"]
        nodeshape = ["s","o","p","h","8"]
        groups = ["曹魏","蜀汉","孙吴","群雄"] ## 节点的分组
        allnodes = sorted(G.nodes) # 获取所有节点的标签
        ## 可视化网络图
```

```
plt.figure(figsize=(14, 10))
for ii, group in enumerate(groups): # 通过分组循环设置每一个点
    ## 一个分组的节点列表
    nodelist=[n for (n,nd) in G.nodes(data=True) if nd["group"]==group]
    nx.draw_networkx_nodes(G,pos=pos,nodelist = nodelist, node_size=800,
                           node_color = nodecolor[ii], alpha = 1,
                           node_shape = nodeshape[ii],
                           linewidths = 1,edgecolors ="k",label = group)
## 设置节点上的标签
nx.draw_networkx_labels(G,pos=pos,font_size=10,font_family="Kaiti",
                        font_color="k",alpha=1,
                        horizontalalignment="center",
                        verticalalignment="center")
## 可视化图的边连接
nx.draw_networkx_edges(G,pos=pos,width=2,alpha=1,edge_color= "k")
lgnd = plt.legend(loc = (0.78,0.7)) ## 设置图例和图例中点的大小
for handle in lgnd.legendHandles[0:4]:
    handle.set_sizes([200])
plt.title("《三国演义》关键人物关系")
plt.axis("off")
plt.show()
```

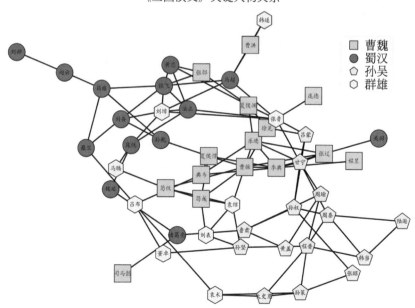

图9-10 人物关系无向图可视化

图9-10中，不同阵营的人物使用不同颜色与形状的节点来表示，通过该图像可以更方便地观察《三国演义》中关键人物的关系。

（2）有向图可视化

针对前面的人物关系数据，还可以将其以有向图的方式进行可视化，这里的有向可以表示，在边数据表中将from特征到to特征看作是一条有向的连接方式，因此使用下面的可视化程序可以获得有向的可视化图像。在可视化有向图和无向图的程序中，其主要差异是通过nx.DiGraph()初始化一个有向图对象G，然后使用和无向图相似的方式对图进行可视化，运行程序后可获得如图9-11所示的图像。

```
In[20]:## 有向图可视化
       G = nx.DiGraph()  # 初始化一个有向图
       ## 通过节点数据表为图添加节点
       for ii in nodedf.index:
           G.add_node(nodedf.name[ii],group = nodedf["group"][ii],
                      size = 100*nodedf["size"][ii])
       ## 通过边数据表为图像添加边
       for ii in edgedf.index:
           G.add_edge(edgedf["from"][ii],edgedf["to"][ii],
                      weight = edgedf["cor"][ii])
       ## 计算图中节点位置的布局方式
       pos = nx.spring_layout(G,weight = "weight",seed=13)
       ## 定义一些属性、节点颜色、形状
       nodecolor = ["cyan","tomato","lightblue","bisque","pink"]
       nodeshape = ["s","o","p","h","8"]
       groups = ["曹魏","蜀汉","孙吴","群雄"] ## 节点的分组
       allnodes = sorted(G.nodes) # 获取所有节点的标签
       ## 可视化有向网络图
       plt.figure(figsize=(14, 10))
       for ii, group in enumerate(groups): # 通过分组循环设置每一个点
           ## 一个分组的节点列表
           nodelist = [n for (n,nd) in G.nodes(data=True) if nd["group"] == group]
           nx.draw_networkx_nodes(G,pos=pos,nodelist = nodelist, node_size=800,
                                  node_color = nodecolor[ii], alpha = 1,
                                  node_shape = nodeshape[ii],
                                  linewidths = 1,edgecolors = "k",label = group)
       ## 设置节点上的标签
       nx.draw_networkx_labels(G,pos=pos,font_size=10,font_family="Kaiti",
                               font_color="k",alpha=1,
```

```
                          horizontalalignment="center",
                          verticalalignment="center")
## 可视化图的有向边连接
nx.draw_networkx_edges(G,pos=pos,width=1,alpha=1,edge_color= "blue",
                          arrowsize = 20,   # 箭头大小
                          #边与节点的空隙大小
                          min_source_margin = 15,min_target_margin = 15)
lgnd = plt.legend(loc = (0.1,0.7))  ## 设置图例和图例中点的大小
for handle in lgnd.legendHandles[0:4]:
    handle.set_sizes([200])
plt.title(" 《三国演义》关键人物关系")
plt.axis("off")
plt.show()
```

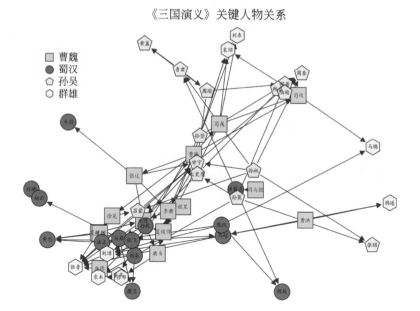

图9-11　人物关系有向图可视化

可视化图9-11与图9-10最大的差异是，节点之间的连接边是否有方向。

9.3.2　网络图聚类分割

本小节将会介绍如何使用Networkx库中的函数，对网络图数据进行聚类分析，从而检测出图中的社区聚集情况。导入的数据一共有117万条边连接，member1与member2表示有关系的两个成员，weight表示两者之间的链接权重，

由于该数图数据的节点较大，为了提高图的数据可视化展示效果，将会使用数据表中的前5000条边连接数据为例，进行展示，导入和使用的数据如下所示：

```
In[21]:## 读取一个无向图的数据，是成员之间边连接的数据
        df = pd.read_csv("data/chap09/member-edges.csv")
        ## 由于数据太多，只使用其中的部分数据用于演示
        df = df.iloc[0:5000,:]
        print(df.head())
```

Out[21]:	Unnamed:0	member1	member2	weight
0	0	198737924	220654721	1
1	1	198737924	208201738	1
2	2	198737924	88664332	1
3	3	198737924	8640526	1
4	4	198737924	56356372	1

由于使用的5000条数据中，大部分边连接的权重等于1，因此在分析时可以忽略边的权重影响。首先使用下面的程序从数据表格中生成一个无向图，并且将该图进行可视化，可视化社交网络图，用于查看每个用户在图中的连接关系。运行程序后可获得可视化图像，如图9-12所示。

```
In[22]:## 从数据表中的数据生成无向图
        G = nx.from_pandas_edgelist(df, source = "member1",target="member2",
                                    create_using = nx.Graph())
        nodes = G.nodes() ## 图上的节点
        pos = nx.kamada_kawai_layout(G) ## 计算图的布局方式
        # 可视化图上节点的连接
        fig = plt.figure(figsize = (15,9))
        nx.draw(G,pos,alpha = 0.8, nodelist = nodes,node_color = "r",
                node_size = 10, with_labels= False,font_size = 6,
                width = 0.5, edge_color = "b")
plt.show()
```

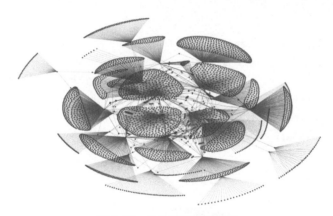

图9-12　社交网络图可视化

从图9-12中可以发现：该网络图可以看作是有很多小的团体组成的，因此下面将会使用一个社区检测的算法，对图中的节点进行聚类。

（1）Louvain社区检测算法

在networkx库中的algorithms.community模块，提供了很多种用于图节点聚类的算法，下面使用Louvain社区检测算法，将图上的节点聚类，从而实现对图中的节点划分为不同的社区，同时针对聚类的结果，还可以使用modularity()计算给定分区的模块性，从而评价聚类的效果。从下面的聚类结果输出中可知，使用Louvain社区检测算法将图上的节点划分为了22个社群。

```
In[23]:## 使用Louvain社区检测算法查找图的最佳分区
        cluster1 = nxcom.louvain_communities(G, seed=123)
        print("找到的社区数量:",len(cluster1))
        print("图给定分区的模块性:",nxcom.modularity(G, cluster1))
Out[23]: 找到的社区数量: 22
        图给定分区的模块性: 0.851040060
```

针对获得的社群检测的结果，还可以使用下面的程序进行可视化，运行程序后可获得可视化图像，如图9-13所示。从图像中可以发现：使用该算法获得了较好的社区检测效果。

```
In[24]:## 获取每个节点所属的簇
        cluster1val = []
        for ii,clu in enumerate(cluster1):
            cluster1val.append([ii for c in clu])
        cluster1val = sum(cluster1val,[])
        ## 可视化聚类的结果
```

```
fig = plt.figure(figsize = (15,9))
nx.draw_networkx_nodes(G, pos,nodelist = nodes,cmap=plt.cm.RdYlBu,
                        alpha = 1,node_size = 10,node_color=cluster1val)
nx.draw_networkx_edges(G, pos, alpha=0.1, width = 0.5, edge_color = "k")
plt.axis("off")
plt.show()
```

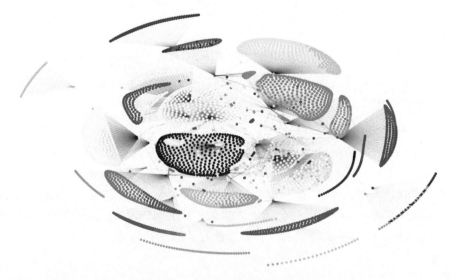

图9-13　Louvain社区检测可视化

（2）贪婪的最大化社区检测算法

下面使用greedy_modularity_communities()对上述的网络图，利用贪婪的最大化社区检测算法，将图上的节点聚类，并且将社区检测的聚类结果进行可视化。从下面的聚类结果输出中可知，使用该算法将图上的节点同样划分为了22个社群，并且获得了聚类的可视化结果图像，如图9-14所示。

```
In[25]:## 使用贪婪的最大化社区检测算法查找图的最佳分区
       cluster2 = nxcom.greedy_modularity_communities(G)
       print("找到的社区数量 :",len(cluster2))
       print("图给定分区的模块性 :",nxcom.modularity(G, cluster2))
       ## 获取每个节点所属的簇
       cluster2val = []
       for ii,clu in enumerate(cluster2):
           cluster2val.append([ii for c in clu])
```

```
        cluster2val = sum(cluster2val,[])
        ## 可视化聚类的结果
        fig = plt.figure(figsize = (15,9))
        nx.draw_networkx_nodes(G, pos,nodelist = nodes,cmap=plt.cm.RdYlBu,
                        alpha = 1,node_size = 10,node_color=cluster2val)
        nx.draw_networkx_edges(G, pos, alpha=0.1, width = 0.5, edge_color = "k")
        plt.axis("off")
        plt.show()
Out[25]: 找到的社区数量: 22
        图给定分区的模块性: 0.85432513
```

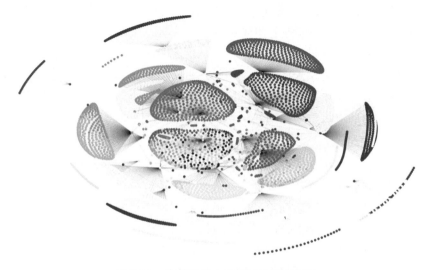

图9-14 贪婪的最大化社区检测可视化

9.4 本章小结

　　本章主要介绍了对两种常用的非结构化数据的挖掘与分析。针对文本数据集，介绍了中文文本数据预处理、文本 TF-IDF 特征的获取、文本数据的 K 均值聚类、LDA 主题模型，以及朴素贝叶斯分类等应用。而针对网络图数据，则是主要介绍了图的数据可视化，以及如何使用相关的聚类算法，对网络图上的节点进行聚类和分割等应用。

第10章

综合实战案例：中药材鉴别

　　本章的内容是一个综合实战案例，会利用数据可视化、数据挖掘中的相关方法，完成中药材的鉴别。该问题来自2021年高教社杯全国大学生数学建模竞赛题目E。本章将会尽可能地使用简单的数据分析方法，从数据分析与挖掘的视角，对其中的几个问题进行求解与分析，从而避免较复杂的数据建模流程，同样该数据虽然来自和药物相关的实验，但是在进行数据挖掘时会尽可能地从数据的表现形式进行分析，因此读懂本章的数据分析方法，不需要多余的医学或者药物知识。下面先对问题进行简单的介绍。

　　（1）问题描述

　　不同中药材表现的光谱特征差异较大，即使来自不同产地的同一药材，因其无机元素、有机物等存在的差异性，在近红外、中红外光谱的照射下也会表现出不同的光谱特征，因此可以利用这些特征来鉴别中药材的种类及产地。

　　中药材的道地性以产地为主要指标，产地的鉴别对于药材品质鉴别尤为重要。然而，不同产地的同一种药材在同一波段内的光谱比较接近使得光谱鉴别的误差较大。另外，有些中药材的近红外区别比较明显，而有些药材的中红外区别比较明显，当样本量不够充足时，我们可以通过近红外和中红外的光谱数据相互验证来对中药材产地进行综合鉴别。

　　（2）数据描述

　　附件1至附件4是一些中药材的近红外或中红外光谱数据，其中No列为药材的编号，Class列表示中药材的类别，OP列表示该种药材的产地，其余各列第一行的数据为光谱的波数（单位cm^{-1}）、第二行以后的数据表示该行编号的药材在对应波段光谱照射下的吸光度（注：该吸光度为仪器矫正后的值，可能存在负值）。本章将会使用给定的数据集，以数据可视化、数据分析与挖掘的方式，对以下几个问题进行分析和研究。

　　（3）待解决问题

　　问题1：根据附件1中几种药材的中红外光谱数据，研究不同种类药材的特征和差异性，并鉴别药材的种类。

问题2：根据附件2中某一种药材的中红外光谱数据，分析不同产地药材的特征和差异性，试鉴别药材的产地并将下表中所给出编号的药材产地的鉴别结果填入表格中。

No	3	14	38	48	58	71	79	86	89	110	134	152	227	331	618
OP															

问题3：附件4给出了几种药材的近红外光谱数据，试鉴别药材的类别与产地，并将下表中所给出编号的药材类别与产地的鉴别结果填入表格中（注：本问题将会主要以预测药材的类别Class为例）。

No	94	109	140	278	308	330	347
Class							
OP							

针对上面的问题和提供的数据，会以纯粹的数据可视化分析的形式进行建模分析，不会涉及相关的药物相关的知识，而且鉴于有些问题的相似性，因此将会只提供一些有代表性的分析方式，尤其对于问题3中药材的产地将不再预测。

综上所述，本章将会主要包含以下几个主要的分析小节：①针对问题1，利用无监督学习相关的方法，鉴别药材的种类，对数据分析结果及过程进行可视化；②针对问题2，介绍有监督的机器学习算法，鉴别药材的产地；③针对问题3，介绍半监督机器学习算法，用于鉴别药材的种类。

在分析之前，先导入本章会使用到的库和函数，程序如下所示：

```
In[1]:%config InlineBackend.figure_format = 'retina'
       %matplotlib inline
       import seaborn as sns
       sns.set(font= "Kaiti",style="whitegrid",font_scale=1.6)
       import matplotlib
       matplotlib.rcParams['axes.unicode_minus']=False #解决坐标轴的负号显示问题
       ## 导入需要的库
       import numpy as np
       import pandas as pd
       import matplotlib.pyplot as plt
       from mpl_toolkits.mplot3d import Axes3D
       from pandas.plotting import parallel_coordinates
       from sklearn.manifold import TSNE
       from sklearn.cluster import KMeans,DBSCAN
       from sklearn.metrics import silhouette_samples, silhouette_score, accuracy_
```

```
score, confusion_matrix
import plotly.express as px
from sklearn.ensemble import RandomForestClassifier
from sklearn.feature_selection import SelectFromModel
from sklearn.discriminant_analysis import LinearDiscriminantAnalysis
from sklearn.model_selection import  train_test_split
from sklearn.decomposition import PCA
from sklearn.semi_supervised import LabelPropagation
from sklearn.preprocessing import LabelEncoder
from mlxtend.plotting import plot_decision_regions,plot_confusion_matrix
```

10.1 无监督学习——鉴别药材种类

本节将会主要介绍如何使用无监督学习算法，对药材的种类进行鉴别。使用的数据为"附件1.xlsx"，在该数据中有325个样本，3000多个特征，结合数据和问题的目标，可以知道这是一个无监督的学习问题，可以使用聚类分析对数据进行种类的鉴别。下面的程序是读取数据并对数据的内容进行展示，程序和输出结果如下所示：

```
In[2]:## 读取附件1中的数据
      df1 = pd.read_excel("data/chap10/附件1.xlsx")
      df1
```

Out[2]:

	No	652	653	654	655	656	657	658	659	660	...	3990	3991	3992	3993	3994	399
0	1	0.094196	0.094057	0.094057	0.093992	0.093992	0.093986	0.093986	0.094197	0.094197	...	0.009897	0.009897	0.009897	0.009896	0.009896	0.00989
1	2	0.106043	0.105832	0.105832	0.105599	0.105599	0.105454	0.105454	0.105452	0.105452	...	0.017432	0.017448	0.017448	0.017450	0.017450	0.01744
2	3	0.272430	0.272049	0.272049	0.271811	0.271811	0.271008	0.271008	0.270318	0.270318	...	0.005559	0.005553	0.005553	0.005531	0.005531	0.00565
3	4	0.074814	0.074756	0.074756	0.074743	0.074743	0.074878	0.074878	0.075135	0.075135	...	0.003315	0.003315	0.003315	0.003303	0.003303	0.00329
4	5	0.322213	0.319839	0.319839	0.317635	0.317635	0.316115	0.316115	0.315650	0.315650	...	0.001080	0.001064	0.001064	0.001054	0.001054	0.00104
...																	
420	421	0.029944	0.029967	0.029967	0.029987	0.029987	0.030026	0.030026	0.030081	0.030081	...	0.027870	0.027900	0.027900	0.027939	0.027939	0.0279
421	422	0.235829	0.234129	0.234129	0.232729	0.232729	0.231800	0.231800	0.231128	0.231128	...	0.002048	0.002031	0.002031	0.001999	0.001999	0.00199
422	423	0.198967	0.197919	0.197919	0.197320	0.197320	0.196442	0.196442	0.195784	0.195784	...	0.000848	0.000836	0.000836	0.000801	0.000801	0.0007
423	424	0.055631	0.055615	0.055615	0.055606	0.055606	0.055587	0.055587	0.055564	0.055564	...	0.011664	0.011672	0.011672	0.011678	0.011678	0.0116
424	425	0.029445	0.029449	0.029449	0.029468	0.029468	0.029484	0.029484	0.029474	0.029474	...	0.036477	0.036484	0.036484	0.036501	0.036501	0.0364

425 rows × 3349 columns

针对该数据集和待分析的问题，将会采用下面几个步骤对数据进行可视化探索性分析。

① 数据特征可视化探索分析：通过数据的可视化探索分析，利用平行坐标图分析数据特征的取值情况，对数据进行准备与预处理操作；

② 使用原始特征进行聚类分析：即利用数据原始的3000多个特征，采用聚类算法对数据进行聚类，并分析数据的聚类效果；

③ 使用降维后的特征进行聚类：为了方便观察聚类结果在空间中的分布情况，先使用数据降维算法对数据降维，然后利用降维后的数据特征进行聚类。

10.1.1 数据特征可视化探索

导入的数据有3000多个特征，数据的维度很高，所以在分析数据的特征差异时，逐个地分析每个特征是不现实的，因此可以对数据进行降维或者特征的提取，然后比较所提取特征的差异等，并且该数据中还可能存在异常值，因此在聚类之前，需要先对数据进行异常值的检测和剔除等操作。

针对高维的数据在进行数据特征的可视化探索分析时，通过平行坐标图对其进行可视化分析，更容易观察数据中每个样本的变化趋势以及分布情况。下面的程序In[3]是利用函数parallel_coordinates()对数据可视化平行坐标图，运行程序后可获得可视化图像，如图10-1所示。从平行坐标图上可以发现：有3个样本的特征波动情况和其它样本的差异很大，因此可以将这3个样本作为异常值剔除。需要注意的是：由于可视化的特征较多，因此在横坐标上只显示了部分特征所对应的波数。

```
In[3]: ## 利用平行坐标图可视化观察数据样本的特征波动情况
       fig = plt.figure(figsize=(14,7))
       ax = fig.add_subplot(1,1,1)
       parallel_coordinates(df1,class_column = "No",ax = ax,
                            axvlines = False,use_columns=True)
       ax.get_legend().remove()  # 不显示图例
       ## 设置X轴的标签
       xticks = np.int64(np.linspace(np.min(df1.columns[1:]),
                        np.max(df1.columns[1:]),num=30))
       ax.set_xticks(xticks,xticks,rotation=90) # 显示X轴坐标标签
       plt.xlabel(" 波数 ");plt.ylabel(" 吸光度 ")
       plt.title(" 每个样本的中红外光谱特征 ")
       plt.show()
```

每个样本的中红外光谱特征

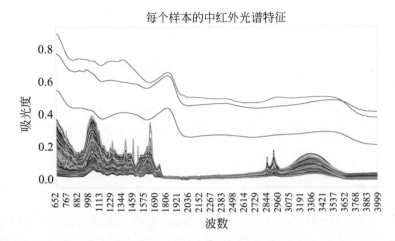

图 10-1　药材特征平行坐标图

　　下面的程序 In[4] 是针对数据预处理后，再次对数据可视化平行坐标图，运行程序后可获得可视化图像，如图 10-2 所示。

```
In[4]:## 剔除异常值后再次使用平行坐标图可视化数据的特征
      df2 = df1[~(df1.iloc[:,1] > 0.5)].reset_index(drop=True)
      fig = plt.figure(figsize=(14,7))
      ax = fig.add_subplot(1,1,1)
      parallel_coordinates(df2,class_column = "No",ax = ax,
                            axvlines = False,use_columns=True)
      ax.get_legend().remove()  # 不显示图例
      xticks = np.int64(np.linspace(np.min(df2.columns[1:]),
                        np.max(df2.columns[1:]),num=30))
      ax.set_xticks(xticks,xticks,rotation=90)
      plt.xlabel(" 波数 ");plt.ylabel(" 吸光度 ")
      plt.title("每个样本的中红外光谱特征(剔除异常样本后)")
      plt.show()
```

　　从图 10-2 中可以发现：剔除异常值后，数据样本在不同长度的光谱位置，其对应的取值有较大的差异，其中图像中间位置处对应的特征取值范围较小。虽然有些特征的波动幅度较大，有些特征的波动幅度较小，但是数据的整体量级在一定的范围内，而且这些特征的取值是在同一量纲下的，因此可以不进行数据标准化预处理操作。

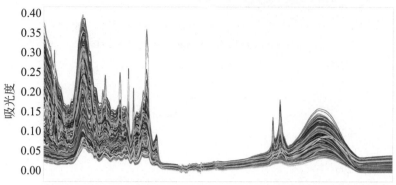

每个样本的中红外光谱特征（剔除异常样本后）

图10-2 剔除异常样本后药材特征平行坐标图

10.1.2 使用原始特征进行聚类分析

无监督的聚类算法有很多种，下面将会使用最常用的一种聚类算法——K均值聚类算法，对数据的所有原始特征进行聚类。下面程序In[5]是通过肘方法搜索合适的聚类数目，运行程序后可获得可视化图像，如图10-3所示。从图中可以发现将数据聚类为3个簇较合适。

```
In[5]: ## 使用K-means对不降维的数据进行聚类分析
        cludata1 = df2.iloc[:,1:].values
        ## 使用肘方法搜索合适的聚类数目
        kmax = 10
        K = np.arange(1,kmax)
        iner = [] ## 类内误差平方和
        for ii in K:
            kmean = KMeans(n_clusters=ii,random_state=1)
            kmean.fit(cludata1)
            ## 计算类内误差平方和
            iner.append(kmean.inertia_)
        ## 可视化类内误差平方和的变化情况
        plt.figure(figsize=(12,6))
        plt.plot(K,iner,"r-o")
        plt.xlabel(" 聚类数目 ")
        plt.ylabel(" 类内误差平方和 ")
        plt.title("K-means 聚类 ")
```

```
## 在图中添加一个箭头
plt.annotate("转折点", xy=(3,iner[2]),xytext=(4,iner[2] + 300),
                arrowprops=dict(facecolor="blue", shrink=0.1))
plt.show()
```

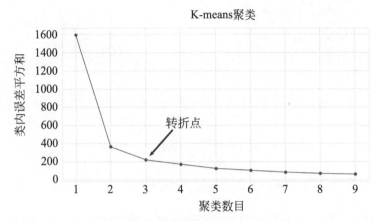

图 10-3　K均值聚类类内误差平方和

确定好对数据的聚类数目后，使用下面的程序将数据聚类为3个簇，从输出的结果中可以发现，每个簇分别有189、139、94个样本。

```
In[6]:## 将数据聚类为3个簇并可视化聚类的效果
       kmean = KMeans(n_clusters=3,random_state=1)
       k_pre = kmean.fit_predict(cludata1)
       print("每簇包含的样本数量：",np.unique(k_pre,return_counts = True))
Out[6]:每簇包含的样本数量：(array([0, 1, 2], dtype=int32), array([189, 139,  94]))
```

由于没有数据集的类别标签，所以将数据聚类为3个簇后，可以通过轮廓系数评价聚类效果的好坏，轮廓系数的均值越接近于1说明聚类的效果越好。下面的程序In[7]，计算轮廓系数后通过可视化的方式，可视化轮廓系数图，运行程序后可获得如图10-4所示的可视化图像。从可视化图像中可以发现，通过K均值聚类算法，对数据的聚类的效果较好。

```
In[7]: ## 计算K均值聚类的平均轮廓系数，每个样本的轮廓系数
       sil_score = silhouette_score(cludata1,k_pre)
       sil_samp_val = silhouette_samples(cludata1,k_pre)
```

```
## 可视化聚类分析轮廓图,K均值
plt.figure(figsize=(10,6))
y_lower = 10  ## y坐标底部
n_clu = len(np.unique(k_pre))
for ii in np.arange(n_clu):
    ## 将第ii类样本的轮廓系数值放在一块排序
    iiclu_sil_samp_sort = np.sort(sil_samp_val[k_pre == ii])
    ## 计算第ii类的数量
    iisize = len(iiclu_sil_samp_sort)
    y_upper = y_lower + iisize ## 第ii类数据的坐标顶部
    color = plt.cm.Spectral(ii / n_clu) ## 设置ii类图像的颜色
    plt.fill_betweenx(np.arange(y_lower,y_upper),0,iiclu_sil_samp_sort,
                      facecolor = color, alpha = 1)
    # 簇对应的y轴中间添加标签
    plt.text(-0.08,y_lower + 0.5*iisize,"簇"+str(ii+1))
    ## 更新 y_lower
    y_lower = y_upper + 5 ## 更新坐标底部
## 添加平均轮廓系数得分直线
plt.axvline(x=sil_score,color="red",
            label = "mean:"+str(np.round(sil_score,3)))
plt.xlim([-0.1,1]);plt.yticks([])
plt.legend(loc = 1)
plt.xlabel("轮廓系数得分")
plt.ylabel("聚类标签")
plt.title("K-means聚类轮廓图")
plt.show()
```

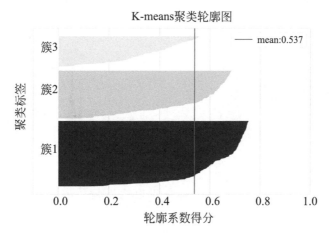

图10-4　K均值聚类轮廓系数

获得数据的聚类结果后，使用程序In[8]继续通过平行坐标图，可视化数据在聚类标签分组下的分布情况，运行程序后可获得如图10-5所示的可视化图像。从可视化结果中可以发现，不同类别的样本分布在空间中的不同位置。而且K均值的聚类效果较好，根据样本特征的取值情况，将数据样本进行了有效的区分。

```
In[8]: ## 平行坐标图可视化特征聚类后的分布情况
       df2["No"] = [str(ii) for ii in k_pre]    # 将聚类的结果添加到数据中
       fig = plt.figure(figsize=(14,7))
       ax = fig.add_subplot(1,1,1)
       parallel_coordinates(df2,class_column = "No",ax = ax,
                             axvlines = False,use_columns=True,
                             alpha = 0.5, color=("red","blue","green"))
       ax.get_legend().remove()  # 不显示图例
       ## 设置x轴的标签
       xticks = np.int64(np.linspace(np.min(df2.columns[1:]),
                         np.max(df2.columns[1:]),num=30))
       ax.set_xticks(xticks,xticks,rotation=90)
       plt.xlabel("波数")
       plt.ylabel("吸光度")
       plt.title("K均值聚类后的特征分布")
       plt.show()
```

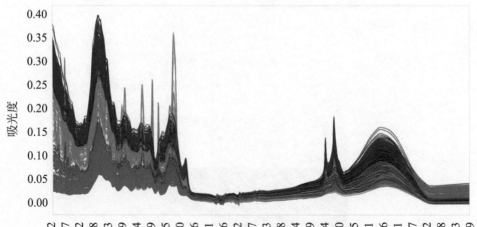

图10-5　K均值聚类分组下的特征平行坐标图

10.1.3　使用降维后的特征进行聚类

为了更好地观察每个样本在空间中的分布情况，可以先对药材的数据特征降维到三维空间，然后对数据样本进行聚类分析。下面的程序In[9]是利用PCA算法将数据降维到20维。程序In[10]是针对降维后的结果，分别可视化出PCA降维的累计解释方差的变化情况，可获得可视化图像，如图10-6的左图，以及在三维空间中使用散点图可视化数据的前3个主成分，可获得图像，如图10-6的右图。

```
In[9]:## 使用主成分降维分析降维到20维
        n_components = 20
        pca = PCA(n_components = n_components,random_state = 123)
        ## 获取降维后的数据
        df2_x = df2.iloc[:,1:].values
        cludata2 = pca.fit_transform(df2_x)
        print(cludata2.shape)
        print("累计解释方差:",np.cumsum(pca.explained_variance_ratio_))
Out[9]:(422, 20)
        累计解释方差: [0.9110025  0.96086734 0.98512133 0.99023461 0.99365656
  0.99576987 0.9969958  0.99769983 0.99826448 0.99864997 0.99886788 0.99906182
  0.99922996 0.99938579 0.99949643 0.99959383 0.99965093 0.99969079 0.99972419
  0.99975518]
In[10]:## 可视化主成分分析的累计解释方差得分
        exvar = np.cumsum(pca.explained_variance_ratio_)
        fig = plt.figure(figsize=(12,6))
        ax1 = fig.add_subplot(1,2,1)
        ax1.plot(np.arange(1,n_components+1),exvar,"r-o")
        ax1.set_xlabel("主成分数量")
        ax1.set_ylabel("解释方差大小")
        ax1.set_title("累计解释方差变化情况")
        ax1.set_xticks(np.arange(1,n_components+1))
        ## 在3D空间中可视化降维后的数据空间分布
        ax2 = fig.add_subplot(1,2,2, projection="3d")
        ax2.scatter(cludata2[:,0],cludata2[:,1],cludata2[:,2],s = 40)
        ax2.set_xlabel("PCA特征 1",rotation=-45)
        ax2.set_ylabel("PCA特征 2",rotation=45)
        ax2.set_zlabel("PCA特征 3",rotation=90)
        ax2.set_title("中红外光谱特征PCA降维可视化")
        plt.tight_layout()
        plt.show()
```

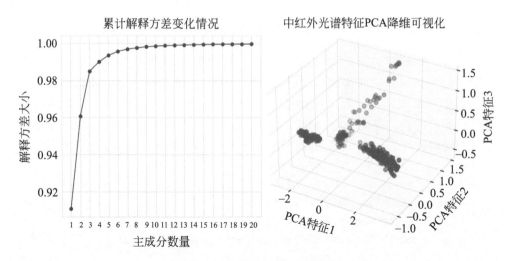

图 10-6　主成分降维结果可视化

从上面的分析结果可以发现，数据中的前3个主成分已经可以表示数据中的大部分信息，而且通过散点图可以发现数据在空间中的分布，更适合使用密度聚类算法。

密度聚类算法的出发点是，假设聚类结果可以通过样本分布的稠密程度来确定，主要目标是寻找被低密度区域分离的高密度区域。与基于距离的K均值聚类算法不同的是，基于距离的K均值聚类算法更适合球状分布的数据，而基于密度的聚类算法可以发现任意形状的簇。下面的程序In[11]中通过DBSCAN密度聚类算法，对降维后的数据进行密度聚类，并且将聚类的结果使用分组的散点图进行可视化。运行程序后可获得如图10-7所示的可视化结果。

```
In[11]:## 使用前3个主成分进行密度聚类, 更适合数据非球形分布的数据
        db = DBSCAN(eps=0.55,min_samples = 15)
        db.fit(cludata2[:,0:3])
        ## 获取聚类后的类别标签
        db_pre_lab = db.labels_
        print("每簇包含的样本数量:",np.unique(db_pre_lab,return_counts = True))
        ## 可视化出聚类后的结果
        colors = ["red","blue","green","yellow","lightblue","black"]
        shapes = ["o","s","*",">",".",".","o","s","+"]
        fig = plt.figure(figsize=(14,7))
        ## 将坐标系设置为3D
        ax1 = fig.add_subplot(111, projection="3d")
        for y in np.unique(db_pre_lab):
```

```
            index = db_pre_lab == y
            ax1.scatter(cludata2[index,0],cludata2[index,1], cludata2[index,2],
                    s = 50,c = colors[y], marker = shapes[y],alpha = 0.5,
                    label = y)
        ax1.set_title("密度聚类结果可视化",y = 1)
        ax1.set_xlabel("PCA特征 1",rotation=-45,labelpad = 10)
        ax1.set_ylabel("PCA特征 2",rotation=45,labelpad = 10)
        ax1.set_zlabel("PCA特征 3",rotation=90,labelpad = 10)
        plt.legend(loc = [0.1,0.6]);plt.tight_layout()
        plt.show()
Out[11]: 每簇包含的样本数量：
        (array([-1,0,1,2]), array([25,57,206,134]))
```

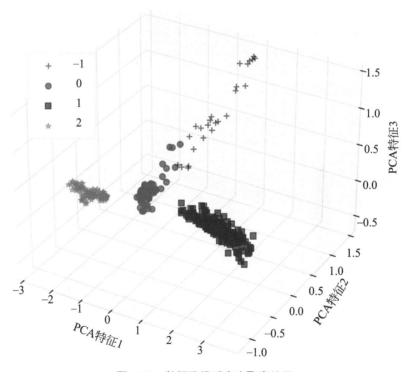

图10-7　数据降维后密度聚类结果

　　从图10-7所示的可视化结果可以知道，通过密度聚类的效果，更符合数据在空间中的分布情况，但是此时也有较多的样本被识别为了噪声数据（图像中黑色的加号表示的样本点，也可以认为这些点和红色圆点数据属于同一类，或者将其单独作为一类数据）。

下面的程序In[12]是将密度聚类的结果作为分组标签，使用平行坐标图可视化聚类后数据的分布情况，运行程序后可获得如图10-8所示的可视化结果。

```
In[12]:## 平行坐标图可视化特征聚类后的分布情况
df2["No"] = [str(ii) for ii in db_pre_lab] # 将聚类的结果添加到数据中
fig = plt.figure(figsize=(14,7))
ax = fig.add_subplot(1,1,1)
parallel_coordinates(df2,class_column = "No",ax = ax,
                     axvlines = False,use_columns=True,
                     alpha = 0.5, color=("red","blue","green","black"))
ax.get_legend().remove() # 不显示图例
## 设置x轴的标签
xticks = np.int64(np.linspace(np.min(df2.columns[1:]),
                 np.max(df2.columns[1:]),num=30))
ax.set_xticks(xticks,xticks,rotation=90)
plt.xlabel(" 波数 ")
plt.ylabel(" 吸光度 ")
plt.title("PCA特征使用密度聚类结果")
plt.show()
```

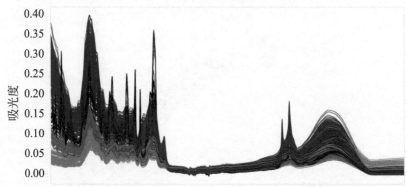

图10-8　数据降维后密度聚类分组下的特征平行坐标图

对比前面来使用的两种数据聚类方法可以发现：两种聚类算法，获得的结果是不一样的，但是该问题是一个无监督的问题，因此聚类的结果都可以认为是合理的。

10.2 有监督学习——药材产地鉴别

本小节将会针对问题2使用有监督的学习算法，鉴别药材的产地。首先读取待使用的数据"附件2.xlsx"，运行下面的程序后，从输出结果中可知待使用的数据有673个样本，每个样本有3400多个特征。

```
In[13]:## 读取附件2中的数据
        df2 = pd.read_excel("data/chap10/ 附件 2.xlsx")
        df2
Out[13]:
```

	No	OP	551	552	553	554	555	556	557	558	...	3989	3990	3991	3992	3993	3994
0	1	11.0	0.338459	0.338459	0.339733	0.339733	0.340814	0.340814	0.342109	0.342109	...	0.054573	0.054455	0.054455	0.054330	0.054330	0.054211
1	2	1.0	0.311826	0.311826	0.312213	0.312213	0.312997	0.312997	0.313481	0.313481	...	0.063536	0.063486	0.063486	0.063424	0.063424	0.063339
2	3	NaN	0.375583	0.375583	0.376209	0.376209	0.377075	0.377075	0.378287	0.378287	...	0.060569	0.060437	0.060437	0.060298	0.060298	0.060219
3	4	6.0	0.356877	0.356877	0.357393	0.357393	0.358166	0.358166	0.358863	0.358863	...	0.047585	0.047509	0.047509	0.047443	0.047443	0.047361
4	5	7.0	0.358230	0.358230	0.358626	0.358626	0.359566	0.359566	0.360332	0.360332	...	0.067547	0.067472	0.067472	0.067394	0.067394	0.067290
...	...	...	...	...	...	...	...	...	...	...	...	...	...	...	...	...	...
668	669	9.0	0.194670	0.194670	0.195488	0.195488	0.195606	0.195606	0.196071	0.196071	...	0.041918	0.041917	0.041917	0.041898	0.041898	0.041886
669	670	6.0	0.283110	0.283110	0.283448	0.283448	0.282941	0.282941	0.282654	0.282654	...	0.012009	0.011951	0.011951	0.011881	0.011881	0.011841
670	671	4.0	0.214554	0.214554	0.214234	0.214234	0.213810	0.213810	0.213618	0.213618	...	0.052636	0.052602	0.052602	0.052565	0.052565	0.052541
671	672	5.0	0.315602	0.315602	0.316312	0.316312	0.317400	0.317400	0.317002	0.317002	...	0.005925	0.005809	0.005809	0.005696	0.005696	0.005616
672	673	1.0	0.372290	0.372290	0.372586	0.372586	0.372848	0.372848	0.372551	0.372551	...	0.072481	0.072360	0.072360	0.072226	0.072226	0.072072

673 rows × 3450 columns

数据中的有些样本的药材产地OP并没有给出（待预测的样本），下面的程序In[14]将未给出药材产地的数据作为测试集，其他数据作为训练集，针对药材产地的每个产地的出现情况，使用条形图进行可视化，运行程序后可输出如图10-9所示的可视化结果。

```
In[14]:## 因为有些样本的药材产地OP并没有给出，将这些数据切分为训练集和测试集
        df2_test = df2[df2.OP.isna()]
        df2_train = df2[~df2.OP.isna()]
        df2_train["OP"] = np.int8(df2_train["OP"])
        ## 可视化每个产地的样本数量
        OPcount = df2_train.OP.value_counts().reset_index()
        OPcount = OPcount.sort_values(by = "index")
        OPcount.plot(x = "index",y = "OP" ,kind = "bar",figsize = (12,6))
        plt.xlabel(" 产地 ")
        plt.ylabel(" 样本数量 ")
        plt.xticks(rotation = 0)
        plt.show()
```

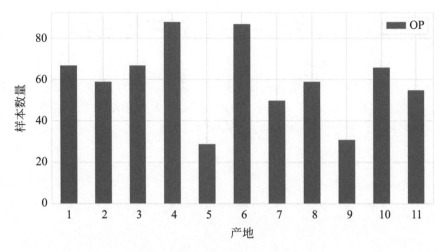

图 10-9　数据中每个产地的样本数量

从图 10-9 中可以知道，数据中一共有 11 个产地，每个产地的样本数量不同，有些产地的样本量较多，有些产地的样本量较少。

10.2.1　数据特征可视化探索分析

建立有监督的数据分类模型之前，针对不同产地的药材特征情况，使用分组的平行坐标图进行可视化分析，运行下面的程序可获得如图 10-10 所示的图像。可以发现不能很好地分析出不同产地数据的特征变化差异。

```
In[15]:## 同样使用平行坐标图可视化训练集中不同产地的药材特征
        fig = plt.figure(figsize=(14,7))
        ax = fig.add_subplot(1,1,1)
        parallel_coordinates(df2_train.iloc[:,1:],class_column = "OP",
                            ax = ax,axvlines = False,colormap="tab20",
                            use_columns=True)
        ax.get_legend().remove()  # 不显示图例
        ## 设置 x 轴的标签
        xticks = np.int64(np.linspace(np.min(df2_train.columns[2:]),
                        np.max(df2_train.columns[2:]),num=30))
        ax.set_xticks(xticks,xticks,rotation=90)
        plt.xlabel("波数")
        plt.ylabel("吸光度")
        plt.title("不同产地的药材中红外光谱特征")
        plt.show()
```

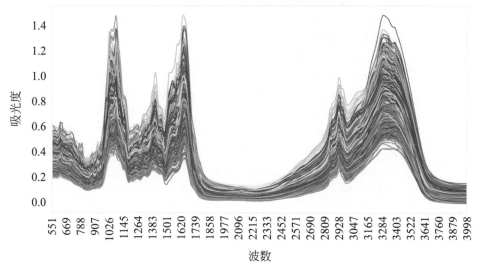

图10-10　不同产地分组下的特征平行坐标图

10.2.2　利用选择的特征进行分类

　　由于数据的特征太多，因此可以先使用特征选择的方法，抽取一定数据的特征后，对提取的特征建立分类模型。下面的程序In[16]是基于随机森林分类器为基模型，通过特征选择的方式从数据中抽取对分类效果最好的50个特征。针对获得的特征，通过程序In[17]利用平行坐标图可视化数据的分布情况，运行程序后可获得如图10-11所示的可视化图像。平行坐标图中，由于此时可视化的特征较少，因此在图像的横轴上显示出了每个特征的名称。

```
In[16]: ## 基于随机森林分类抽取对分类效果最好的50个特征
        rf = RandomForestClassifier(random_state=0)
        rf = rf.fit(df2_train.iloc[:,2:],df2_train.OP)
        sfm = SelectFromModel(estimator=rf, ## 进行特征选择的模型
                        prefit = True, ## 对模型进行预训练
                        max_features = 50)## 选择的最大特征数量
        ## 将模型选择器作用于数据特征
        sfm_df2_train = sfm.transform(df2_train.iloc[:,2:])
        print(sfm_df2_train.shape)
Out[16]: (658, 50)
In[17]:## 可视化抽取的特征分布情况
```

```
sfmcol = df2_train.iloc[:,2:].columns[sfm.get_support()]
sfmtraindf = pd.DataFrame(data=sfm_df2_train,columns=sfmcol)
sfmtraindf["OP"] = df2_train.OP.values
fig = plt.figure(figsize=(14,7))
ax = fig.add_subplot(1,1,1)
parallel_coordinates(sfmtraindf,class_column = "OP",ax = ax,
axvlines = False,colormap="tab20")
plt.xticks(rotation = 90,fontsize = 12)
plt.title("选择出的重要中红外光谱特征变化情况")
plt.xlabel("药材的中红外光谱特征")
plt.legend(loc = 1)
plt.show()
```

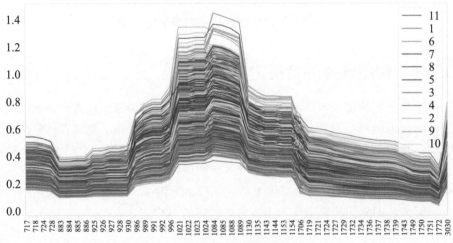

图 10-11　选择出特征的平行坐标图

选择出有用的特征后，通过程序 In[18] 将数据切分为训练集和验证集，其中
20% 的数据作为验证集，从结果中可知训练集有 526 个样本，验证集有 132 个样本。

```
In[18]:## 将数据切分为训练集和验证集
        X_train,X_val,y_train,y_val = train_test_split(sfm_df2_train,
                df2_train.OP.values, test_size = 0.2, random_state = 1)
        print("X_train.shape :",X_train.shape)
        print("X_val.shape :",X_val.shape)
```

```
            print("y_train.shape :",y_train.shape)
Out[18]:X_train.shape : (526, 50)
        X_val.shape : (132, 50)
        y_train.shape : (526,)
```

切分好数据后，下面的程序In[19]是使用LinearDiscriminantAnalysis()建立线性判别分类器，通过训练集训练，并计算在训练集和验证集上的预测精度。从输出结果中可知，训练数据集上的精度较高，但是在验证集上的精度值只达到了0.7651，预测精度较差。

```
In[19]:## 建立LDA线性判别分类器
        lda = LinearDiscriminantAnalysis()
        ## 训练模型
        lda.fit(X_train,y_train)
        ## 计算在训练集和验证集上的预测精度
        lda_lab = lda.predict(X_train)
        lda_pre = lda.predict(X_val)
        print(" 训练集预测精度 :",accuracy_score(y_train,lda_lab))
        print(" 验证集预测精度 :",accuracy_score(y_val,lda_pre))
Out[19]: 训练集预测精度 : 0.8536121673003803
        验证集预测精度 : 0.7651515151515151
```

前面建立线性判别分类器时，只使用了50个重要的特征，接下来将会分析抽取的重要特征数量，是否会对分类精度有较大的影响，下面的程序In[20]，是测试抽取特征从10逐渐增加到1200的过程中，分析不同特征数量下，支持向量机分类的预测精度变化情况。运行程序后，会输出不同特征数量下，在训练集与验证集上的预测精度。

```
In[20]:max_features = [10,20,50,100,150,200,350,500,750,850,1000,1200]
        train_acc = []
        val_acc = []
        for max_fea in max_features:
            ## 特征提取
            rf = RandomForestClassifier(random_state=0)
            rf = rf.fit(df2_train.iloc[:,2:],df2_train.OP)
            sfm = SelectFromModel(estimator=rf, prefit = True,
                                  max_features = max_fea)
```

```
        sfm_df2_train = sfm.transform(df2_train.iloc[:,2:])
        ##将数据集切分为训练集和验证集
        X_train,X_val,y_train,y_val = train_test_split(sfm_df2_train,
            df2_train.OP.values,test_size = 0.2,random_state = 1)
        ## 建立线性判别分类模型
        lda = LinearDiscriminantAnalysis()
        lda.fit(X_train,y_train)
        lda_lab = lda.predict(X_train)
        lda_pre = lda.predict(X_val)
        train_acc.append(accuracy_score(y_train,lda_lab))
        val_acc.append(accuracy_score(y_val,lda_pre))
        print("max_features=",max_fea," train_acc=",train_acc[-1],
            " val_acc=",val_acc[-1])
Out[20]:max_features= 10  train_acc= 0.593155893536  val_acc= 0.568181818181
        max_features= 20  train_acc= 0.682509505703  val_acc= 0.606060606060
        max_features= 50  train_acc= 0.853612167300  val_acc= 0.765151515151
        max_features= 100  train_acc= 0.990494296577  val_acc= 0.924242424242
        max_features= 150  train_acc= 1.0  val_acc= 0.962121212121
        max_features= 200  train_acc= 1.0  val_acc= 0.954545454545
        max_features= 350  train_acc= 1.0  val_acc= 0.992424242424
        max_features= 500  train_acc= 1.0  val_acc= 0.977272727272
        max_features= 750  train_acc= 1.0  val_acc= 0.969696969696
        max_features= 850  train_acc= 1.0  val_acc= 0.962121212121
        max_features= 1000  train_acc= 1.0  val_acc= 0.962121212121
        max_features= 1200  train_acc= 1.0  val_acc= 0.977272727272
```

　　针对前面的建模结果，可以使用下面的程序，对不同特征数量下训练集与验证集的预测精度，使用折线图进行可视化分析，运行程序In[21]可获得如图 10-12 所示的可视化图像。

```
In[21]:## 将结果可视化
        plt.figure(figsize = (12,6))
        plt.plot(max_features,train_acc,"r-o",label = " 训练集精度 ")
        plt.plot(max_features,val_acc,"b-s",label = " 验证集精度 ")
        plt.xlabel(" 提取的重要特征数量 ")
        plt.ylabel(" 预测精度 ")
        plt.xticks(max_features[1:],rotation = -45,fontsize = 13)
        plt.legend()
        plt.show()
```

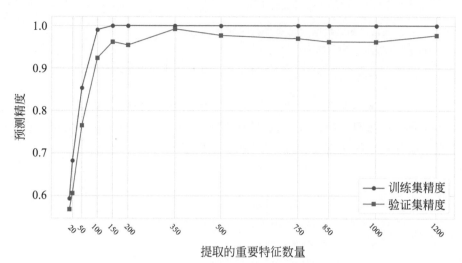

图 10-12 选择出特征数量对模型精度的影响

从图 10-12 中可以发现：特征数量达到 350 之后，在训练集和验证集上的预测精度就不再增加了（注意：由于 200 与 350 之间的参数没有搜索，所以不清楚具体在之间的哪个值之后精度不再增加，这里认为 350 为最优的特征数量，读者也可以选择添加特征提取的密度，对结果进行观察和分析）。

经过前面的分析后，可以确定使用 350 个特征，即可获得较好的预测结果，下面使用最好的模型对待测样本进行预测。在程序 In[22] 中，使用同样的方式从数据中抽取 350 个重要特征，然后使用全部的带标签数据训练线性判别分类器，并将训练好的模型对测试集进行预测，并输出每个待预测样本的标签，程序和对应的输出如下所示。

```
In[22]: ## 使用最好的模型对待测样本进行预测，特征提取
        rf = RandomForestClassifier(random_state=0)
        rf = rf.fit(df2_train.iloc[:,2:],df2_train.OP)
        sfm = SelectFromModel(estimator=rf, prefit = True,max_features = 350)
        sfm_df2_train = sfm.transform(df2_train.iloc[:,2:])
        sfm_df2_test = sfm.transform(df2_test.iloc[:,2:])
        ## 建立LDA线性判别分类器
        lda = LinearDiscriminantAnalysis()
        ## 训练模型，使用全部的带标签数据集
        lda.fit(sfm_df2_train,df2_train.OP.values)
        lda_lab = lda.predict(sfm_df2_train)
        lda_pre = lda.predict(sfm_df2_test)
        print(" 训练集预测精度 :",accuracy_score(df2_train.OP.values,lda_lab))
```

```
        print("测试数据的预测结果为:",lda_pre)
Out[22]:训练集预测精度:1.0
        测试数据的预测结果为:[ 6 1 4 7 10 6 9 11 3 4 9 2 5 8 3]
```

从输出的结果可以发现,在训练集上的预测精度达到了100%,而且针对在训练数据集上的预测效果,还可以使用混淆矩阵热力图查看数据的预测情况,运行下面的程序可获得可视化图像,如图10-13所示。

```
In[23]:## 可视化训练数据集上的混淆矩阵热力图
       confm = confusion_matrix(df2_train.OP.values,lda_lab)
       plot_confusion_matrix(confm,figsize = (8,8))
       plt.title("线性判别分类器混淆矩阵")
       plt.show()
```

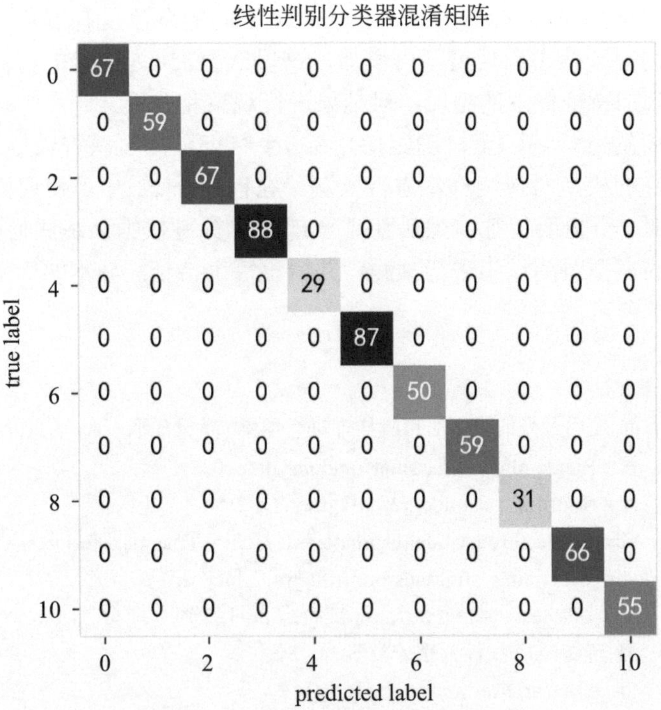

线性判别分类器混淆矩阵

	0		2		4		6		8		10
0	67	0	0	0	0	0	0	0	0	0	0
	0	59	0	0	0	0	0	0	0	0	0
2	0	0	67	0	0	0	0	0	0	0	0
	0	0	0	88	0	0	0	0	0	0	0
4	0	0	0	0	29	0	0	0	0	0	0
	0	0	0	0	0	87	0	0	0	0	0
6	0	0	0	0	0	0	50	0	0	0	0
	0	0	0	0	0	0	0	59	0	0	0
8	0	0	0	0	0	0	0	0	31	0	0
	0	0	0	0	0	0	0	0	0	66	0
10	0	0	0	0	0	0	0	0	0	0	55

(true label 为纵轴,predicted label 为横轴)

图10-13 分类模型的混淆矩阵热力图

针对抽取的重要特征所对应的光谱波数,可以使用直方图进行可视化分析,分析重要的光谱波数所分布的位置,运行下面的程序In[24],可获得如图10-14所示的可视化结果。

In[24]:## 可视化筛选出来的较为重要的波段长度情况

```
sfmcol = df2_train.iloc[:,2:].columns.values[sfm.get_support()]
plt.figure(figsize=(12,6))
plt.hist(sfmcol,bins = 100)
plt.xlabel(" 红外光谱波数 ")
plt.title(" 重要特征所在的光谱波数 ")
plt.xticks(np.arange(500,4100,100),rotation = −90)
plt.show()
```

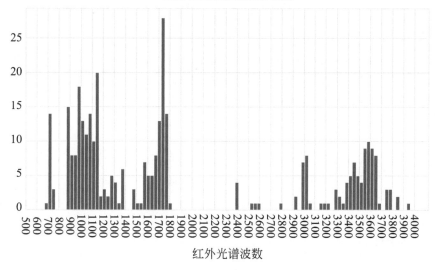

图 10-14　较重要特征所在光谱位置

从图 10-14 中可以发现：重要特征的波段长度在 680 ～ 720、900 ～ 1350、1500 ～ 1800、2900 ～ 3600 等。

10.3 半监督学习——药材类别鉴别

本小节将会使用半监督学习的算法解决问题 3，对药材的类别进行鉴别。之所以选择半监督的机器学习预测算法，是因为在数据中针对药材的类别标签，有标签的样本数量和无标签的样本数量差异并不是很大，而且带标签的样本数量较少，所以采用半监督学习类的算法更合适。本小节将会包含以下主要内容：

①数据预处理和可视化探索；②数据主成分分析降维；③使用标签传播算法进行半监督学习对数据分类。

10.3.1　数据预处理和可视化探索

首先进行数据的预处理与可视化探索分析，下面的程序读取数据"附件4.xlsx"，并对其进行预处理，根据数据是否提供Class变量的取值，将数据切分为训练集和测试集，从输出结果中可知，带标签的训练数据包含256个样本，不带标签的数据有143个。

```
In[25]:## 数据读取和探索
        df4 = pd.read_excel("data/chap10/ 附件 4.xlsx")
        ## 为方便处理将列名中的小数处理为整数
        df4col = [int(ii) for ii in df4.columns[3:]]
        df4col = ["No", "Class", "OP"] + df4col
        df4.columns = df4col
        df4 = df4.drop(["OP"],axis=1)
        ## 将数据切分为训练集和测试集
        df4_train = df4[~df4["Class"].isna()].reset_index(drop = True)
        df4_test = df4[df4["Class"].isna()].reset_index(drop = True)
        df4_train
        df4_test
        Out[25]:
```

	No	Class	4004	4005	4006	4007	4008	4009
0	1	B	0.741947	0.741854	0.741854	0.741783	0.741783	0.741477
1	2	B	0.750204	0.749996	0.749996	0.749809	0.749809	0.749672
2	4	C	0.837420	0.837420	0.837833	0.837833	0.837833	0.837833
3	7	B	0.802411	0.802232	0.802232	0.801999	0.801999	0.801771
4	8	C	0.848519	0.848519	0.848664	0.848664	0.848664	0.848664
...	...	...	...	...	...	...	...	...
251	393	A	0.654859	0.654751	0.654751	0.654751	0.654751	0.654345
252	394	A	0.554593	0.554557	0.554557	0.554557	0.554557	0.554270
253	395	A	0.545641	0.545600	0.545600	0.545600	0.545600	0.545318
254	397	A	0.620349	0.620235	0.620235	0.620235	0.620235	0.619855
255	398	B	0.799026	0.798987	0.798987	0.798938	0.798938	0.798772

256 rows × 5998 columns

	No	Class	4004	4005	4006	4007	4008	4009
0	3	NaN	0.696341	0.696134	0.696134	0.695766	0.695766	0.695440
1	5	NaN	0.810875	0.810875	0.810956	0.810956	0.810956	0.810956
2	6	NaN	0.765117	0.764857	0.764857	0.764790	0.764790	0.764818
3	11	NaN	0.723135	0.723169	0.723169	0.723377	0.723377	0.723396
4	16	NaN	0.523690	0.523746	0.523746	0.523746	0.523746	0.523520
...	...	...	...	...	...	...	...	...
138	388	NaN	0.548662	0.548546	0.548546	0.548546	0.548546	0.548164
139	390	NaN	0.562019	0.561918	0.561918	0.561918	0.561918	0.561539
140	392	NaN	0.550108	0.550024	0.550024	0.550024	0.550024	0.549700
141	396	NaN	0.708448	0.708236	0.708236	0.708122	0.708122	0.708078
142	399	NaN	0.783710	0.783611	0.783611	0.783626	0.783626	0.783486

143 rows × 5998 columns

下面的程序In[26]是使用分组平行坐标图可视化，运行程序后可获得如图10-15所示的可视化结果，从图像中可以发现3种不同类别的数据分布差异较明显，尤其是A类数据和其它两类数据的差异很明显。

In[26]: ## 查看训练数据中的特征分布情况
　　　　 fig = plt.figure(figsize=(14,7))
　　　　 ax = fig.add_subplot(1,1,1)
　　　　 parallel_coordinates(df4_train.iloc[:,1:],class_column = "Class",ax = ax,
　　　　　　　　　　　　　　 axvlines = False,use_columns=True,colormap="tab10")
　　　　 xticks = np.int64(np.linspace(np.min(df4_train.columns[2:]),
　　　　　　　　　　　　 np.max(df4_train.columns[2:]),num=30))
　　　　 ax.set_xticks(xticks,xticks,rotation=90)
　　　　 plt.xlabel("波数")
　　　　 plt.ylabel("吸光度")
　　　　 plt.title("不同类别药材每个样本的近红外光谱特征变化情况")
　　　　 plt.legend(loc = 1)
　　　　 plt.show()

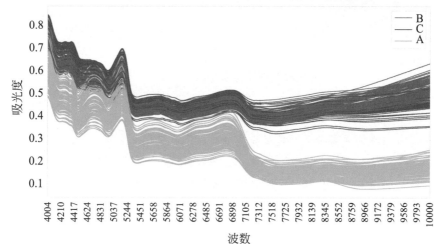

图 10-15　不同类别药材特征的平行坐标图

　　下面的程序 In[27] 则是使用同样可视化方式，利用平行坐标图可视化待预测的无标签样本的数据特征分布情况，运行程序后可获得可视化结果如图 10-16 所示。可以发现测试数据的分布趋势和训练数据中的趋势几乎是一致的。

In[27]:## 查看测试数据中的特征分布情况
　　　　 fig = plt.figure(figsize=(14,7))
　　　　 ax = fig.add_subplot(1,1,1)

Python机器学习：基础、算法与实战

```
parallel_coordinates(df4_test.iloc[:,1:],class_column = "Class",ax = ax,
                     axvlines = False,colormap="tab10",use_columns=True)
xticks = np.int64(np.linspace(np.min(df4_test.columns[2:]),
                  np.max(df4_test.columns[2:]),num=30))
ax.set_xticks(xticks,xticks,rotation=90)
plt.xlabel("波数")
plt.ylabel("吸光度")
plt.title("不同类别药材每个样本的近红外光谱特征变化情况(无标签样本)")
plt.legend(loc = 1)
plt.show()
```

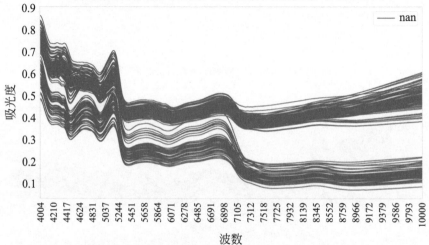

图 10-16　测试数据集中药材特征的平行坐标图

针对该数据集，虽然样本数量较少，但是数据特征的差异性较大，所以使用有监督的分类算法也能获得较好的预测精度，但是有监督的分类算法的使用方式，在前一小节已经进行了详细的介绍，因此本小节将主要介绍半监督的机器学习算法的使用。

10.3.2　数据主成分分析降维

建立数据的半监督学习模型之前，为了更好地理解数据的建模分析过程，先利用主成分降维算法，对数据进行降维。下面程序 In[28] 则是使用 PCA 算法获取数据的 10 个主成分，并可视化出数据中每个主成分的解释方差得分，从可视化图像图 10-17 中可以发现，只需要使用数据的前两个主成分，即保留了数据的主要信息。

In[28]: ## 使用 PCA 进行数据降维
```
n_components = 10
pca = PCA(n_components = n_components,random_state = 123)
pca.fit(df4_train.iloc[:,2:])
## 可视化主成分分析的累计解释方差得分
exvar = np.cumsum(pca.explained_variance_ratio_)
plt.figure(figsize=(12,6))
plt.plot(np.arange(1,n_components+1),exvar,"r-o")
plt.xlabel(" 主成分数量 ")
plt.ylabel(" 解释方差大小 ")
plt.title(" 累计解释方差变化情况 ")
plt.xticks(np.arange(1,n_components+1))
plt.show()
```

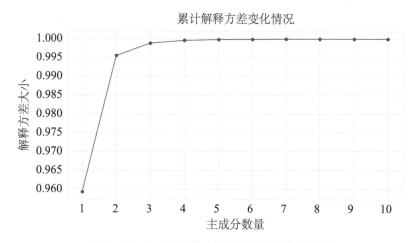

图10-17 主成分降维中累计解释方差变化情况

由于只使用前两个主成分就表达了数据的大部分信息，因此在后面建立半监督分类模型时，只使用数据的前两个主成分，下面的程序则是获取数据中训练集和测试集的前两个主成分，并且针对训练数据集获得的主成分，使用矩阵散点图进行可视化，分析数据的分布情况，运行程序后可获得如图10-18所示的可视化结果。

In[29]:## 提取数据中的前两个主成分，可视化训练数据集的分布情况
```
use_components = 2   # 要使用的主成分个数
df4_train_pca = pca.transform(df4_train.iloc[:,2:])
df4_train_pca = df4_train_pca[:,0:use_components]
```

```
df4_train_pca = pd.DataFrame(data=df4_train_pca,columns=["PC1","PC2",])
df4_train_pca = pd.concat([df4_train["Class"],df4_train_pca],axis=1)
## 通过plotly包利用矩阵散点图可视化主成分得分情况
dimensions = ["PC1", "PC2"]
labels = {"PC"+str(i+1): f"PC {i+1} ({var:.1f}%)" for i, var in enumerate( pca.
explained_variance_ratio_[0:use_components] * 100) }
fig = px.scatter_matrix(data_frame=df4_train_pca,
                        dimensions = dimensions,labels=labels,
                        color="Class",symbol="Class",hover_name="Class",
                        width=1000,height=800,title = "主成分得分情况")
fig.update_traces(diagonal_visible=True,marker=dict(size = 8))
fig.update_layout(title={"x":0.5,"y":0.9},
                  legend=dict(orientation="h",yanchor="bottom",
                              y = 1,xanchor="right",x = 1))
fig.show()
```

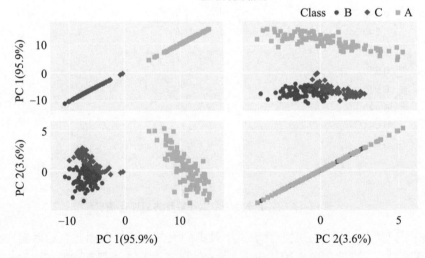

图 10-18 前两个主成分下的数据分布情况

从图10-18中可以发现：使用两个主成分就可以提取数据中的主要信息，而且对训练数据的区分度很高。

10.3.3 半监督学习分类——标签传播算法

下面使用半监督分类算法中的标签传播算法对数据进行分类，使用sklearn库中的半监督算法之前，需要先对数据集进行预处理。下面的程序 In[30]，是建模前的数据准备程序。在程序中，需要将带标签的数据和不带标签的数据拼接，并且不带标签的数据对应的数据标签指定为–1。从下面的程序输出中可知，无标签的待预测样本有143个样本，带标签的样本中每类分别有97、102、57个样本。

```
In[30]:## 数据的数据准备
        train_x = pca.transform(df4_train.iloc[:,2:])[:,0:2]
        test_x = pca.transform(df4_test.iloc[:,2:])[:,0:2]
        X = np.vstack((train_x,test_x)) # 有标签数据和无标签数据拼接在一起
        train_y = df4_train.Class.values
        le = LabelEncoder()
        train_y = le.fit_transform(train_y)
        ## 待预测样本的标签为–1
        Y = np.hstack((train_y,np.int8(-1*np.ones(test_x.shape[0]))))
        print("X.shape : ",X.shape)
        print("Y : ",np.unique(Y,return_counts=True))
Out[30]:X.shape : (399, 2)
        Y : (array([-1, 0, 1, 2]), array([143, 97, 102, 57]))
```

下面针对准备好的数据，使用LabelPropagation()进行标签传播算法，使用fit()方法训练模型，使用lpg.predict()方法对数据的标签进行预测。从输出的结果中可以知道：在有标签数据上的精度达到了0.984375，并且无标签的样本预测结果中，每类数据预测分别得到53、68、22个样本。

```
In[31]:## 标签传播算法
        lpg = LabelPropagation(kernel="rbf",gamma = 10,n_neighbors=5)
        lpg.fit(X,Y)
        lpg_pre = lpg.predict(X)
        lpg_pre_lab = le.inverse_transform(lpg_pre)
        print("在有标签数据上的精度:",
              accuracy_score(train_y,lpg_pre[0:train_x.shape[0]]))
        print("无标签数据预测情况:",
              np.unique(lpg_pre_lab[train_x.shape[0]:],return_counts=True))
Out[31]:在有标签数据上的精度: 0.984375
        无标签数据预测情况: (array(['A','B','C'],dtype=object),array([53,68,22]))
```

针对标签传播算法的预测数据决策面，可以使用下面的程序In[32]进行可视化，在程序中分别可视化了学习得到的决策面与决策面的局部放大图。运行程序可获得如图10-19所示的可视化结果。

Python机器学习：基础、算法与实战

```
In[32]:## 可视化学习得到的决策面
        plt.figure(figsize=(16,8))
        plt.subplot(1,2,1)
        plot_decision_regions(X,Y,lpg,scatter_kwargs = dict(s = 50))
        plt.title("标签传播算法决策面")
        plt.subplot(1,2,2)
        plot_decision_regions(X,Y,lpg,scatter_kwargs = dict(s = 50))
        plt.xlim((-10,-2)),plt.ylim((-3,3))
        plt.title("标签传播算法决策面(局部放大)")
        plt.tight_layout()
        plt.show()
```

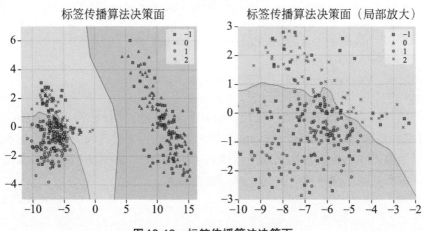

图10-19　标签传播算法决策面

　　从图10-19的可视化结果中可以看出，标签传播算法获得的数据的决策面效果很好，第0类数据和其它类别的样本区分效果较好，第1类数据和第2类数据虽然两者的点距离较接近，但是切分效果也很好。

　　针对数据的预测结果，下面的程序In[33]，是将无标签数据的预测结果添加标签后，将所有的数据样本，使用平行坐标图进行可视化，运行程序后可获得如图10-20所示的可视化结果。该图像也一定程度上反映了标签传播算法的预测效果较好。

```
In[33]:## 平行坐标图可视化药材的鉴别效果
        df4_pre = pd.concat((df4_train.iloc[:,2:],df4_test.iloc[:,2:]),axis = 0)
        df4_pre["prelab"] = lpg_pre_lab
        fig = plt.figure(figsize=(14,7))
```

```
ax = fig.add_subplot(1,1,1)
parallel_coordinates(df4_pre,class_column = "prelab",ax = ax,
                     axvlines = False,colormap="tab10",use_columns=True)
xticks = np.int64(np.linspace(np.min(df4_pre.columns[2:-1]),
                  np.max(df4_pre.columns[2:-1]),num=30))
ax.set_xticks(xticks,xticks,rotation=90)
plt.xlabel(" 波数 ")
plt.ylabel(" 吸光度 ")
plt.title(" 近红外光谱特征 ( 标签传播算法预测结果 )")
plt.legend(loc = 1)
plt.show()
```

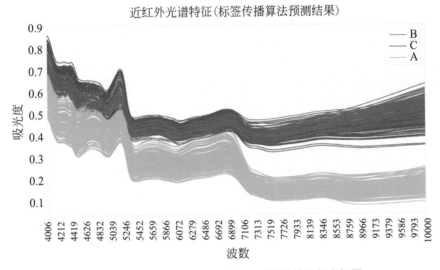

图 10-20　标签传播算法对数据预测结果的平行坐标图

10.4　本章小结

　　本章使用了一个实际的数据的综合实战案例，介绍了如何将数据可视化分析和机器学习算法相结合，对中药材鉴别中的相关问题进行解决。该章内容除了数据的可视化分析之外，还包含了机器学习中常用的三种学习方式，即无监督学习、有监督学习与半监督学习。在无监督学习中，主要使用聚类算法对数据进行聚类分析；在有监督学习中，主要以特征选择与线性判别相结合的方式，对数据进行分类；针对半监督学习，主要将数据主成分降维与标签传播类算法相结合，对数据进行分类。

参考文献

[1] 余本国，孙玉林．Python在机器学习中的应用[M]．北京：中国水利水电出版社，2019．

[2] 孙玉林，余本国．Pytorch深度学习入门与实战[M]．北京：中国水利水电出版社，2020．

[3] 薛震，孙玉林．R语言统计分析与机器学习[M]．北京：中国水利水电出版社，2020．

[4] 孙玉林，余本国．Python机器学习算法与实战[M]．北京：电子工业出版社，2021．

[5] 陈为，沈则潜，陶煜波．数据可视化[M]．北京：电子工业出版社，2019．

[6] 周志华．机器学习[M]．北京：清华大学出版社，2016．

[7] 李航．统计学习方法[M]．北京：清华大学出版社，2012．

[8] (荷) Alexandru C. Telea．数据可视化原理与实践[M]．2版．栾悉道，谢毓湘，魏迎梅，等译．北京：电子工业出版社，2017．

[9] (美) 杰克·万托布拉斯．Python数据科学手册[M]．北京：人民邮电出版社，2018．

[10] 薛震，孙玉林．R语言数据可视化实战[M]．北京：电子工业出版社，2022．